रोचक वैज्ञानिक रहस्य

रोचक वैज्ञानिक रहस्य

डी.डी. ओझा • अनिल कुमार गुप्ता

सत्साहित्य प्रकाशन, दिल्ली

प्रकाशक : सत्साहित्य प्रकाशन,
694 (पहली मंजिल), चावड़ी बाजार, दिल्ली–110006
सर्वाधिकार : सुरक्षित / संस्करण : 2024 / मूल्य : पाँच सौ रुपए
मुद्रक : प्रिंट मीडिया, नई दिल्ली ISBN 978-81-7721-394-2

ROCHAK VAIGYANIK RAHASYA
by Dr. D.D. Ozha/ Shri Anil Kumar Gupta ₹ 500.00
Published by **SATSAHITYA PRAKASHAN**
694 (First Floor), Chawri Bazar, Delhi-110006

परम पूज्यपाद गुरुवर

आचार्य महामंडलेश्वर

श्री स्वामी महेशानंदजी गिरि महाराज

के

श्रीचरणों में सादर समर्पित

प्राक्कथन

मनुष्य एक सामाजिक प्राणी है। उसमें मस्तिष्क होने से उसके पास स्मृति और बुद्धि है, सोचने-विचारने की शक्ति है तथा उसका उद्विकास अपने में अति रोचक विषय है। वह पशु से समानता रखते हुए भी सर्वथा भिन्न है। वह सभ्य या सुसंस्कृत होने के कारण धर्म, अर्थ, काम तथा मोक्ष इन चार पुरुषार्थों का स्वामी है। आज का मनुष्य आदिम मानव से भिन्न है। विज्ञान ने उसकी विचारधारा में आमूलचूल परिवर्तन ला दिए हैं, जिसके फलस्वरूप उसके पास भौतिक उन्नति के नाना प्रकार के साधन उपलब्ध हैं। वस्तुत: यह उसकी बुद्धि का कमाल ही कहा जा सकता हैं।

वर्तमान सदी को विज्ञान की सदी ही कहा गया है। यदि हम अवलोकन करें तो भौतिक विज्ञान ने ब्रह्मांड के जिन रहस्यों को जिस-जिस प्रकार से उद्घाटित किया है, उसका ऐतिहासिक परिदृश्य बहुत रोचक है तो रसायन विज्ञान द्वारा प्रदत्त रसायनों का हमारे दैनिक जीवन से घनिष्ठ संबंध है और यह विज्ञान अपना वैशिष्ट्य भी रखता है। इसी प्रकार पृथ्वी विज्ञान, मौसम विज्ञान, अंतरिक्ष विज्ञान, पर्यावरणीय विज्ञान और जीव विज्ञान के अत्यंत ही रोचक रहस्य हैं, जिनका हम परोक्ष-अपरोक्ष रूप से लाभ लेते रहते हैं। यह देखा गया है कि भारत की वैज्ञानिक परंपरा अतिप्राचीन है तथा भारतीय ऋषियों ने ही अपने गहन अन्वेषण से विज्ञान के विविध विषयों पर अन्वेषणात्मक जानकारी हमारे लाभ के लिए उपलब्ध करवाई है। प्राचीन भारत में विज्ञान और तकनीकी की प्रत्येक शाखा विषयक जानकारी हमारे वैदिक ग्रंथों में मिलती हैं।

हमारे जीवन में हम अनेक वैज्ञानिक उत्पादों का उपयोग प्रात:काल से रात्रिपर्यंत एवं जन्मपर्यंत तक करते हैं। इसके अतिरिक्त चाहे मानव शरीर हो, पशु-पक्षियों के व्यवहार एवं विशेषताएँ हों, प्राकृतिक क्रियाएँ हों, समुद्र, अंतरिक्ष, पृथ्वी, रसायन, भौतिकी, नैनो, बायोटेक्नोलॉजी, चिकित्सा विज्ञान के रोचक वैज्ञानिक प्रसंग तथा सामाजिक एवं धार्मिक परंपराएँ भी क्यों न हों, उनके बारे में जानने की जिज्ञासा रहती ही है। प्राय: यह समझा जाता है कि विज्ञान और प्रौद्योगिकी के क्षेत्र में होनेवाले अनुसंधान और उनके अनुप्रयोगों

को समझना सामान्य जनसाधारण की बुद्धि से परे होता है, परंतु उनके उद्‌देश्य अंततः मानव की जीवन-शैली में अद्‌भुत परिवर्तन लाकर उसे प्रगति की राह पर निरंतर आगे बढ़ाने के ही होते हैं। इस कार्य को प्रभावी बनाने के लिए जनमानस की भाषा में लिखा गया लोकरुचियुक्त वैज्ञानिक साहित्य विज्ञान तथा आमजन के बीच एक सेतु का कार्य कर सकता है। विज्ञान द्वारा प्रदत्त उत्पादों तथा अनेक रहस्यों को जानने, अर्थात् क्यों और कैसे ये होता है ? सभी को उत्सुकता रहती है।

आज के परिप्रेक्ष्य में सभी वर्ग के सुधी पाठकों को दैनिक जीवन, प्राकृतिक घटनाओं, अनेक जीवधारियों से संबंधित घटनाओं, सामाजिक एवं वैदिक परंपराओं में निहित विज्ञान के अनेकानेक विषयों पर जानकारी उनकी बोलचाल की भाषा में होना बहुत आवश्यक है। इसी उद्‌देश्य को दृष्टिगत रखते हुए हमने '**रोचक वैज्ञानिक रहस्य**' नामक पुस्तक का प्रणयन सरल एवं बोधगम्य हिंदी भाषा में यथोचित चित्रों सहित किया है।

इस पुस्तक का सफल लेखन कार्य परम पूज्यपाद, अनंत श्री विभूषित, मेरे परम आराध्य सद्‌गुरुदेव **आचार्य महामंडलेश्वर श्री स्वामी महेशानंद गिरिजी महाराज** के आशीर्वाद से ही संपन्न हुआ है, अतः यह पुस्तक उन्हीं के श्री चरणों में सादर समर्पित है। पुस्तक के लेखन-कार्य में श्री स्वामी स्वयंप्रकाश गिरिजी महाराज ने बहुमूल्य सुझाव देकर उसे लोकोपयोगी बनाया, अतः लेखक उनके हृदय से कृतज्ञ हैं। इस जनोपयोगी पुस्तक में सहयोग हेतु हम उन सभी विद्वान् कृतिकारों के अत्यंत आभारी हैं, जिनकी कृतियों का यत्किंचित् उपयोग इस लोकोपयोगी पुस्तक में देशवासियों के ज्ञान में अभिवृद्धि करने तथा उनमें वैज्ञानिक चेतना जाग्रत् करने के लिए किया गया है। आशा है, पुस्तक में प्रदत्त जानकारी से देश के सभी वर्गों के प्रबुद्ध पाठकगण अवश्य लाभान्वित होकर भारत को उन्नत राष्ट्र बनाने में अपना अवदान देंगे।

—डॉ. दुर्गादत्त ओझा/अनिल कुमार गुप्ता

अनुक्रम

प्राक्कथन 7

1. बुलेट प्रूफ जैकेट क्या होती है? 19
2. क्या होता है क्रायोजेनिक इंजन? 20
3. कैसे कार्य करता है पैराशूट? 20
4. गैस मास्क की कार्य-प्रणाली 21
5. पेसमेकर क्या होता है? 21
6. गीले बालों में कंघी करना आसान क्यों होता है? 22
7. पॉलिश करने पर जूता क्यों चमकता है? 22
8. कैसे बनता है कंप्यूटर चिप? 23
9. कैसे काम करता है ए.टी.एम.? 23
10. क्या होता है कैड/कैम? 24
11. कैसे उड़ता है हवाई जहाज? 25
12. हेलीकॉप्टर बीच हवा में कैसे स्थिर हो जाता है? 25
13. क्या होती है एंडोस्कोपी? 26
14. बायोप्सी क्या होती है? 26
15. ब्लड ग्रुप क्या होते हैं? 27
16. रक्तचाप या ब्लड प्रेशर क्या होता है? 28
17. मोबाइल ऐप और मोबाइल ऑपरेटिंग सिस्टम क्या होते हैं? 29
18. क्या होता है कैटालिटिक कन्वर्टर? 29

19. क्वाट्र्ज क्लॉक क्या होती है? 30
20. क्या होती है प्लास्टिक मनी? 31
21. स्कूबा क्या होता है? 31
22. झूठ पकड़नेवाली मशीन की कार्यप्रणाली 32
23. कैसे काम करता है धातु डिटेक्टर? 33
24. ग्रिड क्या है? और इसका विद्युत् आपूर्ति में महत्त्व 33
25. कैसे मापा जाता है सूर्य का तापमान? 34
26. जानिए नए कपड़ों को धोना क्यों जरूरी है? 34
27. गरम करने पर क्यों उछलते हैं पॉपकार्न? 35
28. मनुष्य के उदर में कीड़े क्यों होते हैं? 36
29. नीबू का रस ज़मीन पर पड़ने पर दाग क्यों बनाता है? 36
30. पक्षी बिजली के तारों पर बिना विद्युत् झटका लगे कैसे बैठ जाते हैं? 37
31. हमारे बाल सफेद क्यों हो जाते हैं? 37
32. खुज़ली क्यों होती है? 38
33. हाथ-पैर कैसे सोते हैं? 39
34. अपने बसेरों पर वापस कैसे लौट आते हैं जीव-जंतु? 40
35. कच्चा लोहा क्या होता है? 41
36. मछलियाँ कैसे रंग बदलती हैं? 41
37. विभिन्न मीटरों के नाम और काम क्या होते हैं? 42
38. सर्दियों में हमारे हाथ-पैर और होंठ क्यों फट जाते हैं? 43
39. बैटरी चार्जर से बैटरी कैसे आवेशित होती है? 44
40. मच्छर भगाने की टिकिया के जलने पर मच्छरों का गिरना कैसे होता है? 45
41. मानसिक रोगियों को बिजली का झटका क्यों दिया जाता है? 45
42. महानगरों की बत्तियाँ स्वतः कैसे बंद एवं चालू होती हैं? 46
43. जानिए डी.एन.ए. को 47
44. डी.एन.ए. फिंगर प्रिंट क्या होते हैं? 48

45. क्या होती है एलर्जी ? 49
46. प्रतिरक्षा क्या है ? 51
47. क्या होते हैं आई.एम.ई.आई. नंबर ? 51
48. क्या होती है पी.यू.सी. ? 52
49. एस.एम.एस. का क्या तात्पर्य है ? 52
50. एम.एम.एस. और ई.एम.एस. क्या होते हैं ? 53
51. क्या आप जानते हैं
मोबाइल टेलीफोन से संबंधित कुछ प्रमुख शब्द ? 53
52. सावधान! अधिक देर तक मोबाइल फोन का उपयोग क्यों हानिकारक ? 54
53. सेलफोन टावर कैसे खतरों का खजाना है ? 56
54. क्या होता है कार्पल टनल सिंड्रोम ? 58
55. वाई–फाई से नींद हराम कैसे ? 58
56. कैसे भर जाते हैं जख्म ? 59
57. कैसे काम करते हैं ताले ? 60
58. लोहे से चोट लगने पर टिटनस का भय क्यों ? 60
59. स्टैंड पर रखी साइकिल गिरती नहीं,
जबकि बिना स्टैंड की क्यों गिरती है ? 61
60. बर्फ सफेद क्यों होती है ? 62
61. क्या है इकोलॉजी ? 63
62. गरमियों में पसीने का रहस्य 63
63. हमारी पलकें क्यों झपकती हैं ? 64
64. अनेक रोग भगाने की रामबाण दवा : भीगे बादाम, जानिए क्यों ? 65
65. क्या होती है जैविक घड़ी ? 66
66. क्या होता है परखनली शिशु ? 68
67. केक बनाते समय खाने का सोडा उपयोग क्यों किया जाता है ? 69
68. क्या होता है एक्यूपंक्चर ? 70

69. क्या होती है एम.आर.आई. ? 71
70. मछली विद्युत् कैसे उत्पन्न करती है ? 71
71. कंप्यूटर वायरस क्या होता है ? 72
72. 'बिजली टेस्टर' से टेस्ट करते समय हमें झटका क्यों नहीं लगता है ? 73
73. ब्लैक होल क्या होते हैं ? 73
73. कैप्सूल का आवरण किस पदार्थ का होता है ? 74
75. ट्यूबलाइट के किनारे काले क्यों पड़ जाते हैं ? 74
76. बाल क्यों उगते हैं ? 75
77. आप अपना सही वजन कैसे लेंगे ? 77
78. कौन कितना तेज चल सकता है ? 77
79. हम पानी कैसे पीते हैं ? 78
80. वह कौन-सा सागर है, जिसमें मनुष्य कभी नहीं डूबता ? 78
81. आरामदेह कुरसी पर आराम क्यों ? 79
82. शुष्क बर्फ क्या है ? 79
83. सूर्य एवं तारे क्यों चमकते हैं ? 80
84. कैसे पहचानते हैं हम परिचितों की आवाज ? 81
85. क्या होते हैं पुच्छल तारे ? 82
86. मंदाकिनी क्या हैं ? 83
87. अग्निशिखाएँ क्या होती हैं ? 83
88. रॉकेट कैसे चलता है ? 84
89. जानिए स्पेस शटल को 85
90. अंतरिक्ष यात्रियों के वस्त्र, हस्तधावन और शौचालय की विचित्र व्यवस्था कैसी होती है ? 86
91. जानिए ग्रह और उपग्रहों के बारे में 86
92. स्पेस वॉक से क्या तात्पर्य होता है ? 87
93. सागर और महासागर को जानिए 88

94. क्या होते हैं लेजर ? 90
95. लेजर के चामत्कारिक उपयोग क्या हैं ? 91
96. रासायनिक तत्त्वों के नामकरण के कुछ रोचक तथ्य 98
97. रासायनिक तत्त्वों के प्रतीकों के कुछ रोचक तथ्य 99
98. चुंबकीय चिकित्सा पद्धति भी कितनी कारगर ? 100
99. चुंबकीय जल भी रोगनाशक कैसे ? 102
100. कुछ विशिष्ट जलों के औषधीय उपयोग क्या हैं ? 103
101. क्या होता है वर्चुअल वाटर या अदृश्य पानी ? 104
102. हाइड्रोथैरैपी क्या होती है ? 105
103. खेल में विज्ञान की उपयोगिता क्या है ? 106
104. आधुनिक खेलों में नैनो टेक्नोलॉजी का उपयोग कैसे होता है ? 108
105. कैसे होते हैं ओलंपिक खेलों के पदक ? 109
106. हँसना : एक नि:शुल्क औषधि 110
107. डर से चेहरा पीला क्यों होता है ? 111
108. कुछ लोग क्यों हकलाते हैं ? 111
109. कितने कान ? हर कान में तीन कान 112
110. निद्रा का भी निराला विज्ञान कैसा है ? 112
111. दीमक की बाँबियों में छिपे खजाने क्या होते हैं ? 115
112. क्या है घरेलू मसालों में व्याप्त रसायन और उनकी औषधीय उपयोगिता ? 117
113. क्या होता है न्यूमिस्मैटिक्स सिक्कों का विज्ञान ? 122
114. हीमोफिलिया : एक वंशानुगत विकार 124
115. क्या होता है बायोमेडिकल कचरा ? 125
116. क्या होता है जी.पी.एस. ? 127
117. घोड़े को नाल क्यों लगाया जाता है ? 128
118. सदाबहार कपड़े क्या होते हैं ? 129

119. क्या होती है लिडार तकनीक? 130
120. फंक्शनल फूड क्या होते हैं? 131
121. फास्ट या जंक फूड सुरक्षित क्यों नहीं होते हैं? 132
122. कितने सुरक्षित होते हैं रसायनों से पके फल? 133
123. साइबर अपराध क्या होते हैं? 134
124. डिजिटल पुस्तकालय क्या होते हैं? 136
125. बायोमेट्रिक्स तकनीक क्या होती है? 138
126. क्या होती है रेडियो सर्जरी? 140
127. इ-लर्निंग से कैसे होती है पढ़ाई? 141
128. वाक्भ्रंश क्या है? 142
129. हरित रसायन क्या होते हैं? 143
130. क्या होता है नैनो और नैनो विज्ञान? 145
131. नैनो टेक्नोलॉजी और इसकी बहुक्षेत्रीय उपयोगिता क्या है? 147
132. कोलेस्टेरॉल उपयोगी कैसे? 150
133. एल्यूमिनियम के बरतन कितने नुकसानदायक होते हैं? 151
134. उबलते पानी की अपेक्षा भाप से अधिक जलन क्यों? 152
135. छिपकलियाँ दीवारों से क्यों नहीं गिरती हैं? 153
136. कभी-कभी बिजली का पंखा चलाने पर उलटा क्यों घूमता है? 153
137. सब्जियाँ उबालने पर नरम क्यों हो जाती हैं? 154
138. जम्हाई आने पर मुँह क्यों खुलता है? 155
139. जुकाम होने पर नाक से गंध का अनुभव क्यों नहीं होता है? 155
140. धातुओं की अपेक्षा मिट्टी के बरतनों में पानी अधिक ठंडा क्यों होता है? 156
141. खून का रंग लाल ही क्यों? 157
142. हमारे शरीर में नाभि क्यों होती है? 158
143. इलेक्ट्रॉनिक घड़ियाँ कैसे कार्य करती हैं? 158

144. सूर्योदय एवं सूर्यास्त के समय सूर्य लाल रंग का क्यों होता है? 159
145. ऑपरेशन थिएटर में चिकित्सक टीम द्वारा
हरे एप्रन का प्रयोग क्यों किया जाता है? 160
146. डॉक्टर एंटीबायोटिक दवाओं के साथ विटामिन की दवा क्यों देते हैं? 161
147. बादलों में चमकनेवाली बिजली टेढ़ी-मेढ़ी क्यों होती है? 161
148. राख डिटर्जेंट की तरह कैसे काम करती है? 162
149. सर्दियों में हाथ-पैर और चेहरा क्यों फटता है? 163
150. ओले क्यों गिरते हैं? 163
151. हमें बुखार क्यों आता है? 164
152. दूध से दही कैसे बनता है? 165
153. मुँहासे चेहरे पर ही क्यों होते हैं? 166
154. पेंट ब्रुश के बाल पानी में अलग और
पानी के बाहर एक साथ क्यों हो जाते हैं? 167
155. स्टेनलेस स्टील के बरतनों को गरम करने पर
उनकी सतह पर रंगीन धब्बे क्यों हो जाते हैं? 167
156. मरने के बाद नेत्रदान पर रक्तदान क्यों नहीं? 168
157. पेट्रोल इंजन की गाड़ी डीजल से क्यों नहीं चलती है? 169
158. लंबी दूरी तक बिजली पहुँचाने में
ए.सी. बिजली का उपयोग क्यों होता है? 170
159. टी.वी. के एंटीना बनाने में एल्यूमिनियम का ही उपयोग क्यों? 170
160. पानी गरम करने पर उबलता है और दूध क्यों उफनता है? 171
161. वृक्षों का तना बेलनाकर क्यों होता है? 172
162. ट्यूबलाइट की चोक से कभी-कभी
भुनभुनाहट की आवाज क्यों आती है? 172
163. कॉस्मेटिक सर्जरी की अपेक्षा साइकिक सर्जरी क्यों श्रेष्ठ है? 173
164. क्या होती है थिन फिल्म प्रौद्योगिकी? 174
165. कुओं का पानी गरमियों में ठंडा एवं सर्दी में गरम क्यों होता है? 176

166. गैस लाइटर के आखिरी सिरे को हाथों से
छुआकर चलाने पर करेंट क्यों लगता है ? 176

167. कागज को सीधी रेखा में फाड़ने हेतु
उसी स्थान पर मोड़कर प्रेस क्यों किया जाता है ? 177

168. गंदे कपड़ों को साफ करते समय
पत्थर या फर्श पर क्यों पीटा जाता है ? 178

169. चोट आदि के कुछ घाव ठीक होने के बाद निशान क्यों छोड़ते हैं ? 179

170. धक्का लगाने पर मोटरगाड़ियाँ कैसे स्टार्ट हो जाती हैं ? 179

171. बुखार आने पर स्वाद में परिवर्तन क्यों होता है ? 180

172. ब्लड बैंक में रक्त अधिक दिनों तक कैसे रखा जाता है ? 180

173. फाउंटेन पेन में बाल पॉइंट पेन की स्याही क्यों नहीं चलती ? 181

174. चोट लगने पर कभी-कभी सूजन क्यों आती है ? 182

175. थकान होने पर हाथ-पैर दबाने से आराम क्यों मिलता है ? 183

176. फिटकरी लगाने से रक्त क्यों बंद हो जाता है ? 183

177. साइकिल का आगे का चिमटा घुमावदार क्यों होता है ? 184

178. डॉक्टरी थर्मामीटर के पारे को उतारते समय झटका क्यों दिया जाता है ? 185

179. फ्रिज में बर्फ जमाने का खाना ऊपरी भाग में क्यों होता है ? 186

180. क्या होते हैं अच्छी सेहत के अल्फाबेट्स ? 186

181. क्या होता है इ-कचरा ? 189

182. रेलवे लाइनें पत्थर की गिट्टियों पर क्यों बिछाई जाती हैं ? 192

183. सीमेंट के नए प्लास्टर पर पानी क्यों छिड़कते हैं ? 192

184. सड़कें मोड़ों पर ढाल देकर क्यों बनाई जाती हैं ? 193

185. हमें नींद में छींक क्यों नहीं आती है ? 194

186. वायरस जीवित प्राणियों पर ही क्यों पनपते हैं ? 194

187. पके हुए केले फ्रिज में क्यों खराब होते हैं ? 195

188. पशु अपना शरीर जीभ से क्यों चाटते रहते हैं ? 196

189. कुछ लोगों की आँखें नीली क्यों होती हैं ? 196
190. सफेद कपड़ों को धोने पर नील क्यों लगाया जाता है ? 197
191. ट्रैक्टर के पिछले पहिए बड़े क्यों होते हैं ? 198
192. सेफ्टीरेजर के ब्लेड को क्यों नहीं पोंछा जाता है ? 199
193. हाथ ठेले को धक्का देने के बजाय खींचकर चलाना क्यों आसान होता है ? 199
194. नवजात शिशु अपनी माँ को कैसे पहचानता है ? 200
195. उँगलियाँ खींचने पर चटकने की आवाज क्यों करती हैं ? 201
196. हवाई यात्रा में फाउंटेन पेन बिना स्याही का क्यों रखा जाता है ? 202
197. हमें बरसात के दिनों में पेशाब अधिक क्यों आता है ? 202
198. हमारे हाथ–पैर सुन्न क्यों पड़ जाते हैं ? 203
199. गरम पेय में बिस्कुट शीघ्र मुलायम क्यों हो जाते हैं ? 204
200. सर्दियों में सुबह कार स्टार्ट करने में कठिनाई क्यों आती है ? 205
201. कुछ बच्चे अपना अँगूठा क्यों चूसते हैं ? 205
202. कुछ लोग बाएँ हाथ से क्यों कार्य करते हैं ? 206
203. कीड़े प्रकाश की ओर क्यों खिंचे चले आते हैं ? 207
204. कागज के पन्ने पलटने हेतु उँगली गीली क्यों करते हैं ? 207
205. टहलते समय दोनों हाथ क्यों हिलाए जाते हैं ? 208
206. शंख को कान पर रखने पर गूँज की आवाज क्यों सुनाई देती है ? 209
207. कुछ पौधों की पत्तियाँ रंगीन क्यों होती हैं ? 210
208. गरम सब्जी क्यों स्वादिष्ट लगती है ? 210
209. दर्द निवारक बाम कैसे दर्द दूर करती है ? 211
210. कैसे–कैसे होते हैं नवीन टॉयलेट्स ? 212
211. क्या होती है 'फार्म केमर्जी' ? 214
212. प्रकाशीय प्रदूषण क्या होता है ? 214
213. क्या है कार्बन क्रेडिट व कार्बन फुटप्रिंट ? 215

214. कृत्रिम बुद्धिमत्ता क्या होती है ? 216
215. क्या होते हैं प्रोबायोटिक्स ? 217
216. क्या होते हैं मोनोक्लोनल एंटीबॉडीज ? 218
217. क्या है कोरोना वायरस की वैश्विक त्रासदी ? 220
218. विज्ञान और साइंस में क्या अंतर है ? 225
219. क्या भारतीय परंपराएँ विज्ञान–सम्मत हैं ? 227
220. भारतीय महीनों तथा वारों के नामकरण का आधार क्या है ? 228
221. हाथ जोड़कर अभिवादन की परंपरा क्यों श्रेष्ठ है ? 229
222. शंख का उपयोग क्या है ? 230
223. दक्षिण दिशा में पैर करके क्यों नहीं सोना चाहिए ? 231
224. तिलक या बिंदी ललाट पर क्यों लगाते हैं ? 232
225. जमीन पर बैठकर भोजन करना क्यों श्रेष्ठ है ? 233
226. ताँबे के बरतन में रखा पानी क्यों हितकर है ? 234
227. मंत्र शक्ति क्या होती है ? 236
228. ॐ के मंत्र उच्चारण के क्या लाभ हैं ? 239
229. क्या है यज्ञ की वैज्ञानिक दृष्टि से उपादेयता ? 242
संदर्भित ग्रंथ 247

1. बुलेट प्रूफ जैकेट क्या होती है?

पुरातनकाल में युद्ध तलवार या भाले से लड़े जाते थे, तब उनसे बचने के लिए ढाल का प्रयोग किया जाता था, परंतु द्वितीय विश्वयुद्ध के समय विशेष प्रकार के बुलेटप्रूफ जैकेट का प्रयोग शुरू हुआ। यह दो कपड़े के अंदर गेज मापवाली मैंगनीज स्टील की जाली को सिलकर बनाई जाती थी, परंतु यह जैकेट भारी होने के साथ देखने में भी खराब लगती थी (चित्र-1अ)।

चित्र-1 (अ) : बुलेट प्रूफ जैकेट

चित्र-1 (ब) : बुलेट प्रूफ जैकेट

इस समस्या का हल प्राप्त करने हेतु कुछ कार्बनिक रसायनों का प्रयोग किया गया है, जिसके तार स्टील के तारों से बनी जाली के कवच से चार-पाँच गुना अधिक मजबूत होते हैं। वर्तमान में प्रयुक्त किए जानेवाले रसायन के कार्बनिक अणु बेंजीन वलय के रूप में होते हैं, ये बहुत हलके भी होते हैं। बंदूक की गोली भी इसे भेद नहीं सकती, इसलिए इसे बुलेट प्रूफ नाम दिया गया है। (चित्र-1ब)। इन विशेषताओं के कारण ही विश्व भर के अतिविशिष्ट व्यक्ति (वीआईपी) आजकल बुलेट प्रूफ जैकेट पहनते हैं।

2. क्या होता है क्रायोजेनिक इंजन?

चित्र-2 : क्रायोजेनिक इंजन

क्रायोजेनिक इंजन एक द्रव प्रणोदक रॉकेट मीटर होता है, जिसमें प्रणोदक के रूप में द्रव ऑक्सीजन तथा द्रव हाइड्रोजन प्रयोग की जाती है। अन्य रॉकेटों में प्रयोग किए जानेवाले प्रणोदकों की तुलना में भार उठाने के लिए अधिक बल की आवश्यकता होती है। किसी रॉकेट का यह आवश्यक भाग है, जिसका प्रयोग इनसेट-बी जैसे भूस्थैतिक उपग्रह को छोड़ने में होता है, चूँकि प्रणोदक को अत्यंत कम तापमान -2000 सें. पर रखा जाता है, इसलिए इसमें प्रयोग होनेवाली प्रौद्योगिकी बहुत जटिल होती है। भारतीय वैज्ञानिकों ने छोटे क्रायोजेनिक इंजन का रूप विकसित कर लिया है (चित्र-2) जिसे भूस्थैतिक उपग्रह प्रक्षेपण वाहन (जी.एस.एल.वी.) में पूर्ण रूप से उपयोग किया जा रहा है।

3. कैसे कार्य करता है पैराशूट?

चित्र-3 : पैराशूट

पैराशूट की कार्य-प्रणाली दो विपरीत बलों के संतुलन के सरल सिद्धांत पर आधारित है। गुरुत्व तथा वायु प्रतिरोध दो ऐसे बल हैं, जो किसी भी नीचे गिरती हुई वस्तु पर कार्य करते हैं। जब गुरुत्व बल किसी वस्तु को पृथ्वी की ओर खींचता है तो वायु प्रतिरोध गिरने की क्रिया को धीमा कर देता है, चूँकि वायु प्रतिरोध गिरनेवाली वस्तु के पृष्ठ क्षेत्रफल के समानुपाती होता है, इसलिए पैराशूट की छतरी का बृहद् क्षेत्रफल वस्तु को धीरे से नीचे गिरने के लिए अधिकतम प्रतिरोध प्रदान करता है, जिससे कि वस्तु या व्यक्ति आराम से नीचे उतरता है (चित्र-3)।

4. गैस मास्क की कार्य-प्रणाली

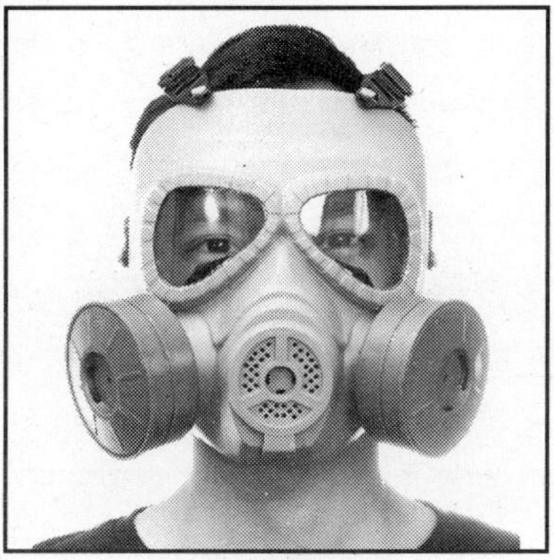

चित्र-4 : गैस मास्क

वस्तुतः गैस मास्क एक रक्षात्मक युक्ति है, जो पहननेवाले में घातक गैसों को साँस के साथ अंदर जाने से रोकती है। जब प्रदूषित वायु मास्क में प्रवेश करती है तो वायु में मिश्रित गैसें, धुआँ, धूल या रसायन अधिशोषण द्वारा पृथक् हो जाते हैं। प्रायः प्रयोग होनेवाले अधिशोषक सक्रिय रसायनों सहित सक्रिय चारकोल का मिश्रण, प्यूमिस स्टोन पर बुझाया गया कास्टिक सोडा, बुझा हुआ कैल्सियम क्लोराइड तथा सिलिका जैल अनेक प्रकार के धूम्र तथा विषैली गैसों को हटा देते हैं। मास्क में लगे एक वन-वे वाल्व द्वारा हवा बाहर छोड़ी जाती है (चित्र-4)।

5. पेसमेकर क्या होता है?

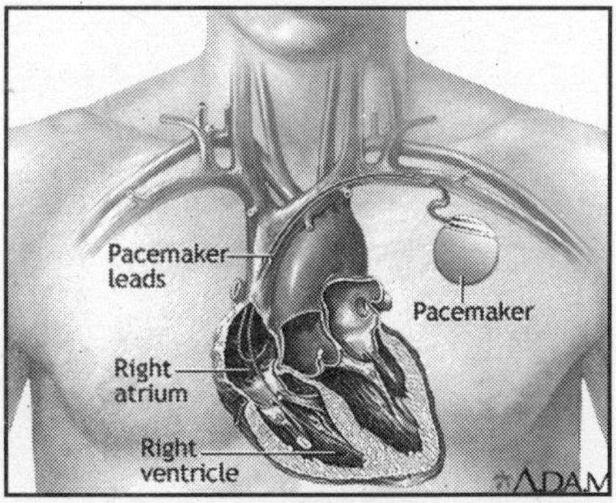

चित्र-5 : पेसमेकर

स्वस्थ व्यक्ति की हृदय की धड़कन को विशिष्ट प्रकार की मांसपेशियों का विशेष समूह नियंत्रित करता है। इसे प्राकृतिक पेसमेकर कहते हैं। हृदय के नियमित धड़कन की गति के तंत्रिका संकेत पेसमेकर ही भेजता है। कभी-कभी हृदय रोगों के कारण इस क्रिया में अवरोध उत्पन्न हो जाता है और इस अनियमितता के कारण मनुष्य की मृत्यु तक हो जाती है। ऐसी अवरोध की स्थिति में कृत्रिम पेसमेकर हृदय की धड़कन को नियमित बनाए रखता है। यह कृत्रिम पेसमेकर बैटरी से चलनेवाली इलेक्ट्रॉनिक युक्ति है, जो प्रति मिनट हृदय की मांसपेशियों को बिजली का झटका देकर हृदय को नियमित रूप से धड़कने को प्रेरित करती है। प्रायः पेसमेकर त्वचा के नीचे रोपित कर दिया जाता है और विद्युत् झटके हृदय में फँसाए हुए दो तारों की सहायता से लगते हैं (चित्र-5)।

6. गीले बालों में कंघी करना आसान क्यों होता है?

चित्र-6 : गीले बालों में कंघी

आप सभी सुबह स्नान करके गीले बालों में कंघी करते हैं एवं गीले बालों में कंघी भी आसानी से हो जाती है। जानते हैं क्यों? तो आइए बताते हैं। पानी और तेल स्नेहक यानी लुब्रिकेंट का कार्य करते हैं, अर्थात् इसमें बालों और कंघी के बीच चिकनाई के कारण घर्षण कम हो जाता है, इसलिए गीले बालों में कंघी करना आसान होता है।

अब प्रश्न होता है कि सूखे बालों की तुलना में गीले बाल अच्छी तरह क्यों बैठ जाते हैं? वस्तुत: गीले बालों में पानी हलके गोंद की तरह काम करता है और गीले बाल चिपकते रहते हैं। पानी की इस प्रकृति को किसी अन्य गीली चीज में भी प्रयोग करके देखा जा सकता है (चित्र-6)।

7. पॉलिश करने पर जूता क्यों चमकता है?

चित्र-7 : पॉलिश करने पर जूता

जैसा कि आप जानते हैं, चमड़े की सतह एक समान नहीं, वरन् खुरदरी होती है। इस पर रोएँ भी होते हैं। सतह की असमानता वैसी ही होती है, जैसी कि प्रकाश की तरंगों में असमानता होती है। चमड़े पर प्रकाश की किरणें पड़ने के पश्चात् छितरा जाती हैं। इस कारण जूते के चमड़े की सतह चमकती नहीं है। पॉलिश इस खुरदरेपन को दूर करती है। चमड़े पर जो बारीक गड्ढे होते हैं, वे पॉलिश से भर जाते हैं। ब्रश से चमड़े की सतह बराबर हो जाती है और इस पर प्रकाश परावर्तित होने लगता है। यही कारण है कि पॉलिश करने पर जूता चमकने लगता है (चित्र-7)।

8. कैसे बनता है कंप्यूटर चिप?

वस्तुतः चिप अनेक सरल इलेक्ट्रॉनिक परिपथयुक्त सिलिकॉन का छोटा-सा टुकड़ा होता है। इसे इंटीग्रेटेड सर्किट या आई.सी. भी कहते हैं। एक चिप बनाने के लिए केवल एकल क्रिस्टल शुद्ध सिलिकॉन का प्रयोग किया जाता है, क्योंकि इसके परमाणु समान रूप से जुड़े होते हैं, इसलिए यह इस पर आरोपित विद्युत् प्रतिमानों को ग्रहण कर लेता है। एक एकल क्रिस्टल सिलिंडर को लगभग 0.05 सेमी. पतले वेफर्स में तराशा जाता है।

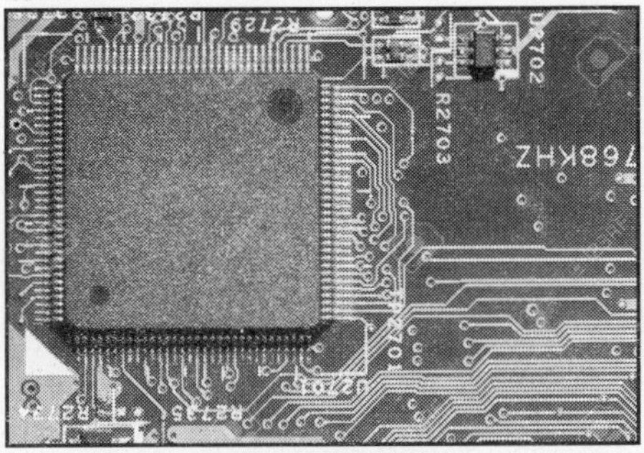

चित्र-8 : कंप्यूटर चिप

इन वेफर्स पर विशिष्ट रसायन या अल्ट्रावायलेट प्रकाश का प्रयोग करके विद्युत् परिपथ उकेरे जाते हैं। इसके बाद वेफर को छोटे चिप में काटकर सिरैमिक आधार पर लगाकर तार से बाँधा जाता है (चित्र-8)

9. कैसे काम करता है ए.टी.एम.?

ऑटोमैटिक टेलर मशीन (ए.टी.एम.) बैंक से संबंधित सामान्य कार्यों, जैसे—जमा करना, निकालना, नकद संभरण और खातों के बीच स्थानांतरण आदि को करती है।

ए.टी.एम. एक टर्मिनल होता है, जो टेलीफोन या समर्पित दूरसंचार लाइनों के माध्यम से एक बड़े कंप्यूटर तंत्र से जुड़ा होता है। यह उपभोक्ता के खाते को प्लास्टिक के ए.टी.एम. कार्ड या क्रेडिट कार्ड के पीछे चुंबकीय पट्टी पर संगृहीत आँकड़ों के आधार पर पहचानता है। उपभोक्ता स्वयं को मिले विशिष्ट पर्सनल आइडेंटिफिकेशन नंबर (पिन) द्वारा इस प्रणाली का उपयोग करता है।

चित्र-9 : ए.टी.एम.

ए.टी.एम. (चित्र-9) की संपूर्ण लेन-देन प्रक्रियाओं को चलाने के लिए ए.टी.एम. में चार प्रमुख कंप्यूटर नियंत्रित संघटक होते हैं। जब उपभोक्ता ए.टी.एम. कार्ड को मशीन में डालता है और अपना पिन एंटर करता है, ए.टी.एम. का एक संघटक कार्ड को ग्रहण या संभरित करता है। लेन-देन से पहले, ए.टी.एम. 30 सेकंड में उपभोक्ता के पिन को सत्यापित करता है। दूसरा, संघटक लेन-देन संबंधी रिकॉर्ड को एक सहायक संग्रहण नियंत्रक में संगृहीत कर देता है। तीसरा, संघटक उपभोक्ता के खाते की जाँच के लिए और चौथा संघटक अन्य तीन संघटकों के काम को समकालिक बनाता है। ए.टी.एम. लेन-देन की संपूर्ण प्रक्रिया बैंक में लगी विशेषीकृत प्रोग्रामिंग क्षमताओंवाले मिनी कंप्यूटरों द्वारा निष्पादित होती है, जब लेन-देन पूरा हो जाता है, ए.टी.एम. से एक निश्चित तक नकद राशि प्राप्त हो जाती है। अंत में इस ए.टी.एम. लेन-देन को अद्यतन किया जाता है, जिससे बैंक कैश के आने-जाने से सामंजस्य रख सके।

10. क्या होता है कैड/कैम?

कैड (सी.ए.डी.) और कैम (सी.ए.एम.) क्रमशः 'कंप्यूटर एडेड डिजाइन' और 'कंप्यूटर एडेड मैनुफैक्चर' का संक्षिप्तीकरण है। दोनों ही मूल रूप से कंप्यूटर प्रोग्राम-सूचनाओं के सैट हैं, जिनका प्रयोग ड्राइंग बनाने या वस्तुओं के निर्माण में सहायता के लिए होता है। कैड प्रोग्राम के माध्यम से लाइट पैन या माउस का प्रयोग करके कंप्यूटर स्क्रीन पर अपरिष्कृत चित्र बनाए जाते हैं, जिन्हें बाद में सुधारकर अंतिम रूप दिया जाता है। उसके बाद इन्हें भविष्य में उपयोग के लिए कंप्यूटर की स्मृति में सुरक्षित कर लिया जाता है। इन चित्रों में आवश्यकता पड़ने पर परिवर्तन किए जा सकते हैं। कैड प्रोग्रामों को कभी-कभी विशेष प्रयोजनों, जैसे—प्रिंटेड सर्किट बोर्ड और कंप्यूटर चिप डिजाइन करने के लिए भी बनाया जाता है। दूसरी ओर कैम प्रोग्राम का उपयोग उद्योग में वस्तुओं के निर्माण में होता है (चित्र-10)। उदाहरण के लिए, कंप्यूटर चालित खराद, ड्रिल, वेल्डिंग मशीन या रोबोट चालित उत्पादन प्रणालियों का उपयोग फैक्टरियों में अनेक प्रकार के परिशुद्ध उत्पादों के तेजी से निर्माण के लिए होता है।

चित्र-10 : कैड/कैम

11. कैसे उड़ता है हवाई जहाज?

चित्र-11 : हवाई जहाज

हवाई जहाज इंजनों की शक्ति और पंखों द्वारा दिए गए उठान के कारण उड़ता है। इन्हें इस प्रकार से आकार प्रदान किया जाता है कि ऊपरी पृष्ठ पर बहनेवाली हवा नीचे की ओर बहनेवाली हवा की तुलना में लंबा रास्ता तय करे। परिणामस्वरूप, जब कोई जहाज आगे बढ़ता है तो पंखों के ऊपर बहनेवाली हवा पंखों के नीचे बहनेवाली हवा की तुलना में तीव्र गति करती है और पंख के ऊपर दबाव कम हो जाता है। ऊपर और नीचे दाब में होनेवाले इस अंतर के कारण ही जहाज ऊपर की ओर उठता है (चित्र-11), चूँकि जहाज की गति आगे चलकर बढ़ जाती है, इसलिए उठान में भी बढ़ोतरी होती है और अंततः नीचे लगनेवाला गुरुत्व बल कम हो जाता है। जहाज अपने इंजन द्वारा उत्पन्न प्रणोद का भी प्रयोग करता है, जबकि वह अपनी क्षैतिज दिशा में एक विशेष ऊँचाई प्राप्त कर लेता है।

12. हेलीकॉप्टर बीच हवा में कैसे स्थिर हो जाता है?

चित्र-12 : हेलीकॉप्टर का बीच में स्थिर होना

हवाईजहाज के विपरीत हेलीकॉप्टर में घूमनेवाले पंख स्पिनिंग रोटर ब्लेड के आकार के होते हैं। इन स्पिनिंग ब्लेडों की ऊपरी और निचली ओर बहनेवाली हवा की लहरें ऊपर की ओर के दाब में कमी ला देती हैं, जिसके कारण हेलीकॉप्टर ऊपर उठता है। इस प्रकार हेलीकॉप्टर को उठान के लिए आगे भागने की आवश्यकता नहीं होती है। रोटर ब्लेडों की पिच (कोण) में बदलाव लाकर उठान पर नियंत्रण रखा जाता है। मुख्य रोटर ब्लेडों की पिच को बढ़ाकर उठान को बढ़ाया जा सकता है और हेलीकॉप्टर ऊपर उठ जाता है। ब्लेडों की पिच में कमी लाकर उठान में कमी लाई जा सकती है और हेलीकॉप्टर गुरुत्व के कारण नीचे आने लगता है। इसी प्रकार, यदि पायलट रोटर पिच को इस प्रकार नियत

कर देता है कि ब्लेड गुरुत्व के समान ही उठान पैदा करे तो हेलीकॉप्टर बीच हवा में ही स्थिर हो जाता है (चित्र-12)।

13. क्या होती है एंडोस्कोपी?

वस्तुतः एंडोस्कोपी शरीर के सभी खोखले अंगों (जैसे—गला, पेट या आँत) की बीमारियों का पता लगाने की हानिरहित और दर्दरहित विधि है, जिसमें एंडोस्कोप नामक प्रोब के माध्यम से सीधे ही इन अंगों के अंदर झाँका जा सकता है। यह एक धातु की खोखली नली होती है, जिसमें एक प्रकाश स्रोत के साथ-साथ पर्यवेक्षण तंत्र लगा होता है (चित्र-13)।

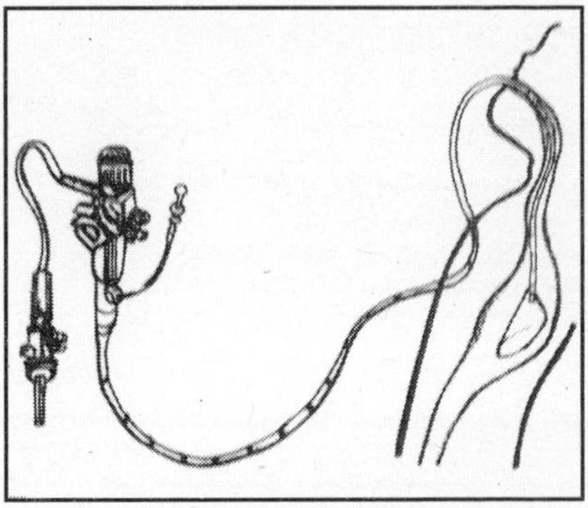

चित्र-13: एंडोस्कॉपी

आधुनिक एंडोस्कोप में संबंधित अंग तक प्रकाश भेजने और बाहर देखने के लिए नेत्रिका (आईपीस) पर प्रतिबिंब प्रेषित करने के लिए लचीले ऑप्टिकल फाइबर का प्रयोग किया जाता है, चूँकि एंडोस्कोप से सीधे ही प्रभावित अंग को देखा जा सकता है, अतः रोगी को जाँच की लंबी और जटिल प्रक्रिया से नहीं गुजरना पड़ता है। उन्नत एंडोस्कोप में छोटी क्रियाओं या बायोप्सी के लिए सर्जिकल अटैचमेंट लगे होते हैं।

14. बायोप्सी क्या होती है?

माइक्रोस्कोपिक जाँच के लिए किसी अंग या किसी असामान्य वृद्धि से ऊतक निकालने की प्रक्रिया बायोप्सी कहलाती है। यकृत या गुर्दे जैसे गहराई में स्थित अंगों से ऊतक प्राप्त करने के लिए एक खोखली सुई का प्रयोग किया जाता है। मृदु स्पंजी पदार्थ, जैसे कि अस्थि मज्जा को भी सुई से चूषण द्वारा निकाला जा सकता है।

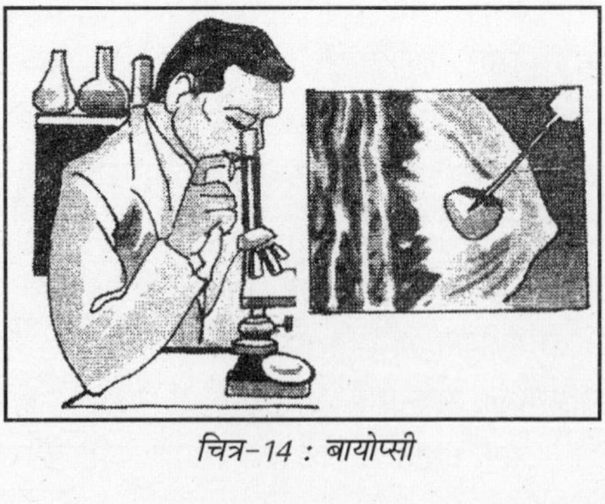

चित्र-14 : बायोप्सी

निकालने के बाद ऊतक को परिरक्षण के लिए मोम में प्रशीतित स्थिरीकृत कर दिया जाता है। बाद में इसके टुकड़े काटकर, स्पष्टता के लिए विशेष रंगों में रँगकर, माइक्रोस्कोप में जाँच की जाती है (चित्र-14) कि ऊतक सुसाध्य या दु:साध्य कैंसरग्रस्त है। कुछ विशेष प्रकार के कैंसरों में, ऊतक की बायोप्सी अनिवार्य होती है। यदि जल्दी निदान हो जाए तो कैंसरकारी ऊतकों को कीमोथैरेपी या सर्जरी द्वारा शरीर के अंगों में फैलने से रोका जा सकता है।

बायोप्सी के कोई पार्श्व प्रभाव नहीं होते हैं। जिस स्थान की बायोप्सी की जाती है, वहाँ का दर्द कुछ ही दिनों में ठीक हो जाता है। यदि त्वचा के रंग में रक्त प्रवाह के कारण कोई परिवर्तन होता भी है तो वह भी शीघ्र ही समाप्त हो जाता है।

15. ब्लड ग्रुप क्या होते हैं?

वस्तुत: सभी लोगों का रक्त देखने में लाल होता है, परंतु उसमें कुछ ऐसा अंतर होता है जो नंगी आँखों से नहीं देखा जा सकता है। यह अंतर लाल रुधिर कणिकाओं की भित्ति पर कुछ विशिष्ट प्रोटीन (एंटीजन) की उपस्थिति या अनुपस्थिति के कारण होता है। इन एंटीजनों के आधार पर मानव रक्त को विभिन्न वर्गों में बाँटा जा सकता है।

चित्र-15 : विभिन्न प्रकार के ब्लड

सबसे सामान्य ब्लड ग्रुप सिस्टम है ABO रक्त वर्ग, जिसकी खोज कार्ल लैंड स्टीनर ने 1900 में की थी। A और B नामक दो एंटीजनों की उपस्थिति या अनुपस्थिति के अनुसार, यह पद्धति मानव रक्त को चार प्रकारों में विभाजित करती है (चित्र-15)। टाइप A ब्लड ग्रुप में इसकी भित्ति पर एंटीजन ए के साथ एरिथ्रोसाइट यानी लाल रक्त कणिकाएँ होती हैं। टाइप B में एंटीजन B, जबकि टाइप AB में एंटीजन A और B दोनों होते हैं। चौथे प्रकार के ब्लड ग्रुप O में न तो एंटीजन A होते हैं न B, अत: इसे किसी भी व्यक्ति के शरीर में बिना खतरे के चढ़ाया जा सकता है।

सन् 1940 में लैंडस्टीनर और एलेक्जेंडर वीनर ने एक और एंटीजन Rh फैक्टर

की खोज की। अधिकांश लोगों में Rh फैक्टर (रीसस फैक्टर या प्रतिजन) उनकी लाल रुधिर कणिकाओं की सतह पर होता है, जिसे Rh+ (Rh पॉजिटिव) रक्त कहते हैं। जिनमें यह एंटीजन नहीं होता, उनका रक्त Rh- (Rh निगेटिव) कहलाता है। ABO टाइप्स और Rh- फैक्टर के अतिरिक्त और भी कई प्रकार की एरिथ्रोसाइट एंटीजन होते हैं और इस प्रकार अनेक प्रकार के रक्त भी होते हैं। रुधिर आधान (Blood transfusion) में Rh फैक्टर का बहुत महत्त्व है और इसके बाद रक्त कोशिकाओं के जमने को रोकने के लिए दाता के रक्त का, ग्राही के रक्त से मिलान किया जाता है।

16. रक्तचाप या ब्लड प्रेशर क्या होता है?

आप सभी ने सुना होगा कि ब्लड प्रेशर के रोगी निरंतर बढ़ रहे हैं तो प्रश्न होता है कि आखिर रक्तचाप है क्या ? वस्तुतः रक्तचाप रक्त का वह दबाव है, जो रक्त वाहिनियों की दीवारों पर पड़ता है। हृदय स्पंदन द्वारा रक्त का परिसंचरण कर शारीरिक अंगों का पोषण करता है। धमनियाँ अपने लचीलेपन द्वारा रक्त को आगे बढ़ाती हैं, परंतु चिंता, क्रोध, अति परिश्रम तथा अन्य मानसिक परिवर्तनों के कारण वह लचीलापन कम हो जाता है, जिससे रक्त प्रवाह में बाधा उत्पन्न हो जाती है। धमनियों की दीवार पर रक्त का दबाव बढ़ जाता है। इसी को उच्च रक्तचाप या High Blood Pressure कहते हैं। इस अवस्था में सिर घूमना, पलकों का भारीपन, चेहरे पर लाली, मानसिक विकृति, अरुचि, थकावट, क्षुधा-नाश इत्यादि लक्षण प्रकट होते हैं। इसी समय रक्तचाप को मापना चाहिए।

वस्तुतः रक्तचाप दो प्रकार का होता हैं, यथा—

1. प्रकुचन (Systolic) : यह रक्तचाप अधिकतम होता है, जो हृदय के आकुंचन काल के समय उत्पन्न होता है।

2. अनुशिथिलन (Diastolic) : यह न्यूनतम रक्तचाप होता है, जो हृदय के प्रसार काल में उत्पन्न होता है।

सभी व्यक्तियों का रक्तचाप भी एक-सा नहीं होता है। एक ही व्यक्ति का रक्तचाप भी समय-समय पर बदलता है। स्त्रियों का रक्तचाप पुरुषों से कुछ कम होता है। इसी प्रकार भारी शरीरवाले व्यक्ति का रक्तचाप हलके व्यक्ति से कुछ कम रहता है। व्यायाम करते समय यह कुछ बढ़ जाता है। रक्तचाप का मापन स्फाइग्मो मैनोमीटर द्वारा किया जाता है।

17. मोबाइल ऐप और मोबाइल ऑपरेटिंग सिस्टम क्या होते हैं?

जब कोई स्मार्ट फोन हम देखते हैं तो उसकी स्क्रीन पर हमें अनेक ऐप्स के आइकन दिखते हैं। वस्तुतः मोबाइल ऐप उन कंप्यूटर प्रोग्रामों को कहते हैं, जो स्मार्ट फोन, टैबलेट तथा अन्य मोबाइल युक्तियों पर चलाने के लिए बनाए जाते हैं। व्हाट्स ऐप, फेसबुक, यू-ट्यूब, गूगल प्ले, गूगल सर्च, मैप्स, जीमेल, इंस्टाग्राम आदि जैसे ढेरों लोकप्रिय मोबाइल ऐप अब प्रचलन में हैं।

चित्र-16 : मोबाइल ऐप और मोबाइल ऑपरेटिंग सिस्टम

मोबाइल ऐप्स प्राय ऐप्स वितरण प्लेटफॉर्म्स के माध्यम से उपलब्ध होते हैं। इसकी शुरुआत 2008 में हुई थी। ऐपल ऐप स्टोर, गूगल प्ले स्टोर, विंडोज फोन स्टोर तथा ब्लैकबेरी ऐप वर्ल्ड आदि कुछ ऐसे ही प्रमुख ऐप्स वितरण प्लेटफॉर्म हैं। कुछ ऐप निःशुल्क मिलते हैं, जबकि अन्य कई को खरीदना पड़ता है।

मोबाइल ऑपरेटिंग सिस्टम वह प्रचालन तंत्र है, जो मोबाइल व्युक्तियों, जैसे—मोबाइल फोन पर अन्य अनुप्रयोग सॉफ्टवेयर चलाने में सहायता करता है। यह लिनक्स, विंडोज आदि प्रसिद्ध कंप्यूटर ऑपरेटिंग सिस्टम की तरह के ही सॉफ्टवेयर हैं, किंतु अभी ये कुछ सीमा तक छोटे और सरल हैं। स्मार्ट फोनों पर पाए जानेवाले ऑपरेटिंग सिस्टम में सिंबियन ओएस, आईफोन ओएस, आर.आई.एम. ब्लैकबेरी, विंडोज मोबाइल, लिनक्स, पॉम वेब ओएस, एंड्रायॅड और मीमो सभी लिनक्स से निकले हैं। आईफोन ओएस का जन्म बी.एस.डी. और नेक्स्टस्टेप से हुआ है, जो यूनिक्स से संबंधित हैं। मोबाइल ऐप और मोबाइल आपरेटिंग सिस्टम को चित्र-16 में दरशाया गया है।

18. क्या होता है कैटालिटिक कन्वर्टर?

वास्तव में कैटालिटिक कन्वर्टर एक युक्ति है, जो पेट्रोल से चलनेवाली गाड़ियों के निकास नली में लगी होती है और गाड़ी से निकलनेवाली और पर्यावरण को क्षति पहुँचानेवाली गैसों को कम करने में सहायक होती है। लेडरहित पेट्रोल से चलनेवाली

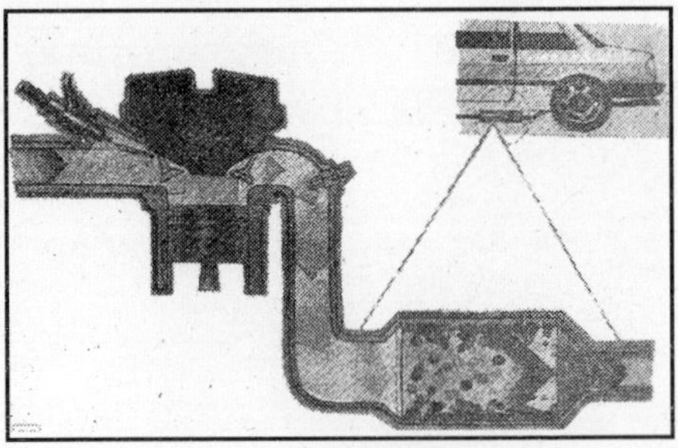

चित्र–17 : कैटालिटिक कन्वर्टर

गाड़ियों से निकलनेवाले धुएँ में नाइट्रोजन ऑक्साइड, कार्बन मोनो ऑक्साइड और बेंजीन, जैसी गैसें होती हैं, जो स्वास्थ्य के लिए हानिकारक होती हैं। कैटालिटिक कन्वर्टर (चित्र–17) इन गैसों को हानिरहित कार्बन डाइऑक्साइड, वाष्प और नाइट्रोजन में बदलने में सहायता करता है।

कन्वर्टर सिरैमिक की ग्रिडों या प्लेटिनम, वैनेडियम या रोडियम जैसे उत्प्रेरकों की परत चढ़ी धातु का बना होता है। जब निर्वातन गैसें इस पर से गुजरती हैं, उत्प्रेरक रासायनिक क्रिया करके हानिकारक गैसों को हानिरहित गैसों में बदल देता है। लेडयुक्त पेट्रोल का प्रयोग करनेवाली गाड़ियों में कन्वर्टर का प्रयोग नहीं किया जा सकता है, क्योंकि ईंधन में एंटीलॉकिंग कारक के रूप में प्रयोग किया जानेवाला लेड उत्प्रेरक को निष्क्रिय करके युक्ति को बेकार कर देता है।

19. क्वाट्र्ज क्लॉक क्या होती है?

चित्र–18 : क्वाट्र्ज घड़ी

यह एक ऐसी क्लॉक है, जिसमें क्वाट्र्ज के दाब–वैद्युत गुणों का उपयोग किया जाता है। क्वाट्र्ज क्रिस्टल में कंपन की प्राकृतिक आवृत्ति होती है, जो इसके आकार और माप पर निर्भर करती है। यदि ऐसे क्रिस्टल को किसी इलेक्ट्रॉन सर्किट में शामिल कर दिया जाए, जो इसके विपरीत फलकों पर इसकी प्राकृतिक आवृत्ति के अत्यंत निकट की आवृत्ति से एक दोलनीय विद्युत् क्षेत्र लागू करता हो, संपूर्ण सर्किट क्रिस्टल की प्राकृतिक आवृत्ति पर अनुनादित या कंपित होने लगेगा। इसके अतिरिक्त,

कंपन की यह आवृत्ति पर्याप्त समय तक बनी रहेगी। किसी क्लॉक या एक हाथ-घड़ी में, कंपन की सतत् आवृत्ति, विद्युत् स्पंदनों में बदलकर मोटर को चलाती है, जो फिर घड़ी की सुइयों को चलाती हैं या वैकल्पिक रूप से, स्पंदन डिजीटल डिसप्ले को सक्रिय बनाते हैं।

क्वाट्र्ज घड़िया (चित्र-18) स्प्रिंग या पेंडुलमवाली घड़ियों की अपेक्षा कहीं अधिक परिशुद्ध होती हैं। इनमें एक वर्ष में एक सेकंड के दसवें भाग के बराबर की त्रुटि हो सकती है। इनका उपयोग कंप्यूटर और माइक्रोप्रोसेसर्स में होता है।

20. क्या होती है प्लास्टिक मनी?

चित्र-19 : प्लास्टिक मनी

जब व्यापारिक लेन-देन के लिए नकद राशि के बजाय क्रेडिट कार्ड, जैसे उपकरणों का उपयोग किया जाता है तो उसे प्लास्टिक मनी कहते हैं। वस्तुतः यह प्लास्टिक मनी इसलिए कहलाती है, क्योंकि क्रेडिट कार्ड प्लास्टिक के बने होते हैं। अधिकतर खरीदारी के भुगतान के लिए कागज के बने चेकों, करेंसी नोट या सिक्कों का प्रयोग किया जाता है। ऑटोमेटिक टेलर मशीनों से कैश निकालने के लिए भी क्रेडिट कार्डों का प्रयोग किया जा सकता है (चित्र-19)।

कुछ क्रेडिट कार्डों का प्रयोग केवल टेलीफोन बूथ में कॉल के भुगतान के लिए होता है। प्लास्टिक मनी में, चूँकि धारक से संबंधित सूचना भी होती है, इसलिए इसकी चोरी की संभावना बहुत कम होती है, क्योंकि धारक के अलावा कोई अन्य इसका उपयोग भी नहीं कर सकता है।

21. स्कूबा क्या होता है?

यह सेल्फ-कंटेंड अंडरवाटर ब्रीदिंग उपकरण का लघु रूप है। इसमें एक सुबाह्य साँस लेने की युक्ति होती है, जिसे गोताखोर अपने साथ ले जा सकते हैं। मूल रूप से इसमें एक माउथपीस होता है, जो संपीडित वायु के एक या दो टैंकों

चित्र-20 : स्कूबा

से जुड़ा होता है। ये टैंक तैराक की पीठ पर बँधे होते हैं। इस उपकरण की सहायता से तैराक पानी में बहुत गहराई में जा सकते हैं, जहाँ वैसे जाना संभव नहीं होता है। पहला एक्वालंग सन् 1943 में कैप्टन जैक्स-यूवीस काउस्टी और एमाइल गैगनान ने बनाया था (चित्र-20)।

22. झूठ पकड़नेवाली मशीन की कार्यप्रणाली

चित्र-21 : झूठ पकड़नेवाली मशीन

झूठ पकड़नेवाली मशीन (चित्र-21) इस सिद्धांत पर काम करती है कि झूठ बोलनेवाला व्यक्ति आशंकित और तनावग्रस्त होता है। इस अवस्था में उसके शरीर में कुछ कायिक परिवर्तन होते हैं। इनमें रक्तचाप, हृदय स्पंदन दर का बढ़ना, हथेलियों और तलवों में पसीना आना शामिल हैं। झूठ पकड़नेवाली मशीन इन्हीं परिवर्तनों को पकड़ लेती है। जिस व्यक्ति की जाँच करनी होती है, उसके सीने पर एक बैंड और हाथ में रक्तचाप कफ एवं इलेक्ट्रोड पहनाया जाता है। इसके पश्चात् उसकी प्रतिक्रिया देखने के लिए प्रश्नों की झड़ी लगा दी जाती है। इसके बाद कुछ अधिक अन्वेषी प्रश्न किए जाते हैं। उसकी प्रतिक्रिया के आधार पर एक विशेषज्ञ इसका पता लगा सकता है कि वह व्यक्ति झूठ बोल रहा/रही है अथवा नहीं।

23. कैसे काम करता है धातु डिटेक्टर?

जब कोई धातु किसी चुंबकीय क्षेत्र के निकट होती है तो उस क्षेत्र में गड़बड़ी उत्पन्न करती है। यह गड़बड़ी जल की धारा में पत्थर मारने पर उत्पन्न तरंगों जैसी होती है। धातु डिटेक्टर (चित्र-22) में धात्विक वस्तुओं द्वारा चुंबकीय क्षेत्र में उत्पन्न की गई गड़बड़ी को पकड़ने के लिए सुग्राही इलेक्ट्रॉनिक सर्किट लगी रहती है। हाथ में पकड़े जानेवाले धातु डिटेक्टर में दो कॉयल लगे होते हैं, जो समान सामर्थ्य के चुंबकीय क्षेत्र बनाते हैं। जब कोई धातु की बनी वस्तु किसी कॉयल के निकट आती है तो वहाँ मौजूद चुंबकीय क्षेत्र को गड़बड़ कर देती है। इससे दोनों क्षेत्रों के बीच संतुलन गड़बड़ा जाता है और इलेक्ट्रॉनिक सर्किट सतर्क हो जाता है। कुछ डिटेक्टरों में कोई कॉयल नहीं होता, वरन् वे पर्यावरण में मौजूद प्राकृतिक क्षेत्र में उत्पन्न गड़बड़ी को ही महसूस करते हैं। दरवाजे के फ्रेम के आकार के डिटेक्टर में ऐसा ही होता है। उसके फ्रेम में कॉयल की सीरीज होती है, जो लगातार प्राकृतिक चुंबकीय क्षेत्र को मॉनीटर करती रहती है। क्षेत्र में किसी गड़बड़ी का आभास होते ही अलार्म बजने लगता है।

चित्र-22 : धातु डिटेक्टर

24. ग्रिड क्या है? और इसका विद्युत् आपूर्ति में महत्त्व

जन उपयोगिता को दृष्टिगत रखते हुए बहुत से विद्युत् उत्पादन केंद्रों या बिजलीघरों को अति उच्च वोल्टता की लाइनों द्वारा आपस में अंतर्बद्ध (इंटरकनेक्ट) कर दिया जाता है। इस तंत्र को 'ग्रिड' कहते हैं।

इस तंत्र में विद्युत् ऊर्जा का प्रवाह स्वतंत्र रूप से हो सकता है, जिससे एक बिजलीघर की फालतू विद्युत् ऊर्जा का दूसरे क्षेत्र में प्रयोग हो सके। संपूर्ण तंत्र की सम्मिलित शक्ति की तुलना में किसी एक बिजलीघर अथवा एक या दो मशीनों की उत्पादन शक्ति नगण्य होती है, अतः एक बिजलीघर या एक-दो मशीनों में किसी प्रकार का दोष हो जाने पर अथवा मरम्मत की दशा में उसके बंद किए जाने पर स्थानीय विद्युत् आपूर्ति बंद नहीं होती है, क्योंकि ऐसी अवस्था में ग्रिड द्वारा आपूर्ति संभव होती है।

वर्तमान में भारत में क्षेत्रीय ग्रिड हैं। उत्तरी भारत के राज्यों की उत्पादन इकाइयाँ उत्तरी ग्रिड से तथा पश्चिमी राज्यों की पश्चिमी ग्रिड से जुड़ी हुई हैं। राष्ट्रीय ग्रिड के निर्माण से विद्युत् आपूर्ति का स्थायित्व बढ़ रहा है।

25. कैसे मापा जाता है सूर्य का तापमान?

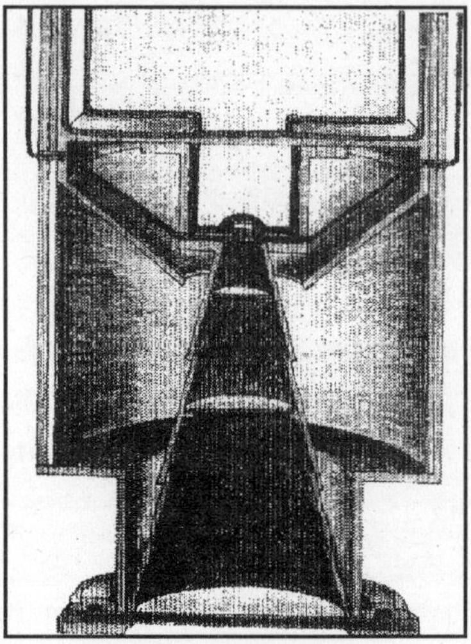

चित्र–23 : सूर्य का तापमान

वस्तुतः तापमान मापने की अनेक विधियाँ हैं। सबसे सामान्य है मरकरी थर्मामीटर, जिसमें काँच की एक नली में मरकरी या पारे का चढ़ता स्तंभ तापक्रम बताता है, परंतु मरकरी थर्मामीटर से 3570 सें. के ऊपर तापक्रम नहीं मापा जा सकता है। ऊँचे तापमानों को, जैसे कि भट्ठी के तापक्रम को मापने के लिए पायरोमीटर का प्रयोग किया जाता है, लेकिन सूर्य के तापक्रम को मापने के लिए एक भिन्न तकनीक का प्रयोग किया जाता है। इसमें इस सिद्धांत का प्रयोग किया जाता है कि जिस रंग पर गरम वस्तु अधिकतम ऊर्जा देती है, गरम वस्तु के तापक्रम से सीधे संबंधित होता है (वायन का नियम)। सूर्य प्रकाश देता है, जो अनेक रंगों का मिश्रण होता है, जब एक विशेष उपकरण बोलोमीटर का प्रयोग कर सूर्य के प्रकाश के वर्णक्रम (स्पेक्ट्रम) का विश्लेषण किया गया तो यह विदित हुआ कि सूर्य के वर्णक्रम के हरे भाग की तीव्रता सर्वाधिक थी। इससे सूर्य के केंद्र भाग के तापमान 1.5 करोड़ केल्विन के बारे में जानकारी प्राप्त होती है (चित्र–23)।

26. जानिए नए कपड़ों को धोना क्यों जरूरी है?

प्रायः दुकान में बहुत से लोग कपड़े पहनकर देखते हैं, बहुत से लोग पसीने से तर–बतर होते हैं। ऐसे में वे यदि इन कपड़ों को पहनकर देखते हैं तो उनसे कई प्रकार के जीवाणु इन कपड़ों पर लग जाते हैं, जो त्वचा संबंधित कई समस्याएँ उत्पन्न करते हैं।

वस्तुतः कपड़ों पर रंग चढ़े हुए होते हैं (चित्र–24) और रंगों में मिलाए जानेवाले रसायनों के कारण खुजली हो सकती है। कपड़ों में कितने रंगों का उपयोग किया

गया है, इसका आपको अनुमान भी नहीं होगा। प्राकृतिक रेशों (फाइबर्स) में रंग नहीं पाए जाते हैं, अतः इन्हें अच्छा रंग देने के लिए इन्हें रँगना पड़ता है। कपड़ों को रंग करने के लिए जिन रंगों का उपयोग किया जाता है, वे एजो टेक्सटाइल रंग होते हैं। कपड़ा जितना रंग-बिरंगा होगा उसमें उतने ही अधिक डाई का प्रयोग हुआ होगा। जो डाई त्वचा में खुजली उत्पन्न करने हेतु जानी जाती है, जिसके कारण त्वचा संबंधी रोग एवं एलर्जी होती हैं। जब आप कपड़ा धोते हैं तो अतिरिक्त रंग निकल जाता है।

चित्र-24 : नए कपड़ों को धोना

कपड़ों को सिलवटों से दूर रखने के लिए इसे बहुत अधिक स्टार्च किया जाता है। दुकान में कई लोग कपड़ों को पहनकर देखते हैं, जिसके कारण इनमें सिलवटें पड़ने का खतरा रहता है। इसे रोकने के लिए अधिकांश कपड़ों को बहुत स्टार्च करके रखा जाता है। यद्यपि हम घर पर भी कपड़ों को स्टार्च करते हैं, परंतु स्टार्च की मात्रा घर पर निर्माता द्वारा की जानेवाली मात्रा से कम होती है। इस कारण नए कपड़ों को धोना जरूरी है।

27. गरम करने पर क्यों उछलते हैं पॉपकार्न?

क्या कभी आपने सोचा होगा कि पॉपकार्न गरम करने पर इतने उछलते क्यों हैं (चित्र-25)। पॉपकार्न के लिए जिस अनाज का उपयोग करते हैं, वे सख्त होते हैं। इनकें बीच के हिस्से में दाना होता है, ऊपर कठोर स्टार्च की परत होती है। इसमें 10.15 प्रतिशत नमी होती है। अनाज को जब भूना जाता है तो पहले निचले हिस्से की नमी गरम होती है। यह वाष्प में बदल जाती है और फैलती है। इससे ऊपरी कठोर सतह पर दबाव पड़ता है और दाना फट जाता है। वाष्प दाने के

चित्र-25 : पॉपकार्न

निचले हिस्से से झटके से निकलती है और न्यूटन के तीसरे नियम के अनुसार दाने को ऊपर की ओर उछाल देती है। दाना फूलता है और गरमागरम पॉपकार्न तैयार हो जाते हैं।

28. मनुष्य के उदर में कीड़े क्यों होते हैं?

मनुष्य के पेट में पाए जानेवाले कीड़ों को परजीवी कृमि कहते हैं। ये कृमि मनुष्य की आँतों की दीवारों पर चिपके रहते हैं। मनुष्य की आँतों से ही ये अपना भोजन प्राप्त करते हैं, चूँकि ये कीड़े मनुष्य के शरीर में स्वत: पैदा नहीं होते हैं, अत: किसी सिद्धांत की पुष्टि नहीं करते हैं। वस्तुत: इन कीड़ों के अंडे सब्जियों, विशेषतौर पर पत्तेदार सब्जियों पर चिपके रहते हैं। जब हम कच्ची सब्जियाँ, अधपकी सब्जियाँ या धूल-मिट्टी के संपर्क में अधिक देर तक रहा खाना खाते हैं तो ये हमारे शरीर में प्रवेश कर जाते हैं, जहाँ कुछ दिनों के पश्चात् ये अंडे कीड़ों में परिवर्तित हो जाते हैं (चित्र-26)। इसके अतिरिक्त ये कीड़े पालतू जानवरों के शरीर पर भी पाए जाते हैं, जहाँ से ये हमारे शरीर में पहुँच जाते हैं। कई बार ये कीड़े हमारे शरीर में गंदे पानी में स्नान करने या गंदा पानी पीने पर भी पहुँच जाते हैं।

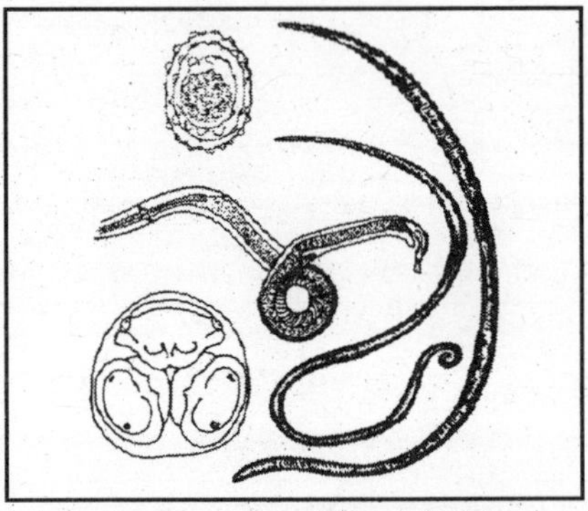
चित्र-26 : मनुष्य के उदर में कीड़े

29. नीबू का रस जमीन पर पड़ने पर दाग क्यों बनाता है?

नीबू के रस में प्राय: 5 से 8 प्रतिशत तक सिट्रिक अम्ल होता है। सिट्रिक अम्ल एक ट्राइबेसिक कार्बनिक अम्ल है और इसमें विभिन्न हाइड्रोजाइलिक तथा कार्बोजाइलिक अम्लीय तत्त्व होते हैं। ये तत्त्व जब किसी पदार्थ के संपर्क में आते हैं तो उनसे रासायनिक क्रिया करके कई प्रकार के जटिल लवणों और अन्य पदार्थों का निर्माण करते हैं, अत: नीबू का रस जैसे ही जमीन पर गिरता है, ठीक उसी समय जमीन पर उपस्थित कई

चित्र-27 : नीबू के रस से उत्पन्न दाग

प्रकार के तत्त्व, जैसे—लोहा, ताँबा, पोटैशियम, चाँदी आदि से नीबू के रस में विद्यमान सिट्रिक अम्ल की रासायनिक अभिक्रिया घटित होती है। इसके फलस्वरूप जमीन पर कई प्रकार के जटिल लवणों का निर्माण होता है। ये लवण सूखने के पश्चात् एक अमिट दाग के रूप में दिखाई देते हैं। यही कारण है कि नीबू का रस जमीन पर पड़ने से दाग पड़ जाता है (चित्र-27)।

30. पक्षी बिजली के तारों पर बिना विद्युत् झटका लगे कैसे बैठ जाते हैं?

चित्र-28 : पक्षियों का बिजली के तारों पर बैठना

क्या आपने कभी सोचा है कि पक्षी बिजली के तारों पर बिना झटका लगे कैसे बैठ जाते हैं? इनको करंट क्यों नहीं लगा? इसे जानने के लिए हमें यह समझना जरूरी है कि बिजली का झटका लगता कैसे है? उच्च वोल्टेजवाली बिजली की तारों के साथ संपर्क में आने से शरीर के माध्यम से विद्युत्धारा के प्रवाहित हो जाने पर एक जबरदस्त अभिघात लगता है, जिसके फलस्वरूप शरीर जल जाने से मृत्यु तक हो जाती है।

जीवों का शरीर विद्युत् का सुचालक होता है। जब एक पक्षी एक विद्युत् तार पर बैठा है तो वह एक ही कंडक्टर से जुड़ा है, इससे उसके शरीर से विद्युत् धारा का प्रवाह नहीं होगा, परंतु जैसे ही वह दूसरी तार को छुएगा तो विद्युत् परिपथ पूरा हो जाएगा और पक्षी के शरीर से उच्च वोल्टेज का विद्युत् प्रवाह होने से जल जाना या फिर हृदय गति रुक जाना संपन्न होगा और उसकी तत्काल मृत्यु हो जाएगी (चित्र-28)।

31. हमारे बाल सफेद क्यों हो जाते हैं?

प्राय: बालों का सफेद होना मनुष्य के अनुभवी होने का प्रतीक माना जाता है, परंतु आधुनिक समय में मनुष्य इसे बिल्कुल भी पसंद नहीं करते हैं। वस्तुत: हमारे बालों का काला रंग 'मिलेनिन वर्णक' (पिगमेंट) के कारण होता है। यह पिगमेंट त्वचा के अंदर जहाँ बाल का अंदरूनी भाग होता है और जिसे फॉलिकल कहते हैं, में होता है। पिगमेंट

चित्र-29 : बालों का सफेद होना

(वर्णक) भाग के कारण बाल काले, भूरे या लाल हो सकते हैं (चित्र-29)। आप देखते हैं कि बड़े लोगों के बाल सफेद या भूरे हो जाते हैं। वस्तुतः उनमें मिलेनिन पिगमेंट समाप्त हो जाता है, इसलिए बाल सफेद हो जाते हैं। चिकित्सकों की मान्यता है कि बालों का रंग सफेद होने का कारण आनुवंशिक भी होता है, किंतु फिर भी कुछ ऐसे अन्य कारण भी हैं, जो समय से पहले बालों को सफेद बनाने में अहम भूमिका निभाते हैं। इनमें न केवल एनीमिया, थाइरॉइड एवं एच.आई.वी. एड्स शामिल है, वरन् भोजन में प्रोटीन और आयरन की कमी भी बालों की सफेदी का एक कारण है। इस प्रकार इन कारणों से हमारे बाल सफेद हो जाते हैं।

32. खुजली क्यों होती है?

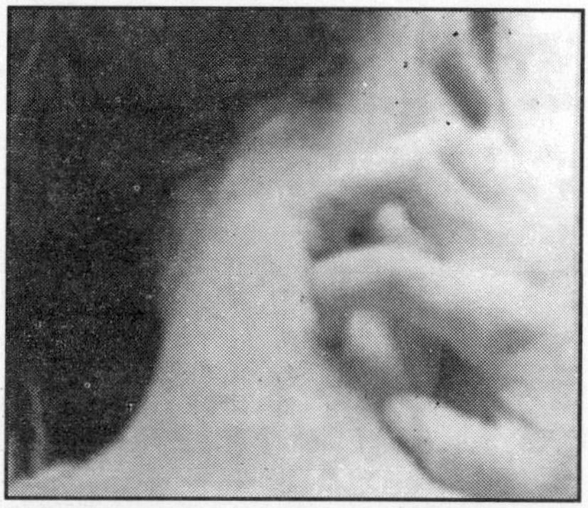

चित्र-30 : खुजली क्यों होती है

वैसे तो खुजली सबको होती है, पर कितने लोग जानते हैं कि खुजली होती क्यों है? मानव विज्ञान का यह ऐसा पहलू है, जिस पर शायद सबसे कम ध्यान दिया गया है। प्रायः एक मनुष्य को एक आकलन के अनुसार 97 बार खुजली होती है (चित्र-30)। लिवरपुल यूनिवर्सिटी के प्रो. फ्रांसिस मैक्लोन ने बताया है कि मच्छर, कीड़े-मकोड़े और पौधे मनुष्य की त्वचा पर एक टॉक्सिन छोड़ते हैं। इस टॉक्सिन के जवाब में शरीर के प्रतिरक्षी तंत्र (इम्यून सिस्टम) से हिस्टेमीन का स्राव होता है। ऐसा होने पर तंत्रिका से मस्तिष्क को खुजली का सिग्नल मिलता है और हम खुजली करते हैं। कभी-कभी सूर्य की तेज धूप की चुभन से भी उत्तेजना होकर खुजली होती है, कभी एलर्जीवाला पदार्थ त्वचा में प्रतिक्रिया कर उत्तेजना उत्पन्न करता है।

सन् 1997 में खुजली के इस विज्ञान की दिशा में एक बड़ी खोज हुई। इससे पहले यह मान्यता थी कि चोट लगने पर दर्द और त्वचा पर होनेवाली खुजली एक ही तरह के पैटर्न से होती है, परंतु 1997 में यह तथ्य उभरकर आया कि खुजली के विज्ञान में अलग तंत्रिका और ऊतक जिम्मेदार होते हैं। 'सेंटर ऑफ द स्टडी ऑफ इच' के वैज्ञानिक ब्रायन ने एक विशिष्ट शोध कर ज्ञात किया कि खुजली एक संक्रमण जैसा है। यदि आपके सामने बैठा व्यक्ति खुजली करता है तो आप भी खुजली करने लगते हैं। इस तरह के संक्रमणवाली खुजली के लिए मस्तिष्क का 'सुप्राकिएजमैटिक न्यूक्लियस' भाग जिम्मेदार होता है। खुजली करके हमें आराम मिलता है और इस अनुभूति के लिए हमारे मस्तिष्क से सेरोटीनोन का स्राव होता है। सबसे अधिक टखनों पर खुजली करके आराम मिलता है।

खुजली करके आराम मिलता क्यों है ? इसके पीछे क्या विज्ञान है ? इसका प्रत्युत्तर अभी वैज्ञानिक सोच रहे हैं। खुजली के साथ दिलचस्प बात यह भी है कि आप जितना अधिक खुजलाएँगे, आपको उतनी ही अधिक खुजली होगी।

33. हाथ-पैर कैसे सोते हैं?

मनुष्य के हाथ या पैर के सो जाने की बातें प्राय: आपने सुनी होगी अथवा इसे महसूस भी किया जा सकता है, परंतु ऐसा होने से हाथ-पैर में झनझनाहट क्यों होती है, आपने नहीं सोचा होगा। वस्तुत: जब हमारा हाथ या पैर बहुत देर तक एक ही स्थिति में रहता है तो मस्तिष्क को संदेश ले जानेवाली तंत्रिकाओं के कार्य में बाधा पड़ती है। इसके अतिरिक्त उस भाग में कुछ समय के लिए रक्त की आपूर्ति भी रुक-सी जाती है। यही अवस्था हाथ या पैर का सो जाना कहलाती है (चित्र-31)। यह एक अस्थायी अवस्था होती है और स्थिति बदलते ही रुका हुआ रक्त प्रवाह फिर से आरंभ हो जाता है, जिसके कारण हमें उस भाग में झनझनाहट-सी महसूस होती है तथा सुन्नता आ जाती है।

चित्र-31: हाथ-पैर का सो जाना

34. अपने बसेरों पर वापस कैसे लौट आते हैं जीव-जंतु?

चित्र–32 (अ) : जीव–जंतुओं की बसेरों पर वापसी

प्रकृति में अगर सबसे अजीब और रहस्यमय बात कोई लगती है तो वह है कुछ प्राणियों का अपने बसेरों पर वापस लौट जाना और कभी–कभी तो वे बहुत दूरी से वापसी करते हैं (चित्र–32अ)। इस कार्य में चिड़ियाँ ही माहिर नहीं हैं, मधुमक्खी, ईल और सालमॉन भी बहुत लंबी यात्रा के बाद एक विशेष स्थान पर वापस लौट आते हैं। आमतौर पर चिड़ियाँ पर बहुत प्रयोग किए गए हैं, यह जानने के लिए कि वह अपने घोंसलों में कैसे लौट आती हैं। एक प्रयोग में सात अबाबीलों को उनके बसेरे से 40 मील पर ले जाकर छोड़ा गया, उनमें से पाँच वापस अपने घर पहुँच गईं। एक अन्य प्रयोग में एक विशेष प्रकार की चिड़िया को वैल्श बंदरगाह में उसके घोंसले से हवाई जहाज द्वारा वेनिस ले जाया गया, परंतु जब उसे छोड़ा गया तो वह 930 मील की दूरी तय करती हुई वापस अपने घोंसले में आ गई।

माइग्रेटिंग बर्ड्स, अर्थात् पारगमन करनेवाली चिड़ियों में तो यह क्षमता और भी अद्‌भुत है। अबाबील प्रतिवर्ष इंग्लैंड से दक्षिण अफ्रीका पारगमन करती है। वह अगले बसंत में न केवल इंग्लैंड वापस आ जाती है, वरन् उनमें से अधिकतर उन्हीं घोंसलों में वापस आती हैं, जिनमें वह साल भर पहले थीं। ये उड़कर छह हजार मील की दूरी तय करती हैं। इसी प्रकार कबूतर भी किसी खास पते पर पत्र पहुँचा देते हैं।

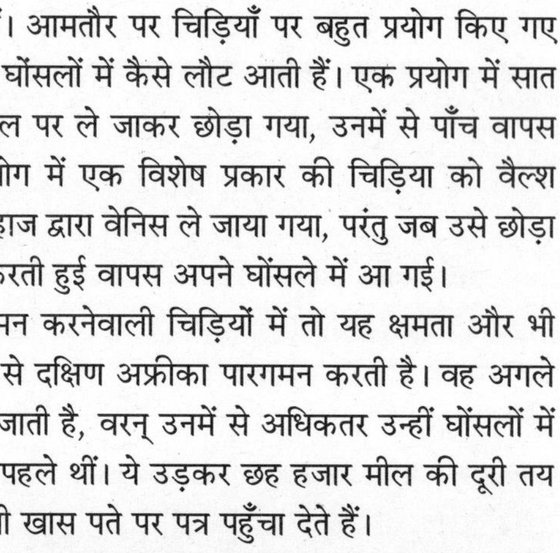

चित्र–32 (ब) : उत्साहवर्धक परिणाम

इसी प्रकार कुछ प्रकार की तितलियाँ भी पारगमन करती हैं और बहुत लंबी दूरी तय करके अपना बसेरा ढूँढ़ लेती हैं। तितलियों का झुंड एक दिशा में लयात्मक उड़ान भरता है, फिर वे हजारों मील दूर चली जाती हैं और अगले मौसम में वापस आ जाती हैं। कुछ चिड़ियाँ तो समुद्र के पानी पर उड़ती है, इसलिए यह भी नहीं कहा जा सकता कि वे

कोई चिह्न या पहचान, अर्थात् लैंडमार्क्स का उपयोग अपने मार्गदर्शन के लिए करती हैं।

अनेक प्रयोगों और प्रयासों के बावजूद वैज्ञानिकों के लिए यह रहस्य का विषय है कि जीव-जंतु अपना घर कैसे तलाश लेते हैं। अब अमरीका स्थित बेलॉर कॉलेज ऑफ मेडिसिन की रिसर्च टीम ने काफी सफलता प्राप्त की है। वैज्ञानिकों के अनुसार पक्षियों के दिमाग में ऐसी कोशिकाएँ होती हैं, जो पृथ्वी के चुंबकीय क्षेत्र का एक खाका कैद कर लेती हैं। दोबारा उसी क्षेत्र में जाने पर ये कोशिकाएँ फिर सक्रिय हो जाती हैं और रास्ते की पहचान करने में पक्षियों की सहायता करती हैं। वैज्ञानिकों ने कबूतरों को विभिन्न स्तर के कृत्रिम चुंबकीय क्षेत्रों में रखकर उत्साहवर्धक परिणाम प्राप्त किए (चित्र-32ब)।

35. कच्चा लोहा क्या होता है?

लौह अयस्क को अधिक कार्बनवाले ईंधन जैसे कोक के साथ प्रगलित करने पर जो माध्यमिक उत्पाद बनता है, उसे कच्चा लोहा (चित्र-33) कहते हैं।

चित्र-33 : कच्चा लोहा

इसमें प्रायः चूने के पत्थर को फ्लक्स के रूप में प्रयोग करते हैं। ईंधन के रूप में चारकोल और एंथ्रासाइट भी प्रयोग किए जा सकते हैं। कच्चे लोहे में कार्बन की मात्रा बहुत अधिक होती है। इसके कारण यह बहुत भंगुर होता है। कच्चे लोहे को वेल्ड भी नहीं किया जा सकता है, अतः इसका सीधे तौर पर बहुत कम उपयोग होता है।

वात्या भट्ठी से कच्चा लोहा ही निकलता है। वस्तुतः कच्चा लोहा, लौह, कार्बन, सिलिकॉन, मैंगनीज, फॉस्फोरस और गंधक की मिश्र धातु है। यह एक माध्यमिक उत्पाद है, जिसका और प्रसंस्करण करके अन्य उत्पाद बनाए जाते हैं। अन्य चीजें बनाने के लिए यह एक कच्चा माल है, इसी से इसका नाम 'पिग आयरन' या कच्चा लोहा पड़ा है।

36. मछलियाँ कैसे रंग बदलती हैं?

आपने देखा होगा कि अन्य प्राणियों की अपेक्षा मछलियों में अधिक चटकीले रंग दिखाई देते हैं। वस्तुतः मछलियों के रंग क्रोमैटोफोर्स और ग्वानिनधर कोशिकाओं के

कारण अधिक चटकीले दिखाई देते हैं (चित्र-34)। उनकी त्वचा में क्रोमैटोफोर्स की उत्पत्ति न्यूरल क्रीस्ट कोशिकाओं से होती हैं। इनमें वर्णक होते हैं, जो न केवल रंगों को उत्पन्न करते हैं, वरन् रंगों के प्रकारांतर भी बनाते हैं।

मछलियों की त्वचा में ग्वानिनधर कोशिकाएँ भी होती हैं। उनमें वर्णक नहीं होता, वरन् ग्वानिन के क्रिस्टल होते हैं। ये भी त्वचा में होते हैं और रंगदीप्ति उत्पन्न करते हैं। क्रोमैटोफोर्स में भूरा या काला वर्णक होता है, उन्हें मिलैनोफोर कहते हैं, जिन क्रोमैटोफोर में लाल, पीला या नारंगी वर्णक होता है, उन्हें सामूहिक रूप में लाइफोफोर कहते हैं।

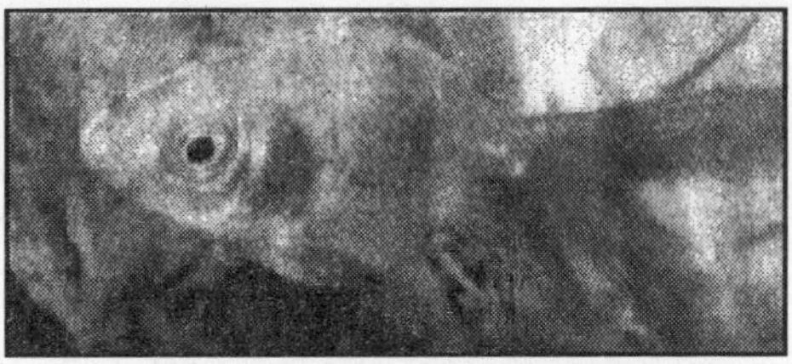
चित्र-34 : मछलियों का रंग बदलना

क्रोमैटोफोर्स में अनेक विशाखित बंध होते हैं। जब वर्णक कणिकाएँ केंद्र में एकत्रित हो जाती हैं, तब रंग हलका हो जाता है, परंतु जब वर्णक, वर्णकधरों की सभी शाखाओं में फैल जाता है, तब सबसे अधिक रंग प्रदर्शित होता है।

रंगदीप्ति कोशिकाएँ प्रकाश को ग्वानिन क्रिस्टलों से परावर्तित करती हैं और इस प्रकार यदि रंगदीप्ति कोशिकाएँ शल्कों के नीचे रहीं तो सफेद अथवा रुपहले रंग बनते हैं। यदि वे शल्कों के ऊपर रहीं तो उनसे रंगदीप्तिवाले रंग बनते हैं। क्रोमैटोफोर्स एवं ग्वानिन कोशिकाओं से परावर्तन के द्वारा नीला रंग उत्पन्न होता है और यह नीला पीले वर्णक के साथ मिलकर हरा रंग उत्पन्न करता है।

37. विभिन्न मीटरों के नाम और काम क्या होते हैं?

चित्र-35 : विभिन्न प्रकार के मीटर

प्रायः हमारा वास्ता तरह-तरह के मीटरों से पड़ता है। हम बहुत से मीटरों का नाम नहीं जानते हैं और कुछ मीटरों का काम भी नहीं जानते हैं तो आइए कुछ मीटरों के नाम व काम को जानें (चित्र-35)—

- **हाइड्रोमीटर** : इससे द्रव का घनत्व ज्ञात किया जाता है।
- **इलेक्ट्रोमीटर** : विद्युत् की मात्रा को मापनेवाले उपकरण को इलेक्ट्रोमीटर कहा जाता है।

- **पाइरोमीटर** : दूर के अधिक गरम पदार्थों का तापमान ज्ञात करनेवाला उपकरण पाइरोमीटर कहलाता है।
- **हिग्रोमीटर** : वायुमंडल की आर्द्रता (नमी) को मापनेवाले उपकरण को हिग्रोमीटर कहते हैं।
- **कैलोरीमीटर** : ताप की मात्रा को मापनेवाले उपकरण को कैलोरीमीटर कहते हैं।
- **अल्टीमीटर** : अल्टीमीटर से ज्ञात होता है कि विमान पृथ्वी से कितना ऊपर उड़ रहा है।
- **स्पीडोमीटर** : मोटर चालित वाहन या मशीन कितनी गति से चल रही है, यह बताने का कार्य स्पीडोमीटर करता है।
- **क्रोनिमीटर** : पानी में चलनेवाले जहाजों में समय ज्ञात करने के लिए क्रोनिमीटर लगे होते हैं।
- **गेलवेनोमीटर** : कम मात्रा की विद्युत् धाराएँ गेलवेनोमीटर से मापी जाती हैं।
- **टेकोमीटर** : मोटर एवं वायुयान का गति निर्धारण इसी उपकरण से होता है।
- **डायनेमीटर** : इंजनों की ऊर्जा मापने के लिए डायनेमीटर नामक यंत्र का उपयोग किया जाता है।
- **लैक्टोमीटर** : दूध की शुद्धता या दूध में वसा की मात्रा को ज्ञात करनेवाले उपकरण को लैक्टोमीटर कहते हैं।

38. सर्दियों में हमारे हाथ-पैर और होंठ क्यों फट जाते हैं?

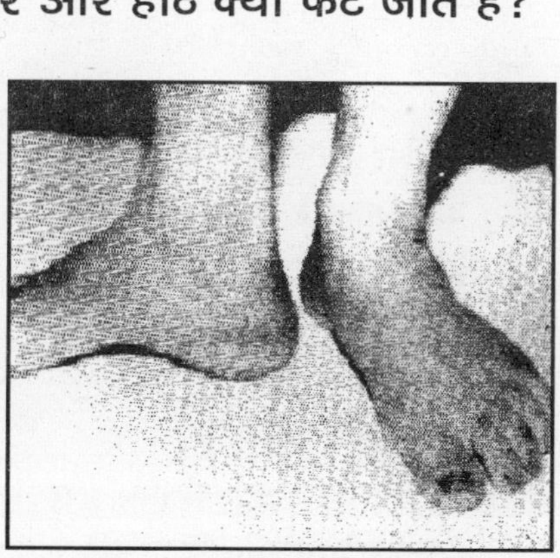

चित्र–36 : सर्दियों में त्वचा का फटना

आप सभी को विदित होगा कि सर्दियों में यह आम समस्या होती है कि व्यक्ति के हाथ–पैर तथा होंठ फट जाते हैं। वस्तुतः हमारी त्वचा में उपस्थित स्वेद ग्रंथियों से होनेवाले स्राव के कारण हमारी चमड़ी मुलायम बनी रहती है। सर्दियों के मौसम में हवा में नमी की मात्रा के कम हो जाने के कारण हमारी मुलायम त्वचा अपनी इस कोमलता को शीघ्र ही खो बैठती है। इसके परिणामस्वरूप नमी की

कमी से हमारी त्वचा शुष्क होकर फट जाती है, परंतु इसका विशेष प्रभाव हमारे होंठों, हाथ और पैरों की त्वचा पर अधिक दिखाई देता है (चित्र-36), इसीलिए त्वचा की नमी को बनाए रखने के लिए सर्दियों में हमें कोल्ड क्रीम, वैसलीन, मॉस्च्युराइजर और त्वचा को चिकना रखनेवाले उबटनों आदि का उपयोग करना पड़ता है।

39. बैटरी चार्जर से बैटरी कैसे आवेशित होती है?

तेजाब बैटरी एक या अधिक सेलों से मिलकर बनती है। इसमें प्रत्येक पूर्ण आवेशित सेल की वोल्टता 2.2 वोल्ट होती है। इस प्रकार के सेलों में सीसे, अर्थात् लेड के दो इलेक्ट्रोड तेजाब, अर्थात् सल्फ्यूरिक अम्ल के तनु विलयन में डूबे रहते हैं। बैटरी को चालू करने से पहले इसको आवेशित, यानी चार्ज करना जरूरी होता है। इस प्रक्रिया को प्राथमिक क्रिया कहते हैं, जिससे, बैटरी में विद्युत् ऊर्जा, रासायनिक ऊर्जा में संचित हो जाती है और फिर द्वितीयक क्रिया में सेल या बैटरी से विद्युत् ऊर्जा को आपूर्ति करती है (चित्र-37)। इस प्रकार के सेल या बैटरी को द्वितीयक या सेकेंडरी सेल अथवा स्टोरेज (संचयित) बैटरी कहते हैं।

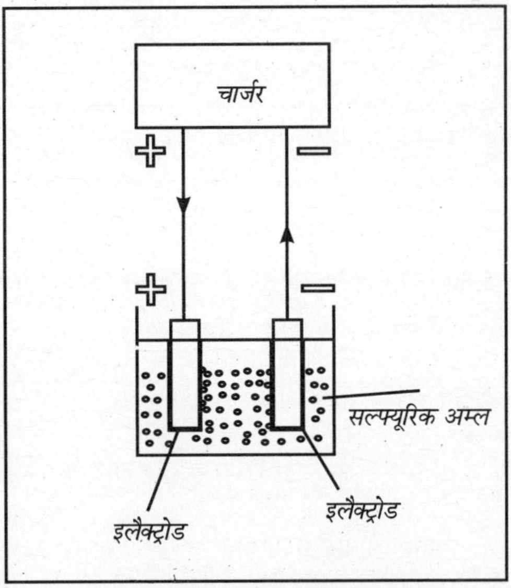

चित्र-37 : बैटरी चार्जर से बैटरी आवेशित

कार, बस या ट्रक आदि वाहनों में प्रयुक्त बैटरी जब इंजन को चालू करने, हार्न बजाने अथवा रोशनी आदि जलाने में विद्युत् ऊर्जा की आपूर्ति करती है तो सेल के अंदर रासायनिक क्रिया से विद्युत् ऊर्जा उत्पन्न होती है। इस प्रक्रिया में दोनों इलेक्ट्रोडों पर रासायनिक क्रिया होते ही विभवांतर कम हो जाता है, पानी बनता है, जिससे इलेक्ट्रोलाइट का घनत्व कम हो जाता है और संचयित रासायनिक ऊर्जा विद्युत् ऊर्जा में बदल जाती है और अंततः बैटरी अनावेशित या डिस्चार्ज हो जाती है।

इस अनावेशित बैटरी को किसी बाह्य स्रोत से आवेशित करने के लिए इसमें इसके दोनों इलेक्ट्रोडो के बीच ऐनोड (+) से कैथोड (−) को उचित विभव पर दिष्ट धारा

प्रवाहित की जाती है। इस प्रक्रिया में दोनों इलेक्ट्रोडों पर रासायनिक क्रिया होती है। इसके फलस्वरूप सल्फ्यूरिक अम्ल बनता है, जिसके कारण इलेक्ट्रोलाइट का घनत्व बढ़ जाता है और बैटरी के दोनों टर्मिनलों के बीच विभवांतर बढ़ता जाता है, विद्युत् ऊर्जा रासायनिक ऊर्जा के रूप में संचित हो जाती है और बैटरी पुनः आवेशित हो जाती है।

40. मच्छर भगाने की टिकिया के जलने पर मच्छरों का गिरना कैसे होता है?

मच्छर भगाने के लिए प्रयुक्त की जानेवाली टिकिया या मैट में पाइरेथ्रम नामक रासायनिक पदार्थ का प्रयोग किया जाता है। जब भी इस मैट को गरम किया या जलाया जाता है तो यह रासायनिक पदार्थ वाष्पित होकर हवा में फैल जाता है और मच्छरों को मार देता है अथवा दूर भगा देता है (चित्र-38)।

चित्र-38 : मच्छर भगाने की टिकिया

वैसे तो प्राकृतिक पाइरेथ्रम एक पौधे से प्राप्त किया जाता है, किंतु बहुत से मैट निर्माता संश्लेषित पाइरेथ्रम का उपयोग करते हैं, जो मच्छरों को केवल दूर भगाने में ही समर्थ होता है, यद्यपि इन मैटों की मनुष्य के लिए हानिकारक नहीं होने की अनुशंसा की जाती है, परंतु मैटरूपी मच्छर प्रतिकर्षी, जीवनाशक, यानी बायोसाइड होते हैं, इसलिए लंबे समय तक इनके संपर्क में नहीं रहना ही श्रेयस्कर होता है।

41. मानसिक रोगियों को बिजली का झटका क्यों दिया जाता है?

प्रायः मानसिक रोगियों का बिजली के झटके देकर उपचार किया जाता है। इस चिकित्सा को इलेक्ट्रोकन्वलसिव थेरैपी (ई.सी.टी.) कहते हैं। इस चिकित्सा पद्धति के अंतर्गत 80–180 स्पंदों या पल्स की बिजली के झटके प्रति सेकंड की दर से रोगी को दिए जाते हैं। आरंभ में इस तरह के झटके कम संख्या में दिए जाते हैं, किंतु धीरे-धीरे इस तरह के झटकों को बढ़ाया जाता है, जिससे रोगी को इतनी विद्युत् धारा दे सके, जिससे

उस पर बिजली की पकड़, अर्थात् सीजर उत्पन्न हो सके (चित्र-39)।

वस्तुतः यही वह सीजर है, जो ई.सी.टी. चिकित्सा पद्धति द्वारा ठीक करने का प्रमुख कारक है। इसकी कार्यप्रणाली के संदर्भ में एक मत या सिद्धांत यह है कि ई.सी.टी. पद्धति तंत्रिका कोशिकाओं के मध्य गुजरनेवाले संकेतों की संख्या को बदलती रहती है। यद्यपि कौन-कौन से तंत्रिका प्रसारक ई.सी.टी. से प्रभावित नहीं होते, अभी तक ज्ञात नहीं हो सका है, फिर भी वैज्ञानिकों का ऐसा मानना है कि मस्तिष्क ई.सी.टी. सीजर के बाद पुनः ठीक से काम करने लायक, यानी रीसेट हो पाता है। रीसेट होने के पश्चात् गलत संकेत मिलने बंद हो जाते हैं और मनुष्य सामान्य व्यक्ति की तरह व्यवहार करने लगता है। अभी भी यह चिकित्सा पद्धति विवादास्पद समझी जाती है।

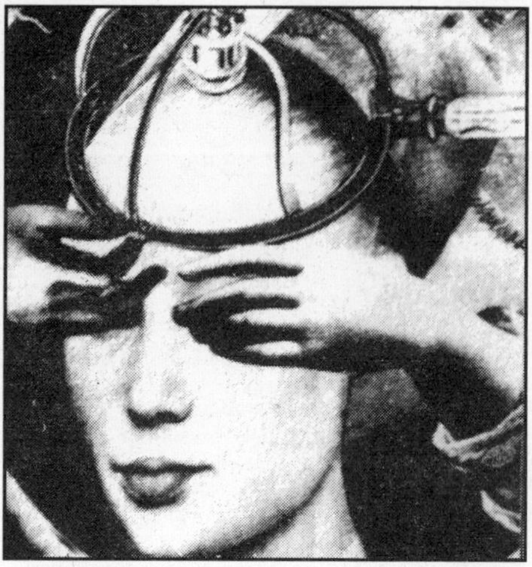

चित्र-39 : मानसिक रोगियों की ई.सी.टी. चिकित्सा

42. महानगरों की बत्तियाँ स्वतः कैसे बंद एवं चालू होती हैं?

महानगरों में स्ट्रीट लाइटिंग मुख्यतः मैनुअल या स्वचालित पद्धति के द्वारा संचालित होती है। स्ट्रीट लाइटिंग में प्रयुक्त बल्ब का आकार एवं परिपथ कुल लोड की मात्रा के अनुरूप डिजाइन किया जाता है। मैनुअल सिस्टम में पूर्व निर्धारित समय पर उत्तरदायी व्यक्ति अपने क्षेत्र की स्ट्रीट लाइटिंग के स्विचों को ऑन-ऑफ करता है, जबकि स्वचालित सिस्टम में यह कार्य विभिन्न यांत्रिक तरीकों से किया जाता है। मुख्यतः इस कार्य के लिए इलेक्ट्रोमेकैनिकल टाइमर का प्रयोग किया जाता है। इस यंत्र की सहायता से निश्चित क्षेत्र के लिए पूर्व निर्धारित समय पर स्ट्रीट लाइटिंग स्वतः जग-बुझ जाती है। कुछ शहरों में इस कार्य के लिए फोटो-वोल्टिक सेलयुक्त यंत्र प्रयोग में लाए जाते हैं, प्राकृतिक रोशनी निश्चित सीमा से कम होने पर इन सेलों की सहायता से आधुनिक तकनीकी के इस युग में विश्व के कुछ शहरों में पूरे महानगर की स्ट्रीट लाइटिंग व्यवस्था रिमोट कंट्रोल पद्धति द्वारा एक ही स्विच से नियंत्रित की जा रही है।

43. जानिए डी.एन.ए. को

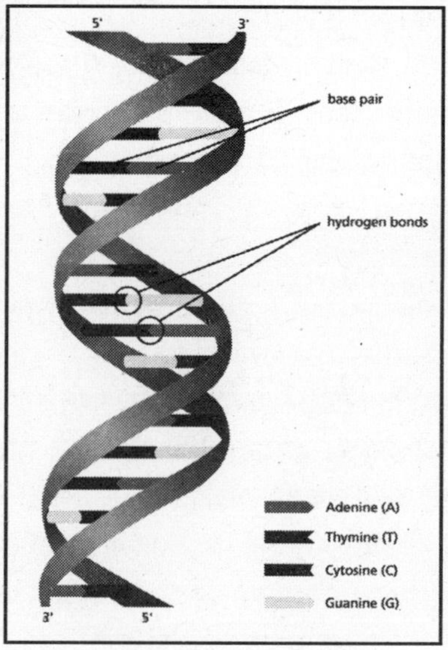

चित्र-40 : डी.एन.ए.

सभी जीवित प्राणियों की एक ही कोशिका में दो प्रकार के न्यूक्लिक अम्ल पाए जाते हैं—एक, जिसमें डि-ऑक्सीराइबोज शर्करा होती है, जिसे डिऑक्सीराइबो न्यूक्लिक अम्ल (Deoxyribo nueleic Acid), यानी डी.एन.ए. (D.N.A.) कहते हैं और दूसरा, जिसमें राइबोज शर्करा होती है, वह राइबोन्यूक्लिक अम्ल (Ribonucleic Acid) आर.एन.ए. (R.N.A.) है। इनमें से पहला अम्ल (DNA वाला) कोशिका के केंद्रक (nucleus) में सामान्य रूप से पाया जाता है, जहाँ यह गुणसूत्रों (Chromosomes) से संबद्ध रहता है। दूसरा, कोशिका द्रव्य (Cytoplasm) में बहुतायत से पाया जाता है (चित्र-40 एवं 41)। डी.एन.ए. अणु की संरचना घुमावदार सीढ़ी की तरह होती है और मोटेतौर पर इसमें वंशानुगत बातों के पासवर्ड रहते हैं।

न्यूक्लिक अम्ल जैव संसार का सबसे अधिक अणुभार वाला बृहद् अणु है। डी.एन.ए. का अणुभार 10^8 से 10^9 या अधिक होता है। आर.एन.ए. का भी अणुभार अधिक होता है, किंतु डी.एन.ए. के अणुभार से कम होता है। इन बृहद् अणुओं (RNA, DNA) को पालीन्यूक्लिओटाइड कहते हैं। ये एंजाइम की क्रिया से अपनी घटक इकाइयों में टूट जाते हैं, जिनमें नाइट्रोजन, क्षारक, शर्करा तथा एक फॉस्फेट रहते हैं। न्यूक्लिक अम्लों में नाइट्रोजन, क्षारकों में प्यूरीन तथा पिरैमिडीन रहते हैं। प्यूरीन के अंतर्गत एडिनीन (A) तथा गुआनीन (G) मुख्य क्षारक है। पिरैमिडीन के नाइट्रोजन क्षारकों में थायमीन (T) तथा सायटोसीन (C) होते हैं। न्यूक्लीइक अम्लों में पेंटोज शर्करा रहती है।

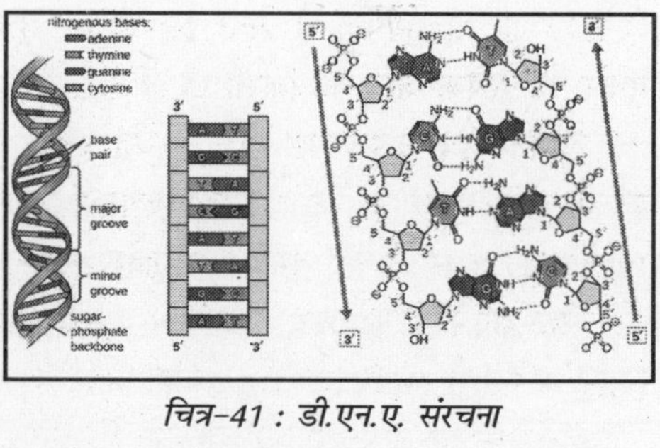

चित्र-41 : डी.एन.ए. संरचना

डी.एन.ए. के विशाल अणु की संरचना का पता अलग-अलग वैज्ञानिकों, यथा— वाट्सन एवं क्रिक ने सन् 1953 में लगाया। इस कारण इन्हें नोबेल पुरस्कार प्रदान किया गया।

डी.एन.ए. क्रोमोसोमों का मुख्य पदार्थ है, जो पशु या पौधे की आनुवंशिकता को नियंत्रित करते हैं। क्रोमोसोमों के भीतर का डी.एन.ए. एक जैसी संतानों के विकास के लिए उत्तरदायी है। मानव जीनोम के 46 गुणसूत्रों की व्यवस्था में डी.एन.ए. के लगभग 3 अरब आधार जोड़े शामिल होते हैं।

44. डी.एन.ए. फिंगर प्रिंट क्या होते हैं?

मानव की पहचान उसके गुणों तथा नाम से की जाती है। दो व्यक्ति गुणों में समान नहीं होते हैं। जुड़वाँ भी चाहे कितने ही समान क्यों न हों, फिर भी उनमें भिन्नता पाई जाती है। त्वचा का रंग, बालों का रंग, आँखों की पुतलियों का रंग, लंबाई, आवाज, चलने, उठने-बैठने का ढंग, बातचीत करने का तरीका, रहन-सहन का तरीका आदि ऐसे लक्षण हैं, जिनसे मनुष्यों में अंतर और पहचान की जा सकती है।

प्रत्येक मानव की अँगुलियों के निशान भिन्न होते हैं, उनमें उभार भिन्न स्थानों पर भिन्न होते हैं। इस कारण इससे जो चित्र बनता है, उसे 'फिंगर प्रिंट' (Finger Print) कहते हैं। वस्तुतः यह कानूनी रूप से मानव की पहचान का तरीका है, जो बहुत पहले फ्रांसिस-गॉलट्न ने निकाला था। यह प्रकृति की देन है।

जीवन-सूत्र, यानी डी.एन.ए. संसार के सभी जीवधारियों में हम लोगों की तरह वंशानुक्रम का आधार होता है। यह किसी भी जीव की हर सूक्ष्म इकाई में पाया जाता है। अपने जैविक माता-पिता से प्राप्त इस जीवन-सूत्र में छिपी हुई सूक्ष्म विभिन्नताओं के आधार पर प्रत्येक जीव को किसी भी जीव से अलग किया जा सकता है।

जीवन-सूत्र के इन अत्यधिक परिवर्ती खंडों को अलग करके, रेडियो सक्रिय बनाए जाने के बाद, वैज्ञानिक विधि द्वारा विश्लेषण करने से एक व्यक्ति विशेष का क्रमादेश प्राप्त किया जा सकता है, क्योंकि क्रमादेश मनुष्य के लिए उसी तरह विशिष्ट होता है, जैसे अँगूठे का निशान, अतः इस विधि को प्रचलित रूप से 'डी.एन.ए. फिंगर प्रिंटिंग' (D.N.A. Finger Printing) कहा जाता है।

शरीर के हर अंग की कोशिकाओं में जीवन-सूत्र अनिवार्य रूप से एक-सा होता है, अतः किसी भी अंग की कोशिकाओं, जैसे-रक्त की कुछ बूँदें या कपड़े पर लगा रक्त का धब्बा, मूलरोम, मृत शरीर का कोई छोटा-सा ऊतक या अंग, त्वचा, वीर्य, दाँत आदि से डी.एन.ए. निकालकर डी.एन.ए. फिंगर प्रिंटिंग द्वारा आणविक स्तर पर

विश्लेषण करने से किसी भी व्यक्ति की सकारात्मक पहचान की जा सकती है (चित्र-42)।

सभ्यता और विज्ञान के विकास के साथ विश्व में अपराधों की संख्या नए-नए तरीके अपनाकर दिनोदिन बढ़ रही है। इन अपराधों की बाढ़ को रोकने के लिए डी.एन.ए. फिंगर प्रिंटिंग का उपयोग किया जा रहा है।

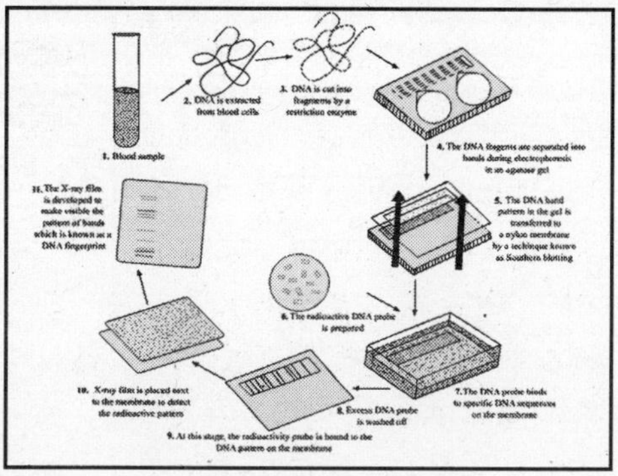

चित्र-42 : डी.एन.ए. फिंगर प्रिंट

वस्तुतः डी.एन.ए. फिंगर प्रिंटिंग जैव प्रौद्योगिकी के क्षेत्र की अत्यंत विलक्षण नवीन जैविक तकनीक है जिसका अपराधों और पारिवारिक मामलों की जाँच, प्रतिरक्षा प्रलेख, आयुर्विज्ञान और स्वास्थ्य जाँच, वंषावली विश्लेषण, कृषि एवं बागवानी तथा शोध और उद्योग में बहुत उपयोगिता है।

45. क्या होती है एलर्जी?

सामान्यतया किसी व्यक्ति पर साधारण पदार्थों, जैसे—पराग कण, पशुओं के बाल, कपड़े धोने का पाउडर, अंडों आदि का कोई अप्रिय या विपरीत प्रभाव नहीं पड़ता है, फिर भी लगभग 20 प्रतिशत व्यक्ति इन साधारण पदार्थों से असामान्य रूप से प्रभावित होते हैं। ऐसे व्यक्तियों को पराग कणों या पशुओं के बालों के संपर्क में आते ही साँस लेने में अत्यधिक कठिनाई होने लगती है या फिर आभूषणों, कपड़े धोने के पाउडर जैसी वस्तुओं के स्पर्श से उनकी त्वचा पर खुजलाहट उत्पन्न करनेवाले दाने उभर आते हैं। दूसरे शब्दों में, उनके शरीर इन पदार्थों को पसंद नहीं करते और उनके संपर्क में आते ही तीव्र प्रतिक्रिया प्रदर्शित करते हैं। सन् 1906 में क्लीमेंस वॉन पिरके नामक ऑस्ट्रिया के एक बाल विशेषज्ञ ने इन परिस्थितियों को 'एलर्जी' या प्रत्युर्जता नाम दिया।

वस्तुतः इस शब्द की उत्पत्ति यूनानी भाषा के 'एलो', अर्थात् भिन्न और 'अर्गोन' , अर्थात् 'कार्य' शब्द को मिलाकर हुई है, अतः 'एलर्जी' का शाब्दिक अर्थ हुआ 'भिन्न कार्य'। वे पदार्थ, जो इस प्रकार की असामान्य प्रतिक्रियाओं को उत्पन्न करते है, 'एलर्जन' कहलाते हैं (चित्र-43)।

यद्यपि एलर्जनों की संख्या करोड़ों में है। यह कहा जाता है कि इस खुले आकाश के नीचे पाई जानेवाली हर वस्तु एलर्जी पैदा कर सकती है। प्रायः विभिन्न प्रकार

के खाद्य पदार्थ (पनीर, गाय का दूध, आटा और अंडे), धूल, पराग-कण, ओषधियाँ तथा कुछ रासायनिक पदार्थ सामान्य एलर्जन हैं। कोई भी एलर्जन तभी असामान्य प्रतिक्रिया उत्पन्न करता है, जब उसका सीधा संपर्क किसी संवेदनशील, एलर्जिक व्यक्ति के शरीर से होता है। ऐसा चार प्रकार से होता है—पराग के रूप में इसे सूँघ लिया जाए, गाय के दूध की तरह उसका सेवन कर लिया जाए या फिर यह सौंदर्य प्रसाधन के रंजक के रूप में त्वचा से संपर्क कर ले। सूँघे जानेवाले एलर्जन से बहुधा साँस लेने में असुविधा होती है। पेट में जानेवाले एलर्जन से मतली, उलटी, पेट खराब होने व दस्त लगनेवाली, जैसी प्रतिक्रिया होती है और स्पर्शवाले एलर्जन से त्वचा पर पित्तिका, खुजली तथा फफोले उभर आते हैं। जहाँ तक टीकेवाले एलर्जन का प्रश्न है, उससे इनमें से कोई-सा भी लक्षण उभर सकता है।

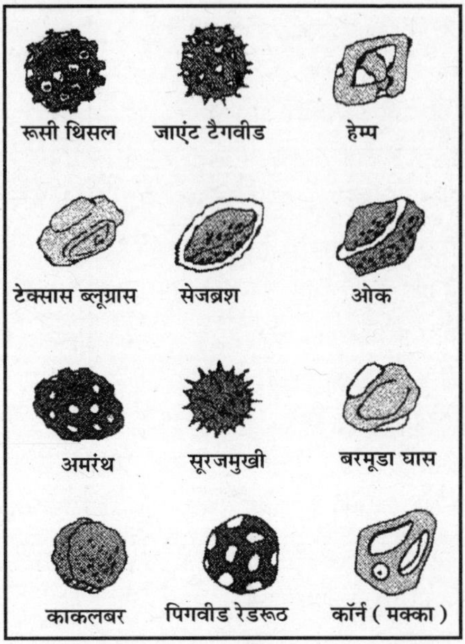

चित्र-43 : विभिन्न एलर्जन

दमा और परागज ज्वर सूँघे जानेवाले एलर्जनों से उत्पन्न होनेवाली दो प्रमुख एलर्जी हैं—दमा रोग (अस्थमा—यूनानी शब्द, जिसका अर्थ है हाँफना या साँस फूलना) में पराग कण, जानवरों के बाल या धूल-चिंचड़ी के श्वास के साथ अंदर जाने से साँस लेने में कठिनाई होने लगती है।

संस्पर्शी एलर्जनों से जो एलर्जी होती है, उनमें संस्पर्शी त्वचा शोथ (कांटेक्ट डर्मेइटिस) या त्वचा की सूजन और हाइब्ल अथवा पित्ती (अर्टिकेरिया) प्रमुख हैं। इसमें त्वचा पर खुजलाहट भरे फफोले हो जाते हैं।

एलर्जी का सुगम उपचार है एलर्जन से बचना। कुछ परीक्षण भी ऐसे हैं, जिनके द्वारा इसका पता लग सकता है। कुछ ओषधियाँ भी एलर्जी की रोकथाम में काम आती हैं, यथा—एंटीहिस्टामीन तथा कोर्टिकोस्टेरॉयड नामक विशिष्ट औषधि भी एलर्जी में बहुत लाभकारी देखी गई है।

46. प्रतिरक्षा क्या है?

मनुष्य शरीर में जब कोई रोगोत्पादक जीवाणुओं का आक्रमण होता है तो शरीर के अंदर प्रकृति उनका घोरतम प्रतिरोध करती है और इसी युद्ध में शरीर के शक्तिशाली कोश उन बाहरी जीवाणुओं का बल नष्ट करके शरीर को रोग से बचा लेते हैं। शरीर के अंदर से उत्पन्न इसी रोगनाशक शक्ति को प्रतिरक्षा (Immunity) कहते हैं। प्रतिरक्षा दो प्रकार की होती है—स्वाभाविक प्रतिरक्षा, यानी Natural Immunity और अर्जित प्रतिरक्षा, अर्थात् Acquired Immunity। किसी रोग के प्रतिरोध में शरीर के अंदर जो स्वाभाविक शक्ति उत्पन्न होती है, उसे स्वाभाविक प्रतिरक्षा कहते हैं।

यदि किसी व्यक्ति में किसी विशेष रोग के प्रतिरोध की शक्ति नहीं है और पीछे से स्वयं या किसी अन्य उपायों द्वारा उसमें उस रोग के प्रतिरोध की शक्ति पैदा की जाए तो उसे अर्जित प्रतिरक्षा कहते हैं। उदाहरणार्थ, हैजा, चेचक, मोतीझरा, टिटनेस इत्यादि पैदा करनेवाले कुछ रोगाणु ऐसे हैं, जो एक बार शरीर में प्रवेश करने पर रोग उत्पन्न कर सकते हैं, परंतु थोड़ी मात्रा में प्रविष्ट करने पर रोग के प्रति प्रतिरक्षा शक्ति उत्पन्न करते हैं। इसका कारण यह है कि एक विष अत्यल्प मात्रा में रहने से प्रतिरक्षा पैदा करता है।

47. क्या होते हैं आई.एम.ई.आई. नंबर?

वस्तुतः सभी मोबाइल हैंडसेट, जो जी.एस.एम. के अंतर्गत आते हैं, का अपना एक नंबर होता है, जिसे 'इंटरनेशनल मोबाइल इक्विपमेंट आइडेंटिटी' या आई.एम.ई.आई. नंबर कहते हैं। इस नंबर की सहायता से मोबाइल हैंडसेट के बारे में सभी जानकारी, जैसे कि निर्माता, मॉडल का प्रकार, देश का नाम, जिसने इसे प्रमाणित किया है, इत्यादि जानकारी मिल जाती है। यह संख्या 15 से 17 अंकों तक होती है। इसे हम अपने मोबाइल से * (स्टार) # (हैश) जीरो सिक्स # (हैश) 'की' को प्रेस करके जान सकते हैं। इसमें बाईं तरफ के प्रथम दो अंक रिपोर्टिंग बॉडी आइडेंटिफायर, उसके बाद के आठ अंक एलोकेशन कोड को तथा अगले छह अंक सीरियल नंबर तथा अंतिम अंक चेक डिजिट को प्रदर्शित करते हैं।

मोबाइल फोन के टावर तथा इसके आई.एम.ई.आई. नंबर को ट्रैकिंग करके फोन सर्विस प्रोवाइडर मोबाइल का लोकेशन बता सकता है। यदि मोबाइल फोन चालू है तथा आप बात नहीं कर रहे हैं तो भी नजदीक के तीन टावरों से यह सिग्नल द्वारा जुड़ा रहता है। इस प्रक्रिया को ट्रैंगुलेशन कहते हैं। यदि मोबाइल फोन गायब या चोरी हो जाता है तो अपने सर्विस प्रोवाइडर को आई.एम.ई.आई नंबर बताने से वह उसे खोज सकता है

तथा यह सिमकार्ड दुरुपयोग न होने पाए, इसके लिए वह इस कार्ड का किसी भी नेटवर्क से जुड़ना बंद कर देगा तथा सिमकार्ड अथवा हैंडसेट या दोनों लॉक होकर फोन बंद हो जाएगा और अनुपयोगी भी हो जाएगा। यह आई.एम.ई.आई. नंबर अनलॉक मोबाइल फोन के लिए भी उपयोगी है तथा इसके मिलने पर पुनः चालू हो जाता है।

आप अपने मोबाइल पर * (स्टार) तथा # (हैश) 92702689 # (हैश) मोबाइल कोड संख्या के द्वारा अपने नोकिया तथा कुछ अन्य निर्माताओं द्वारा निर्मित मोबाइल के बारे में पूरी जानकारी प्राप्त कर सकते हैं, जैसे कि निर्माण तिथि, खरीदने की तारीख, आयु, सीरियल नंबर इत्यादि।

48. क्या होती है पी.यू.सी.?

पर्सनल अनलॉकिंग कोड (पीयूसी) अथवा पर्सनल अनलॉकिंग 'की' (पी.यू.के.) को जी.एस.एम. मोबाइल फोन में उपयोग किया जाता है। प्रायः मोबाइल फोन में पिन (पी.आई.एन.) सुरक्षा प्रणाली को अपनाया जाता है। फोन चालू करने का सिक्यूरिटी फंक्शन स्विच ऑफ नहीं है तो उपभोक्ता को 4 से 8 अंकों के बीच अपना पिन एंटर करके मोबाइल का उपयोग करना चाहिए, यदि तीन से अधिक बार गलत पिन लिखते हैं तो सिमकार्ड या हैंडसेट अथवा दोनों लॉक हो सकते हैं। इसको खोलने के लिए पुनः सर्विस प्रोवाइडर को अपना सत्यापन करवाकर पर्सनल अनलॉकिंग कोड प्राप्त करके इसे चालू किया जा सकता है। यदि दस से अधिक बार गलत पिन एंटर करेंगे तो सेट तथा सिम स्थायी रूप से ब्लॉक होकर खराब हो जाएगा, जिसके लिए नए सिमकार्ड की जरूरत पड़ेगी, अतः पी.यू.सी. को कहीं सुरक्षित स्थान पर नोट करके रखना चाहिए।

49. एस.एम.एस. का क्या तात्पर्य है?

वस्तुतः एस.एम.एस. से तात्पर्य 'शॉर्ट मैसेज सर्विस' से है। इसके द्वारा एक मोबाइल फोन से दूसरे मोबाइल फोन को संदेश (पाठ्य) भेजे जा सकते हैं। इसका आविष्कार भी सन् 1982 में फिनलैंड के मैती मोकानन ने किया था। सन् 1984 से इसे जी.एस.एम. सेवा के मानकों में स्थान प्राप्त हुआ है। मूलतः इसे जी.एस.एम. नेटवर्क के लिए बनाया था, परंतु आज यह प्रायः सभी तरह के मोबाइल नेटवर्कों पर उपलब्ध है।

एस.एम.एस. संदेश 'स्टोर एंड फारवर्ड' तकनीक का उपयोग करते हैं, जैसे ही कोई उपभोक्ता एस.एम.एस. भेजता है, वह उस मोबाइल नेटवर्क के 'शॉर्ट मैसेज सर्विस सेंटर' पर मौजूद कंप्यूटर तक पहुँचता है। वहाँ से यह उस व्यक्ति के मोबाइल पर प्रेषित

किया जाता है, जिसके लिए यह निर्मित है। यदि उपभोक्ता का मोबाइल बंद या कवरेज से बाहर है, तब यह पुनः कुछ समय पश्चात् प्रेषित करने का प्रयास करता है।

आजकल एस.एम.एस. का उपयोग कर व्यक्तिगत प्रकार के संदेश, बधाई संदेश, समाचार, विज्ञापन, रिंगटोन, मल्टीमीडिया सामग्री आदि सभी भेजे जा सकते हैं। इस सेवा का उपयोग कर विभिन्न प्रतियोगिताओं में विजेता का चयन तथा विभिन्न प्रकार के ओपिनियन पोल भी आयोजित किए जाते हैं।

50. एम.एम.एस. और ई.एम.एस. क्या होते हैं?

एम.एम.एस. से अभिप्राय 'मल्टीमीडिया मैसेजिंग सर्विस' है। वस्तुतः यह एस.एम.एस. का उन्नत स्वरूप है, जिसके द्वारा विभिन्न प्रकार की तसवीरें, ऑडियो तथा वीडियो मोबाइल फोन पर भेजे एवं प्राप्त किए जा सकते हैं। जब भी किसी मोबाइल फोन द्वारा एम.एम.एस. भेजा जाता है, वह उस नेटवर्क के एम.एम.एस. सेंटर पर पहुँचता है। यहाँ से एम.एम.एस. प्राप्तकर्ता व्यक्ति के मोबाइल पर एम.एम.एस. से संबंधित संदेश भेजा जाता है।

ई.एम.एस. : ई.एम.एस. से तात्पर्य 'इनहेंसड मैसेजिंग सर्विस' से है। यह एम.एम.एस. का ही का एक अनुप्रयोग स्तर का उन्नत स्वरूप है। जिन मोबाइल फोन में ई.एम.एस. सुविधा उपलब्ध रहती है, वे विशिष्ट फॉर्मेट में पाठ्य संदेश भेज सकते हैं। इस पाठ्य (संदेश) को इटैलिक, बोल्ड व अंडरलाइन भी किया जा सकता है। संदेश के साथ-साथ एनिमेशन, साउंड इफेक्ट, रिंगटोन, पिक्चर आदि भी भेजे जा सकते हैं।

51. क्या आप जानते हैं मोबाइल टेलीफोन से संबंधित कुछ प्रमुख शब्द?

ब्लू टुथ : बिना किसी तार के मोबाइल को पास में ही मौजूद किसी अन्य उपकरण से जोड़ने की तकनीक। इसकी सहायता से 30 फीट तक की दूरी पर मौजूद कंप्यूटर, हैंड फ्री सेट से जोड़े जा सकते हैं।

वेप : मोबाइल पर इंटरनेट से सुरक्षित रूप से डाटा आदान-प्रदान करने के लिए प्रोटोकॉल।

हैंड फ्री : मोबाइल के साथ तार या बिना तार से जुड़ा एक छोटा उपकरण, जिसे कान में लगाकर बातें की जा सकती हैं।

जी.पी.एस. : 'ग्लोबल पोजिशनिंग सिस्टम' के द्वारा यह पता लग जाता है कि आप इस समय किस स्थान पर हैं तथा आप किस दिशा में जा रहे हैं।

पी.डी.ए. : 'पॉकेट डिजिटल असिस्टेंट' को हम छोटा कंप्यूटर कह सकते हैं। इसे बात करने के साथ-साथ कंप्यूटर के रूप में भी प्रयुक्त कर सकते हैं।

मेगा पिक्सेल : मोबाइल कैमरे की गुणवता प्रदर्शित करने की इकाई। जितने अधिक मेगा पिक्सेल का कैमरा होगा, उतनी ही अच्छी तसवीर की गुणवत्ता होगी।

रिंगटोन : फोन आने पर मोबाइल पर जो घंटी या संगीत बजता है।

वायरस : मोबाइल पर उपलब्ध सॉफ्टवेयर डाटा आदि को खराब करनेवाला कोड, जो कि संदेश के साथ छिपकर आ जाता है। 'कबीर 88' पहला मोबाइल वायरस था।

52. सावधान! अधिक देर तक मोबाइल फोन का उपयोग क्यों हानिकारक?

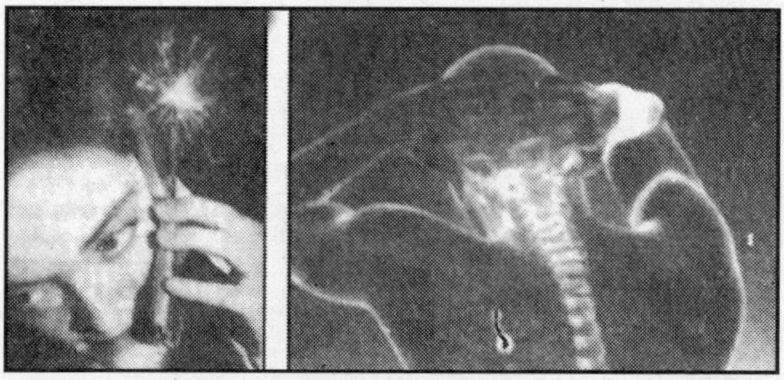

चित्र-44 (अ) : मस्तिष्क पर विद्युत् चुंबकीय विकिरण का प्रभाव

आज मोबाइल फोन मानव जीवन की अभिन्न आवश्यकता बन गया है। उसके बिना यह चंद मिनट भी नहीं रह सकता है। मोबाइल पर लोगों की निर्भरता इतनी अधिक हो चुकी है कि उनके दिन की शुरुआत और अंत दोनों ही उसके साथ होता है। मोबाइल का अलार्म सुनकर सुबह लोगों की नींद खुलती है और रात में लोग मोबाइल पर अलार्म लगाकर ही बिस्तर पर जाते हैं तथा दिन भर मेसेज पढ़ने और भेजने, इंटरनेट के इस्तेमाल करने, इ-मेल भेजने एवं प्राप्त करने तथा यहाँ तक कि समय देखने के लिए भी हाथ घड़ी की अपेक्षा मोबाइल का ही उपयोग करते हैं।

आपको मालूम है कि मानव शरीर की प्रकृति विद्युत् रासायनिक होती है, अत: कोई

भी बल, जो मानव की विद्युत् रासायनिक प्रकृति को प्रभावित करेगा अथवा उसमें फेरबदल लाएगा, वह शारीरिक क्रिया को भी प्रभावित करेगा।

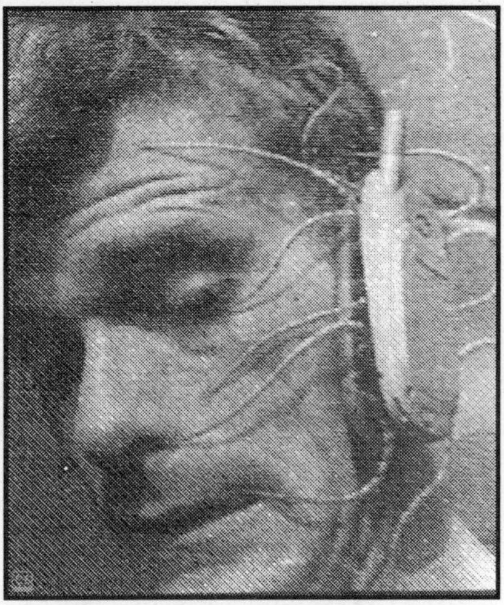

चित्र-44 (ब) : मस्तिष्क के एक तरफ मोबाइल का उपयोग

मोबाइल फोन का उद्भासन क्षेत्र स्थिर होता है। इसके उपयोग के समय, स्रोत एवं संवेदनशील लक्ष्य (मस्तिष्क) के बीच की दूरी बहुत कम होती है। विद्युत् चुंबकीय विकिरण का सर्वाधिक प्रभाव मस्तिष्क पर होता है, क्योंकि मानव शरीर में 70 प्रतिशत जल होता है। इसकी तुलना सूक्ष्म तरंग ओवन (माइक्रोवेव ओवन) में भोजन पकाने से की जा सकती है। यह देखा गया है कि सूक्ष्म तरंग यानी माइक्रोवेव शरीर के उन अंगों पर अपना प्रभाव अधिक दिखाता है, जहाँ जल या द्रव की मात्रा सर्वाधिक होती है (चित्र-44(अ), 44(ब) एवं 45(अ), 45(ब), 45(स)।

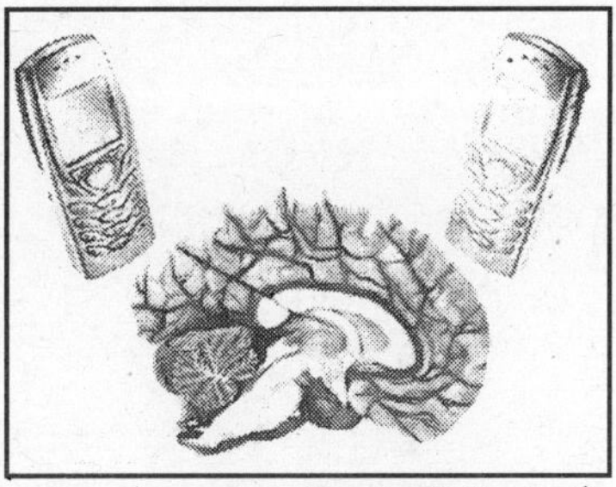

चित्र-45 (अ) : सेलफोन से विकृतियाँ

मोबाइल फोन हमेशा कम एस.ए.आर. (स्पेसिफिक एब्जार्प्शन रेट या विशिष्ट अवशोषण दर) का लेना चाहिए, जिससे विकिरण का उत्सर्जन कम हो। सूक्ष्म तरंगें जब मोबाइल फोन द्वारा हमारे शरीर में प्रवेश करती हैं तो जल तथा प्रोटीन के अणु इन्हें अवशोषित करके शरीर का तापमान बढ़ा देते हैं, जिसके कारण शरीर में कई विकृतियाँ उत्पन्न होने लगती हैं। प्रायः मोबाइल फोन का एक ही कान से उपयोग करने पर कई समस्याएँ हो जाती हैं, यथा— सोने में व्यवधान, सिरदर्द, एकाग्रता का अभाव, स्मृति ह्रास, थकान, आँखों और कानों की समस्याएँ,

चित्र-45 (ब) : मोबाइल से विभिन्न प्रकार के व्यवधान

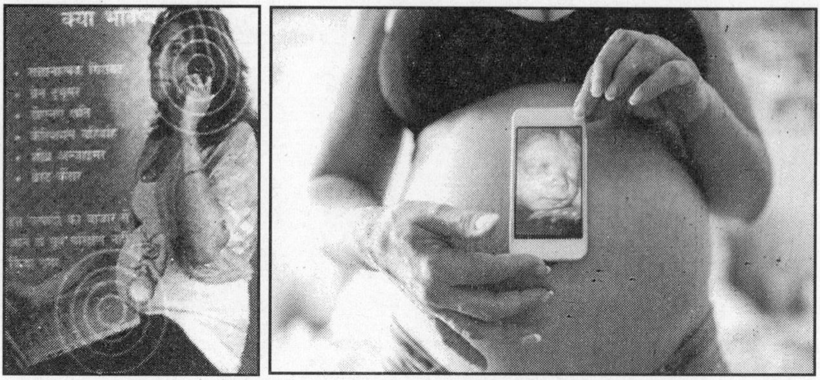

चित्र–45 (स) : मोबाइल प्रयोग से भ्रूण विकृति

डी.एन.ए. की क्षति, मेलाटोनिन की कमी, कैंसर की संभावना, त्वचा पर प्रभाव, शिशुओं और गर्भवती महिलाओं पर दुष्प्रभाव तथा व्यवहार में परिवर्तन आदि।

53. सेलफोन टावर कैसे खतरों का खजाना है?

चित्र–46 (अ) : सेल टावर से दुष्प्रभाव

वस्तुत: जिस गति से मोबाइल फोन धारकों की संख्या बढ़ रही है, उसी द्रुत गति से ऑपरेटर कंपनियाँ भी अपने व्यवसाय को फैला रही हैं। आजकल शहरों में जगह की कमी के कारण इनके टावर को घरों की छतों पर लगाने का प्रचलन भी बढ़ गया है। देश में सेलफोन टावर लगाने के स्पष्ट मापदंड अथवा समुचित नीति के अभाव में विद्युत् चुंबकीय विकिरण के हानिकारक प्रभाव मानव सहित पशु–पक्षियों पर निरंतर बढ़ रहे हैं।

आपने कभी भी सेल टावर के समीप मधुमक्खी, कबूतर, चिड़ियाँ अथवा अन्य पक्षियों को उड़ते अथवा बैठे नहीं देखा होगा। इसका कारण यह है कि चिड़ियों या पक्षियों का मनुष्य की अपेक्षा पृष्ठीय क्षेत्रफल उनके भार के सापेक्ष बड़ा होता है, इस कारण वे विकिरण का अधिक अवशोषण करती हैं और द्रव की मात्रा कम होने के

कारण वे बहुत तेज गति से गरम हो जाते हैं और यह चुंबकीय क्षेत्र उनकी उड़ान में व्यवधान उत्पन्न करता है।

चित्र-46 (ब) : विकिरण से जूझते पक्षी

चित्र-46 (स) : सेल टावर से दुष्प्रभावित चिड़ियाँ

सेल टावर से निकलनेवाले विद्युत् चुंबकीय प्रभाव के कारण मधुमक्खियों की संख्या कम हो रही है तथा गौरैया व चिड़ियों की संख्या भी कम हो रही है। इन दुष्प्रभावों को चित्र-46 (अ), 46 (ब) एवं 46 (स) में दरशाया गया है।

54. क्या होता है कार्पल टनल सिंड्रोम?

आजकल लोगों के हाथ व कलाई का दर्द एक आम बीमारी बनता जा रहा है। मेडिकल की भाषा में इसे कार्पल टनल सिंड्रोम कहते हैं। इस रोग में जब अन्य कोशिकाएँ, जैसे कि लिगामेंट्स और टेंडन सूज या फूल जाते हैं तो इसका प्रभाव मध्य कोशिकाओं पर पड़ता है। इस दबाव से हाथ घायल या सुन्न महसूस करता है। कार्पल टनल (चित्र-47) हड्डियों और कलाई की अन्य कोशिकाओं द्वारा बनाई गई एक सँकरी नली होती है। यह नली हमारी मध्य नाड़ी की सुरक्षा करती है। मध्य नाड़ी हमारे अँगूठे, मध्य और रिंग अंगुलियों से जुड़ी होती है।

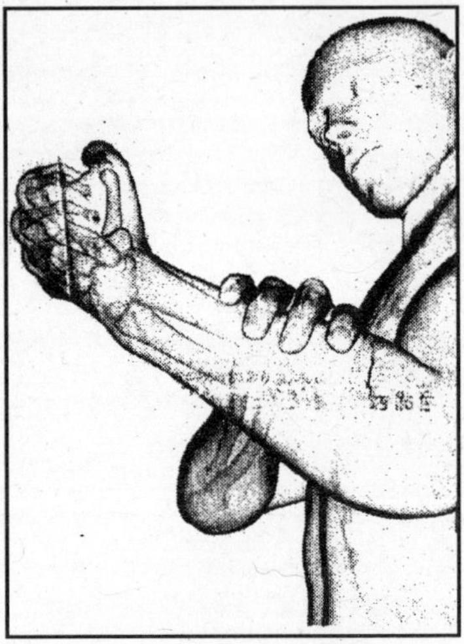

चित्र-47 : कार्पल टनल सिंड्रोम

प्राय: एक ही हाथ से लगातार काम करने से कार्पल टनल सिंड्रोम की परेशानी हो सकती है। इसमें वे लोग शामिल हैं, जो कंप्यूटर पर अधिक कार्य करते हैं। इसके अलावा बढ़ई, मजदूर, मेकैनिक, बागवानी करनेवाले, सुई का इस्तेमाल करते हुए कई घंटों तक काम करनेवाले तथा अधिक समय तक गोल्फ खेलनेवाले होते हैं।

यह रोग सबसे पहले तर्जनी व मध्यमा को प्रभावित कर उनमें जलन उत्पन्न करता है, धीरे-धीरे यह समस्या दर्द में बदल जाती है और यह दर्द कलाई से कंधों तक पहुँच जाता है। मधुमेहवाले रोगियों को इसका दर्द अधिक होता है।

इसके समाधान के लिए चिकित्सक की सलाह लेनी चाहिए तथा एक हाथ की बजाय दोनों हाथों को बराबर काम में लेना चाहिए, हाथों को दबाकर नहीं सोना चाहिए, हाथ, कलाई और अंगुलियों का व्यायाम करते रहना चाहिए। कलाई पर बर्फ रखकर सेंक करने से भी आराम मिलता है। कई बार कलाई में रिप्लंट बाँधने से भी आराम मिलता है।

55. वाई-फाई से नींद हराम कैसे?

डेनमार्क की स्कूली छात्राओं ने एक प्रयोग द्वारा वैज्ञानिक तथ्य का खुलासा किया है। उन्होंने यह पाया कि वाई-फाई उपकरण मनुष्य के स्वास्थ्य पर बुरा प्रभाव डालते हैं। इससे निकलनेवाली रेडियो तरंगों से नींद तक बाधित हो जाती है। डेनमार्क के हेलर्प

विद्यालय की छात्राओं ने ज्ञात किया कि सोते समय मोबाइल फोन पास रखने से उन्हें पूरे दिन क्लास में ध्यान केंद्रित करने में परेशानी हुई।

यही प्रयोग जब पौधों पर करने हेतु उन्होंने वायरलेस रूटर का इस्तेमाल किया, जिनसे मोबाइल जैसी ही रेडियो तरंगें निकलती हैं। जब वाई-फाई रूटर के बगल में रखकर जब बीजों के अंकुरण को देखा तो उनके अधिकांश बीज मर गए, जबकि बिना वाई-फाई रूटर वाले कमरे में रखे बीज कुछ अंतराल के पश्चात् अंकुरित हो गए थे। इसी क्रम में वायरलेस रेडियो सिग्नल के पास रहनेवाले पौधों के पत्ते भी सूखे देखे गए, अतः वाई-फाई तरंगों से बचने के लिए लैपटॉप को टेबल पर रखकर काम करना बेहतर होगा न कि गोद में लेकर काम करना। इसके अलावा रूटर से प्रायः तीन फीट की दूरी भी स्वास्थ्य के लिए अच्छी रहती है।

56. कैसे भर जाते हैं जख्म?

केवल सतही जख्म जैसे खरोंच या मामूली कट बिना चिकित्सकीय देखभाल के ठीक हो सकते हैं, जैसे ही त्वचा कट जाती है, कटी हुई रक्तवाहिनी से रक्त घाव में आ जाता है। रक्त में उपस्थित फिबरीन नामक प्रोटीन तेजी से लंबे तंतु बनाने लगती है, जो आपस में मिलकर एक जटिल जाली या थक्का बुन देते हैं। थक्का घाव को ढककर रक्त प्रवाह को बंद कर देता है (चित्र-48)।

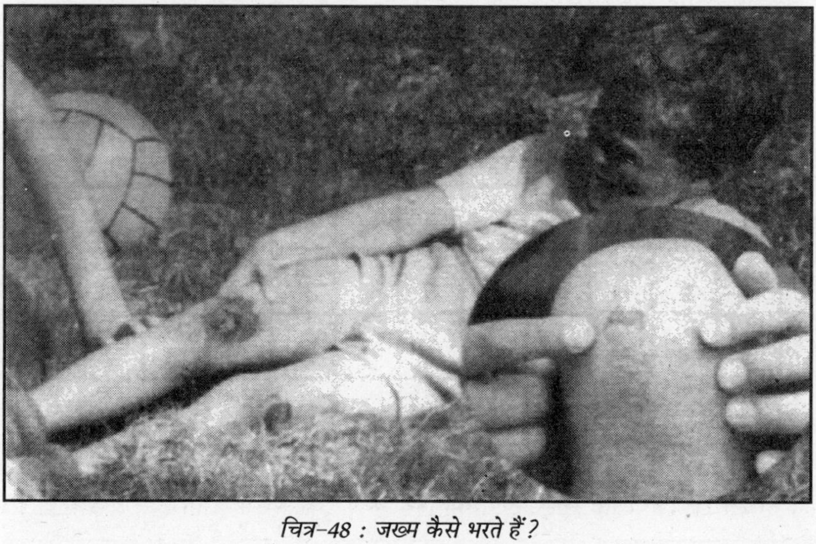

चित्र-48 : जख्म कैसे भरते हैं?

रक्त का थक्का बनने के साथ-साथ, श्वेत रुधिर कणिकाएँ भी घाव में आ जाती हैं। वे प्रवेश कर रहे जीवाणुओं पर आक्रमण करती हैं और क्षतिग्रस्त कोशिकाओं की सफ़ाई करती हैं। थक्के के नीचे, कट के किनारों पर त्वचा कोशिकाएँ विभाजित होने लगती हैं और कट के ऊपर आवरण बनाने लगती हैं। चार-पाँच दिनों में यह आवरण मोटा होकर त्वचा की नई परत बना देता है। छह-सात दिनों के बाद, त्वचा की एक नई परत को छोड़कर, घाव भरने की प्रक्रिया के पूरा होने के बाद एक शुष्क खुरंट या पपड़ी उतर जाती है।

57. कैसे काम करते हैं ताले?

ताले और कुछ नहीं बस लैचिंग युक्तियाँ हैं, जिसमें सुरक्षा बोल्ट, एक विशेष रूप से बना उपकरण, चाबी द्वारा खुलता है (चित्र-49)। दरवाजे की एक साधारण सिटकनी में बोल्ट दरवाजे के फ्रेम में बने छिद्र में धकेल दिया जाता है और फिर चाबी घुमाकर उसे सुरक्षित कर दिया जाता है। पैडलॉक या सुवाह्य लॉक में भी यही सिद्धांत काम करता है, यद्यपि पैडलॉक में टंबल-बोल्ट नामक प्रक्षेप को साँकल के खाँचे में धकेल दिया जाता है और लीवर्स की विशेष व्यवस्था द्वारा सुरक्षित बना दिया जाता है। लीवर्स विभिन्न ऊँचाइयों पर लगे होते हैं और टंबल केवल तब ही गति करता है, जब सभी लीवर्स एक साथ गति करते हैं। चाबी पर विभिन्न ऊँचाइयों पर खाँचे इस प्रकार बने होते हैं कि वे लीवर्स की विभिन्न ऊँचाइयों के साथ सरेखित होते हैं। इस प्रकार, जब चाबी घुमाई जाती है, सभी लीवर्स एक साथ चलते हैं और टंबल-बोल्ट साँकल के खाँचे में या उसके बाहर घूमता है। विभिन्न ऊँचाइयों पर लीवर्स के विभिन्न संयोजनों के कारण, प्रत्येक ताला एक विशिष्ट चाबी से खुलता है (चित्र-49)।

चित्र-49 : ताले की कार्यप्रणाली

58. लोहे से चोट लगने पर टिटनस का भय क्यों?

वैसे केवल लोहे से चोट लगने पर ही टिटनस रोग होता है, ऐसा नहीं है। टिटनस कहीं भी, कभी भी किसी को भी हो सकता है, क्योंकि इसके कारक जीवाणु

‘क्लॉस्ट्रीडियम टिटैनी’ के बीजाणु या स्पोर मिट्टी में हर स्थान पर विद्यमान होते हैं, परंतु इनकी संख्या खाद मिश्रित तथा खेतों की मृदा में अधिक पाई जाती है। यही कारण है कि मिट्टी पर काम करनेवालों, यथा—किसानों तथा मालियों—को टिटनस का भय सामान्य मनुष्य की तुलना में अधिक होता है (चित्र-50)।

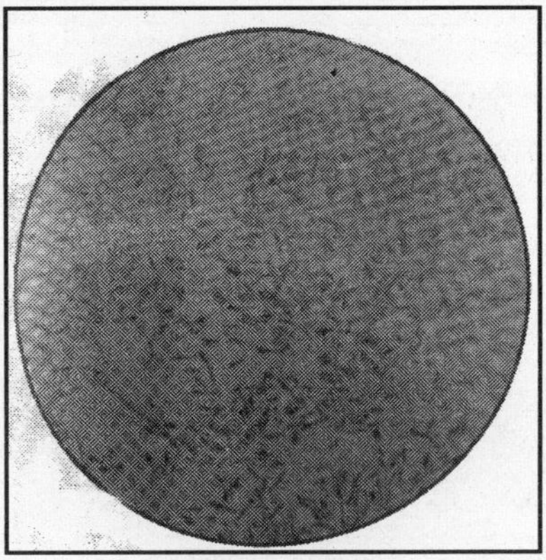

चित्र-50 : टिटनस

यदि रास्ते पर पड़ी मिट्टी हवा से घर में आ जाए तो हमारे घरों में भी इन कारक जीवाणुओं के स्पोर वास कर सकते हैं। बाद में घर के किसी भी सदस्य को भी संक्रमण होने से भी टिटनस हो सकता है।

वैज्ञानिकों का यह मानना है कि इन जीवाणुओं की संख्या किसी जंग लगे लोहे में अधिक हो सकती है, इसलिए जब लोहे की वस्तु से चोट लगती है तो सावधानी के तौर पर चिकित्सक टिटनस का इंजेक्शन लगाते हैं, साथ में यह भी सलाह देते हैं कि लोहे से नहीं, वरन् किसी भी वस्तु से चोट लगने पर टिटनस का इंजेक्शन अवश्य लगवा लेना चाहिए।

59. स्टैंड पर रखी साइकिल गिरती नहीं, जबकि बिना स्टैंड की क्यों गिरती है?

सामान्य वस्तुओं की अपेक्षा पृथ्वी का द्रव्यमान कहीं अधिक होता है, जिसके कारण से पृथ्वी इन वस्तुओं को अपनी ओर आकर्षित करती है। इस आकर्षण बल को गुरुत्वाकर्षण बल कहते हैं। प्रत्येक वस्तु में प्रायः एक बिंदु होता है, जहाँ पर उस वस्तु का संपूर्ण द्रव्यमान केंद्रित रहता है, इसे गुरुत्व बिंदु कहते हैं। इस गुरुत्व बिंदु और वस्तु के आधार को आपस में जोड़ती रेखा को ‘गुरुत्व रेखा’ कहते हैं। जब यह गुरुत्व रेखा आधार से हटकर (थोड़ी दूर पर) होती है, तब उस वस्तु का संतुलन गड़बड़ा जाता है, परंतु यदि यह गुरुत्व रेखा उस वस्तु के आधार में होगी तो उस वस्तु का स्थिर संतुलन बना रहेगा।

वस्तुतः यही सिद्धांत कार्य करता है स्टैंड पर खड़ी और बिना स्टैंडवाली साइकिल के लिए। जब साइकिल स्टैंड पर खड़ी होती है, तब उसका आधार चौड़ा होने के कारण

गुरुत्व रेखा बिल्कुल आधार में होती है और इस कारण साइकिल गिरती नहीं है, परंतु बिना स्टैंडवाली साइकिल में गुरुत्व रेखा साइकिल के आधार से दूर होने के कारण साइकिल गिर जाती है।

60. बर्फ सफेद क्यों होती है?

बर्फ वास्तव में तो जमा हुआ पानी होता है और जैसा हम जानते हैं कि बर्फ का कोई रंग नहीं होता, फिर बर्फ क्यों सफेद दिखती है? इसका कारण यह है कि बर्फ का हर एक खंड, बर्फ की क्रिस्टल की एक बहुत बड़ी संख्या से बना होता है (चित्र-51)। इन क्रिस्टलों के बहुत से तल होते हैं और यह एक प्रकार से रोशनी का परावर्तन है, जो तल से निकलकर आता है, यही बर्फ को सफेद दिखलाता है।

चित्र-51 : बर्फ की सफेदी

पानी की वाष्प वायुमंडल में जम जाती है, तब बर्फ बनता है, जैसे ही वाष्प जमती है, साफ पारदर्शी क्रिस्टल बनते हैं। विद्युत् प्रवाह जो कि हवा में होता है, क्रिस्टल को वायुमंडल में ऊपर-नीचे करता है, जैसे ही क्रिस्टल ऊपर-नीचे होते हैं, ये छोटे-छोटे कणों के चारों तरफ एकत्रित होने शुरू हो जाते हैं। यही स्थिति ठंडे वायुमंडल के बादलों में विद्यमान होती है और जब बर्फ क्रिस्टल का समूह बड़ा हो जाता है, ये नीचे पृथ्वी की ओर हिमपात के रूप में बह निकलता है। हम बर्फ को सदा सफेद रंग में ही सोच सकते हैं। किंतु फिर भी कुछ ऐसे स्थान पाए गए हैं, जहाँ वास्तव में रंगीन हिमपात हुआ है। इस संदर्भ में एक प्रसिद्ध दृष्टांत चार्ल्स डार्विन के द्वारा बताया गया है। उनकी अपनी एक यात्रा के दौरान उन्होंने पाया कि खच्चरों के खुर बर्फ में चलते-चलते लाल होने लगे। इसका अर्थ यह निकला कि सफेद दिखाई देनेवाली बर्फ लाल रंग छोड़ रही थी। वस्तुतः लाल बर्फ किसी प्रकार के छोटे पौधे की उपस्थिति के कारण बनी थी, जो कि वातावरण में तब ही उपस्थित होते हैं, जब बर्फ बनती है।

61. क्या है इकोलॉजी?

चित्र-52 : इकोलॉजी क्या है ?

वस्तुतः पारिस्थितिकी, यानी इकोलॉजी, जीव विज्ञान की एक शाखा है, जिसमें जीव समुदायों का उसके वातावरण के साथ पारस्परिक संबंधों का अध्ययन किया जाता है। प्रत्येक जंतु या वनस्पति एक निश्चित वातावरण में रहते हैं। पारिस्थितिविज्ञ इस तथ्य का पता लगाते हैं कि जीव आपस में और पर्यावरण के साथ किस प्रकार क्रिया करते हैं और इस तरह वे पृथ्वी पर जीवन की जटिल संरचना का पता लगाते हैं (चित्र-52)।

पारिस्थितिकी को एन्वायरमेंटल बायोलॉजी भी कहा जाता है। इस विषय में व्यक्ति, जनसंख्या, समुदायों और पारितंत्र का अध्ययन होता है। बीसवीं शताब्दी में यह पता चला कि मानव की गतिविधियों का प्रभाव पृथ्वी और प्रकृति पर सर्वदा सकारात्मक ही नहीं पड़ता रहा है। इस कारण उसे पर्यावरण पर पड़नेवाले गंभीर प्रभाव के प्रति सचेत होना पड़ा। आज मानवीय गतिविधियों के कारण जलस्रोत प्रदूषित हो रहे हैं, जंगल काटे जा रहे हैं, पौधों और जानवरों की जैव-विविधता विलुप्ति के कगार पर है, सागर भी अछूते नहीं है, अतः पारिस्थितिकीय अध्ययन एवं अन्वेषण विश्व के वैज्ञानिक समुदाय के लिए चुनौतीपूर्ण विषय बन रहा है।

62. गरमियों में पसीने का रहस्य

गरमी के दिनों में प्रायः लोग यह शिकायत करते हुए नजर आते हैं कि उनके शरीर में बहुत पसीना आता है। ऐसे लोगों के पास हमेशा रूमाल या तौलिया ही देखा होगा। गरमी के दिनों में अत्यधिक पसीना आने और परेशानी होने के वैज्ञानिक कारण भी हैं। वस्तुतः वातावरण में अधिक गरमी के समय परिश्रम करने अथवा विचरण करने से हमारे शरीर में विशेष पसीना आने लगता है (चित्र-53)।

शरीर में पसीना निकलने एवं हवा द्वारा वाष्पीकृत होने पर शरीर को ठंडक मिलती है। वास्तव में पसीना शरीर की ऊष्मा को नियंत्रित करने की एक प्राकृतिक प्रक्रिया

है। पसीना शरीर के तापमान को सामान्य रखने का मुख्य कारक भी है। जब शरीर बहुत गरम हो जाता है तो सतह पर लाखों स्वेद ग्रंथियों को संदेश प्रेषित करता है, जिसके कारण पसीना (जो नमकीन तरल जलीय पदार्थ होता है) त्वचा के छिद्रों से बाहर निकलने लगता है। पसीने का मुख्य कार्य शरीर की गरमी को ग्रहण करके उसे वाष्पीकृत करना है। इसके परिणामस्वरूप त्वचा की सतह के पास की रक्त वाहिनियाँ ठंडी हो जाती हैं और संपूर्ण शरीर में सामान्य तापमान पर ही रक्त प्रवाहित होता रहता है। ऐसा देखा गया है कि पसीना आते समय हमें प्राय: बेचैनी महसूस होती है, किंतु हवा के संस्पर्श से शीघ्र ही यह बेचैनी दूर भी हो जाती है।

चित्र-53 : गरमी में पसीना

63. हमारी पलकें क्यों झपकती हैं?

जैसा कि विदित ही है 'सर्वे इन्द्रियाणाम् नेत्रं प्रधानम्', अर्थात् हमारी सारी इंद्रियों में आँखों का प्रधान स्थान है। हमारा शरीर वातावरण से रोशनी प्राप्त करनेवाले अपने इन नाजुक भाग की रक्षा अपनी पलकों से ही करता है।

वस्तुत: कोमल प्रतीत होनेवाली हमारी ये पलकें मजबूत कार्टिलेज जैसे रेशों की बनी होती हैं। इन पलकों की बाहरी त्वचा पतली होती है, जिसके फलस्वरूप, हमारी पलकें आसानी से सिकुड़ एवं फैल सकती हैं। हमारी पलकों पर छोटे-छोटे बाल होते हैं। ऐसा ज्ञात हुआ है कि ऊपरी पलक पर सौ से लेकर एक सौ पचास तक और निचली पलक पर लगभग इससे आधे बाल होते हैं। ये अत्यधिक संवेदनशील होते हैं। हमारी पलकों के मुख्यत: तीन कार्य होते हैं, यथा—नींद के दौरान आँखों में रोशनी न पहुँचने देना, आँखों में बाहरी पदार्थों के पहुँचने से रोकना और आँखों के रोशनी ग्रहण करनेवाले भाग कॉर्निया को स्वच्छ बनाए रखना।

वैज्ञानिक परीक्षणों से ज्ञात हुआ है कि हमारे मस्तिष्क में एक ऐसा केंद्र है, जो हमारी पलकों की झपकने की प्रक्रिया एवं गति को नियंत्रित करता है। यही कारण है कि सामान्य अवस्था में हमें अपनी पलकों को झपकने के लिए कुछ नहीं सोचना पड़ता, वे

मस्तिष्क से प्राप्त संकेतों के अनुसार स्वयं झपकती रहती हैं।

वस्तुतः स्वाभाविक रूप से पलक झपकने की यह प्रवृत्ति हवा में रहनेवाले ऐसे सभी पृष्ठवंशी प्राणियों में होती है, जिनकी पलकें होती हैं, वैसे सभी प्राणियों की पलक झपकने की दर अलग-अलग होती है। जहाँ शेर की पलकें एक मिनट से भी अधिक समय में केवल एक ही बार झपकती हैं, वहीं कुछ विशिष्ट जाति के बंदरों की पलकें एक मिनट में पैंतालीस बार झपकती हैं। मनुष्यों में सामान्य अवस्था में पलकों के झपकने की दर औसतन तेरह झपकन प्रति मिनट पाई गई है। हमारी एक झपक की कुल अवधि दो से तीन सेकंड तक होती है।

प्राकृतिक रूप से हमारी ऊपरी पलकें ही झपकती हैं, निचली पलकें प्रायः स्थिर रहती हैं, वैसे भी हमारी ऊपरी पलक निचली पलक से अपेक्षाकृत बड़ी होती है और इसे आसानी से हिलाया-डुलाया जा सकता है। छोटे बच्चों की पलकें जन्म लेते समय खुली रहती हैं और उनमें पलक झपकने की प्रवृत्ति नहीं होती है। अपने जन्म के कई महीनों तक शिशु पलक नहीं झपकाते हैं, वयस्क पुरुषों व महिलाओं की पलक झपकने की दर अलग-अलग होती है। महिलाओं की पलकें पुरुषों की अपेक्षा कम बार झपकती हैं। यह भी देखा गया है कि बाहरी वातावरण एवं हमारी मानसिक अवस्था में हुए परिवर्तनों का प्रभाव हमारी पलक झपकने की दर को घटा-बढ़ा सकता है। उत्तेजना, चिंता एवं तनाव के क्षणों में हमारी पलकें अपेक्षाकृत अधिक बार झपकती हैं।

वैज्ञानिक अध्ययनों से यह ज्ञात हुआ है कि जब हम गहरे विचारों में खोए रहते हैं अथवा ध्यानपूर्वक पूरी सतर्कता एवं सावधानी से किसी कार्य में जुटे रहते हैं, उस दौरान हमारी पलकें काफी लंबे-लंबे अंतरालों के बाद झपकती हैं। जब हम पढ़े जा रहे वाक्यों अथवा अपने द्वारा देखे जा रहे किसी भी दृश्य को अपने दिमाग में अच्छी तरह बैठाना चाहते हैं, उस अवस्था में भी हमारी पलकें बहुत कम झपकती हैं। आँखों की कई बीमारियों, धूल, धुआँ जैसी स्थिति में हमारी पलकें अधिक झपकती हैं।

64. अनेक रोग भगाने की रामबाण दवा : भीगे बादाम, जानिए क्यों?

बादाम को याददाश्त के लिए रामबाण दवा कहा जाता है, क्योंकि इसमें अनेक आवश्यक विटामिन-ई, जिंक, कैल्सियम, मैग्नीशियम और ओमेगा-3 फैटी एसिड होते हैं, परंतु बादाम से अधिक लाभ प्राप्त करने हेतु उसे रात भर पानी में भिगोकर रखना चाहिए (चित्र-54)।

चित्र-54 : रामबाण दवा बादाम

भीगने के बाद इसका छिलका उतारने पर लाइपेज नामक एंजाइम निकलता है, जो कि पाचन के लिए बहुत फायेदमंद होता है, यह वजन घटाने में सहायक होता है। इसमें मोनो अनसैचुरेटेड फैट होता है, जो भूख को रोकता है। यह प्रति ऑक्सीकारक भी होता है तथा इसमें विटामिन-फोलिक एसिड भी होता है, इससे रक्त में अल्फा टोकोफेरॉल नामक तत्त्व की मात्रा बढ़ती है, जो रक्त में उच्च रक्तचाप को कम करती है।

चिकित्सकों के अनुसार उच्च कोलेस्टरॉल हृदय रोग और दिल की धमनियों में रुकावट सहित कई प्रकार के रोगों का कारक है। भीगा बादाम इस समस्या से निपटने में हमारी मदद करता है। बादाम शरीर में अच्छे कोलेस्टरॉल की मात्रा को बढ़ाता है तथा खराब कोलेस्टरॉल की मात्रा को घटाता है। यह 30 से 70 वर्ष की आयु के बीच के लोगों को विशेष रूप से लाभ पहुँचाता है। मधुमेह के रोगियों में भी इसके लाभकारी प्रभाव देखे गए हैं।

65. क्या होती है जैविक घड़ी?

जैविक घड़ी प्रकृति का अनमोल उपहार है। नियत समय पर नींद आना, भूख लगना, जागना आदि शारीरिक क्रियाओं का नियंत्रण इसी घड़ी के द्वारा होता है। यह घड़ी नियत समय एवं परिस्थिति के अनुसार हमारी मानसिक एवं भावदशा को निर्मित करती है। जैविक घड़ी की महत्ता के लिए दृष्टिगत चिकित्सा का नोबेल पुरस्कार जैविक घड़ी (चित्र-55) की कार्यप्रणाली बतानेवाले अमरीका के तीन वैज्ञानिकों जैफ्री सी हाल, माइकल रोसबाश और माइकल डब्ल्यू यंग को दिया गया। इन वैज्ञानिकों ने अपने शोध में बताया कि इस जैविक घड़ी का सीधा तालमेल पृथ्वी की परिक्रमा से होता है, इसलिए इसे दिन-रात का पूरा अहसास होता है।

इन वैज्ञानिकों की खोजों में इस बात की व्याख्या की गई है कि पौधे, जानवर

चित्र-55 : जैविक घड़ी

और मानव किस प्रकार अपनी आंतरिक जैविक घड़ी के अनुरूप खुद को ढालते हैं, ताकि वे पृथ्वी की परिक्रमा के अनुसार अपने को ढाल सकें। यह जैविक घड़ी हारमोन के स्तर, नींद, शरीर के तापमान और उपापचय जैसे जैविक कार्यों को प्रभावित करती है।

इन तीनों वैज्ञानिकों ने उस जीन को अलग करने का कार्य किया, जो रोजमर्रा की जैविक स्थिति को नियंत्रित करते हैं। ये जीन उस प्रोटीन को परिवर्तित करने का काम करते हैं, जो रात के समय कोशिका में जम जाती है और फिर दिन के समय बहुत ही छोटा आकार ले लेती है।

शोध में यह भी पाया गया कि हमारी जीवन-शैली और बाहरी पर्यावरण के कारण से इस जैविक घड़ी में दीर्घकालिक अप्रबंधन रहने से कई लोगों में रोगों का खतरा बढ़ जाता है। यहाँ तक कि इस वजह से विभिन्न समय खंडों (टाइम जोन) में यात्रा करनेवाले यात्रियों को भी अस्थायी भटकाव का सामना करना पड़ता है।

ऑस्ट्रेलिया में ट्रोबे विश्वविद्यालय के डॉ. जेनिरेडमान और उनके सहयोगियों ने अपने शोध परिणामों के कुछ रोचक तथ्यों को उजागर किया। इनके अनुसार मेलाटोनिन का प्रभाव निद्राकारी होने के साथ-साथ हिप्नोटिक भी होता है। यह मनुष्य के स्वभाव को शांत और उदारवादी बनाता है। मानवीय व्यवहार के इस पक्ष को मेलाटोनिन से जोड़कर देखनेवाले वैज्ञानिकों का तो यहाँ तक कहना है कि यह अँधेरे में स्रावित होता है और ऋषि-मुनि आदि अँधेरे कक्ष में दीर्घकाल तक साधना करते हैं, जिससे उनके रक्त में मेलाटोनिन हारमोन की प्रचुरता होती है। इसी कारण वे सामान्य व्यक्तियों से अधिक उदारवादी होते हैं।

जैविक घड़ी हमारे दैनिक जीवन के क्रिया-कलापों की निरंतरता को नियमित करती है। यह हमारे स्वस्थ जीवन का प्रतीक एवं पर्याय भी है। यह कई कारणों से प्रभावित होती है। इसके प्रभाव के परिणाम बड़े घातक होते हैं। आधुनिक जीवन की अव्यवस्थित और असंयमित जीवन-शैली इसके व्यतिक्रम में सबसे बड़ी भूमिका निभाती

है। सोने के समय पर जागना, खाना और इसके विपरीत कार्य करनेवाले समय पर नींद लेना आदि जैविक घड़ी के तारतम्य को बिगाड़ते हैं।

रात्रि में कार्य करनेवाले लोगों की भी नियमित जैविक घड़ी में व्यवधान आ जाता है एवं वे अनिद्रा के शिकार हो जाते हैं। रात्रि जागरण करनेवाले व्यक्ति जब दिन में सोते हैं तो उन्हें सलाह दी जाती है कि शयनकक्ष में पूर्ण अंधकार हो, ताकि मेलाटोनिन का अधिकाधिक संश्लेषण हो सके और निद्रा चक्र पूरा हो।

वैज्ञानिकों ने अपने अनुसंधान में यह पाया है कि बाल्यावस्था में मेलाटोनिन का स्तर अधिक होता है, परंतु आयु के बढ़ने के साथ-साथ पीनियल ग्रंथि से इसके स्राव की प्रक्रिया धीमी पड़ जाती है। इसी कारण बच्चों को वृद्ध लोगों की अपेक्षा अधिक एवं अच्छी नींद आती है। वृद्धों का अपनी आयु के प्रति नकारात्मक भाव शारीरिक के साथ मानसिक रोगों को भी जन्म देता है, जिससे जैविक घड़ी प्रतिकूल रूप से प्रभावित होती है। वृद्धावस्था में सबसे अधिक अनिद्रा की शिकायत रहती है।

बदलते मौसम एवं ऋतुओं से भी जैविक घड़ी प्रभावित होती है। शीत ऋतु में रातें लंबी और दिन छोटे होते हैं। इस कारण लोगों को अंधकार में अधिक समय तक रहना पड़ता है। सर्दी के मौसम में दिन में भी प्रकाश कम रहता है। ये सभी कारक मेलाटोनिन हारमोन के स्राव में सहायक होते हैं, अतः इन परिस्थितियों में नींद की अधिकता होती है, भूख अधिक लगती है और तनाव भी बढ़ जाता है।

वर्तमान समय में योग, आसनों एवं प्राणायाम के माध्यम से जैविक घड़ी की नियमितता को बनाए रखने का प्रयास किया जा रहा है। यह प्रयास उत्साहवर्द्धक सिद्ध हो रहा है। प्राचीन ऋषियों-मनीषियों के अनुरूप आज वैज्ञानिक मानने लगे हैं कि समय विशेष के अनुसार कार्य करना चाहिए, क्योंकि उस समय शरीर में विशेष हारमोन का स्राव होता है। ऐसा भी वैज्ञानिकों ने माना है कि किसी विद्वान् से वैचारिक कार्य कराने के लिए उसके पास प्रातःकाल जाना श्रेष्ठ रहता है। किसी को यदि भावनात्मक रूप से अपने पक्ष में करना हो तो उसे संध्या के समय मिलना चाहिए, अतः हमें संयमित, सहज और सरल प्राकृतिक जीवनचर्या को अपनाना चाहिए, ताकि जैविक घड़ी अपना सुचारु रूप से कार्य कर सके और हम स्वस्थ जीवन जी सकें।

66. क्या होता है परखनली शिशु?

शरीर के बाहर निषेचित अंडाणु से जनमे शिशु को सामान्यतया परखनली शिशु कहते हैं (चित्र-56)। सामान्यतया गर्भ तब धारण होता है, जब एक शुक्राणु एक अंडाणु से मिलकर उसे माता के शरीर में ही निषेचित करता है। इसके बाद अंडाणु गर्भाशय की

दीवार में स्थापित होकर गर्भावस्था को बनाए रखता है। जहाँ कुछ समस्या होती है, वहाँ अंत:पात्रे निषेचन एक विकल्प होता है।

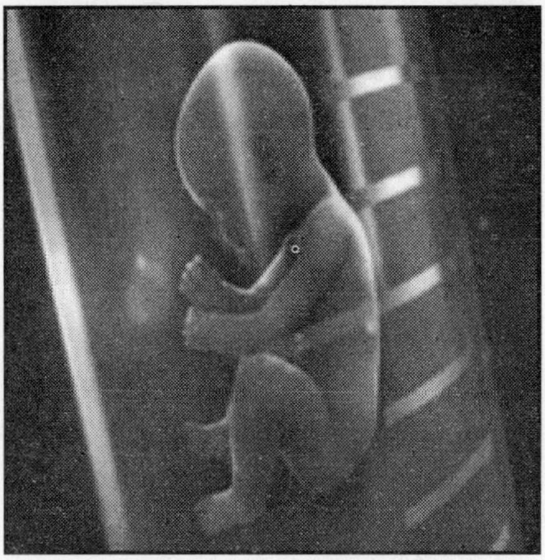

चित्र–56 : परखनली शिशु

अंत:पात्रे निषेचन के लिए स्त्री को हारमोन दिए जाते हैं, जिससे स्त्री का अंडाशय एक के स्थान पर कई अंडाणु उत्पन्न करने लगता है। इन अंडाणुओं को सावधानीपूर्वक शरीर से निकालकर काँच की डिश में पोषक माध्यम में रखा जाता है। इसके पश्चात् इन्हें दाता से लिये गए शुक्राणुओं द्वारा निषेचित अंडाणुओं को स्वयं स्त्री के या सरोगेट माँ के गर्भ में स्थापित किया जाता है, जो पूरे समय तक भ्रूण को धारण करती है।

67. केक बनाते समय खाने का सोडा उपयोग क्यों किया जाता है?

केक को फुलाने और उसे छेददार बनाने में खाने के सोडे को प्रयोग में लाया जाता है। खाने का सोडा यानी सोडियम बाई–कार्बोनेट गरम होने पर आसानी से अपघटित हो जाता है अथवा अम्ल से अभिक्रिया करके कार्बन डाइऑक्साइड गैस उत्पन्न करता है, जब भी केक के मिश्रण में खाने का सोडा डालकर उसे पकाया जाता है तो उसमें से कार्बन डाइऑक्साइड गैस के निकलने के कारण वह फूल जाता है और वह स्पंजी हो जाता है।

चित्र–57 : खाने के सोडा का उपयोग

जब खाने का सोडा केक बनाने के मिश्रण में उपस्थित कुछ पदार्थों से अभिक्रिया करता है तो कार्बन डाइऑक्साइड गैस बनती है, जो बुलबुलों के रूप में केक बनाने के मिश्रण में बंद रहती है। गरम होने पर ये बुलबुले फैलते हैं और ऊपर उठते हैं, जिसके कारण हलका, नरम तथा स्पंजी केक बनता है (चित्र–57)।

68. क्या होता है एक्यूपंक्चर?

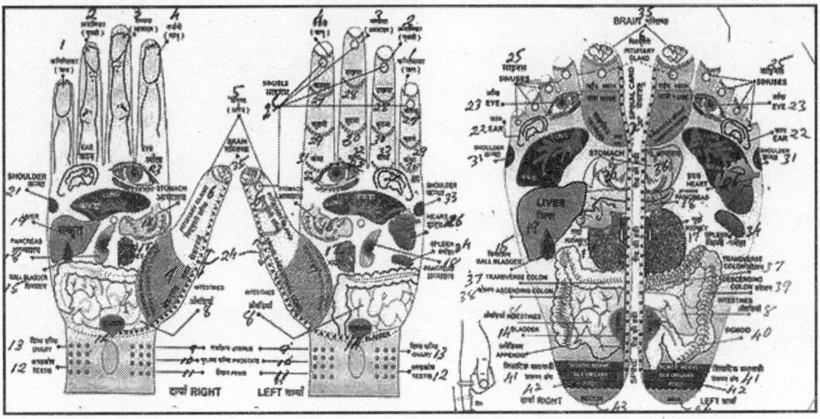

चित्र-58 : एक्यूपंक्चर चिकित्सा

एक्यूपंक्चर हजारों वर्षों से चीनियों द्वारा प्रयोग की जा रही एक प्राचीन स्वास्थ्यकारी कला है। चीनियों का विश्वास है कि हमारे सभी अनुभवों का विपरीत प्रभाव भी होता है, जिसे वे 'यिन और येंग' कहते हैं। यिन और येंग एक-दूसरे के पूरक होते हैं और मिलकर एक संतुलन बनाते हैं। इस संतुलन के डगमगाने से ही कोई रोग जन्म लेता है। चीनी सिद्धांत के अनुसार, 'यिन और येंग' ऊर्जाएँ हमारे शरीर में उत्कर्ष रेखाओं नामक चैनल से होकर बहती हैं। एक्यूपंक्चर में हजारों या उससे भी अधिक स्थानों पर अतिसूक्ष्म सुइयों को इन उत्कर्ष रेखाओं के सापेक्ष लगाया जाता है। प्रत्येक स्थान मानव शरीर के विशेष अंग या क्रिया को निरूपित करता है (चित्र-58)।

आधुनिक सिद्धांत के अनुसार, तंत्रिका मार्गों में एक प्रतिवर्त क्रिया होती है, जो दर्द के संकेतों को रोक सकती है। एक्यूपंक्चर इन्हीं मार्गों को बंद करने का कार्य करता है। एक दूसरा सिद्धांत एंडॉर्फिन के उत्पादन के आधार पर एक्यूपंक्चर के दर्द निवारक प्रभाव की व्याख्या करता है। ऐसे प्रमाण, जो यह दिखाते हैं कि एक्यूपंक्चर के कारण ये हारमोन निकलते हैं, जो मस्तिष्क में जाकर दर्द के संदेशों को रोकने की क्रिया को सक्रिय करते हैं। यद्यपि एक्यूपंक्चर कई शारीरिक और मानसिक रोगों के उपचार में सहायक सिद्ध हुआ है, किंतु अभी यह बहुत लोकप्रिय नहीं हुआ है।

69. क्या होती है एम.आर.आई.?

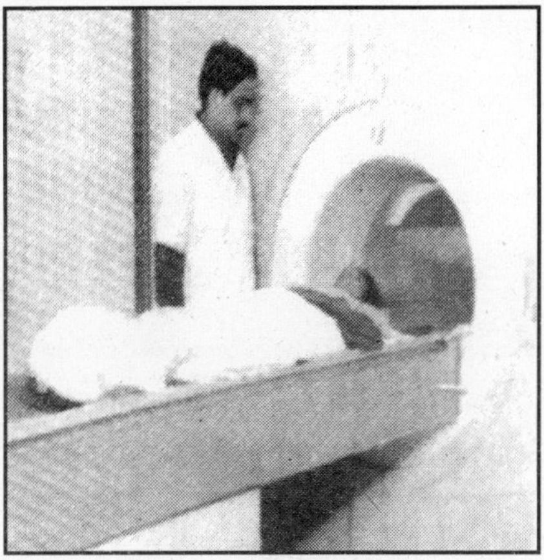

चित्र-59 : एम.आर.आई.

एम.आर.आई. या मैगनेटिक रिजोनेंस इमेजिंग, अर्थात् चुंबकीय अनुनाद इमेजिंग बिना सर्जरी का प्रयोग किए चिकित्सकीय निदान के लिए शरीर के भीतरी अंगों के छायाचित्र लेने की तकनीक है। इस तकनीक में नाभिकीय चुंबकीय अनुनाद सिद्धांत का प्रयोग होता है। एम.आई.आई. के द्वारा विभिन्न प्रकार के कोमल ऊतकों की पहचान कर पाना संभव होता है, इसलिए यह एक्स-रे फोटोग्राफी से आगे की चीज है। छायाचित्र प्राप्त करने के लिए, कुछ विशिष्ट पदार्थों के विद्युत् चुंबकीय विकिरण द्वारा विकिरित करने पर ऊर्जा अवशोषित करने के गुण का प्रयोग किया जाता है। कुछ परमाणुओं के केंद्रक सूक्ष्म चुंबकों की भाँति काम करते हैं। ऐसे परमाणुओं से युक्त पदार्थों को चुंबकीय क्षेत्र में रखा जाता है और विभिन्न आवृत्तियों वाली वैद्युत चुंबकीय तरंगों द्वारा लगातार विकिरित किया जाता है तो वैद्युत् चुंबकीय ऊर्जा का एक भाग पदार्थों द्वारा अवशोषित कर लिया जाता है। इसके पश्चात एक आवृत्ति आती है, जिसे रिजोनेंस फ्रीक्वेंसी कहते हैं, जिसका मान अनुपयुक्त चुंबकीय क्षेत्र और नाभिक चुंबकत्व प्रदर्शित करनेवाले पदार्थ की तीव्रता के समानुपाती होता है।

70. मछली विद्युत् कैसे उत्पन्न करती है?

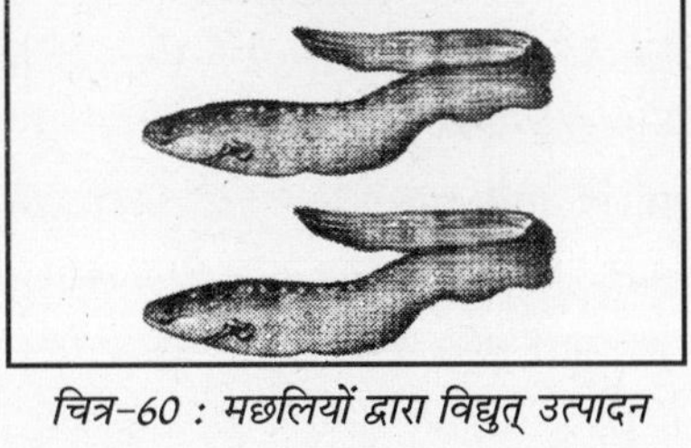

चित्र-60 : मछलियों द्वारा विद्युत् उत्पादन

मछली में तंत्रिकाओं और मांसपेशियों की सामान्य क्रिया के साथ एक रासायनिक प्रतिक्रिया के फलस्वरूप विद्युत् उत्पन्न होती है। विद्युत् रूपांतरित पेशी ऊतकों, जिन्हें 'विद्युतांग' कहते हैं, में उत्पन्न होती है (चित्र-60)। इन अंगों से तंत्रिकाएँ मस्तिष्क से जुड़ी होती है। विद्युत् तंत्रिका में एक स्पंद

और पेशी, संकुचन के फलस्वरूप उत्पन्न होती है। आवेश उदर से पीठ में जाता है। अधिकांश स्थितियों में, यह एक सुरक्षात्मक क्रिया होती है, परंतु इसका प्रयोग शिकार को मारने के लिए भी किया जाता है। वसा की विद्युत्‌रोधी परतों के कारण मछलियाँ स्वयं प्रघात प्रतिरक्षी होती हैं।

71. कंप्यूटर वायरस क्या होता है?

कंप्यूटर प्रोग्राम (कार्यक्रम) की स्वतः पुनरावृत्ति या संकेतवाली (कोड) का वह भाग, जो कंप्यूटर के अन्य प्रोग्रामों में अपनी अनुकृतियाँ प्रविष्ट करे, कंप्यूटर वायरस कहलाता है (चित्र-61)। कंप्यूटर को संक्रमित करनेवाले इन कारकों (वायरस) से कंप्यूटर के मूल कार्यक्रम सुचारु रूप से चल नहीं पाते हैं। इससे कंप्यूटर पर कार्य करना लगभग असंभव-सा हो जाता है। कंप्यूटर पर जब कोई संक्रमित प्रोग्राम चल रहा होता है, उस समय कंप्यूटर में ही कहीं छिपा वायरस सक्रिय होता है और इस वायरस की हमेशा यह चेष्टा रहती है कि कंप्यूटर के अन्य प्रोग्रामों में अपने आपको सम्मिलित करे, जिससे ये प्रोग्राम भी पूर्णतः संक्रमित हों। यह प्रक्रिया ठीक वैसी ही है, जैसे कि किसी जैविक प्रक्रिया के अंतर्गत किसी जीव में वायरस (विषाणु) एक कोशिका से दूसरी कोशिका में तेजी से फैलता जाता है और इन्हें संक्रमित करता है। इसी तरह मात्र एक कंप्यूटर वायरस कंप्यूटर के विभिन्न प्रोग्रामों को संक्रमित कर इनमें गड़बड़ी उत्पन्न कर सकता है।

चित्र-61 : कंप्यूटर वायरस

अब यह स्वाभाविक जिज्ञासा होती है कि कंप्यूटर में यह वायरस आता कहाँ से है ? प्रायः कंप्यूटर में विभिन्न सॉफ्टवेयर, फ्लॉपियाँ आदि प्रयुक्त होती हैं। यदि इनमें ऐसा कोई संक्रमणकर्ता (वायरस) विद्यमान है तो जिस भी कंप्यूटर में इनका उपयोग होगा, वह निश्चित रूप से संक्रमित होगा। कई स्थानों, जैसे—रेलवे, एयर इंडिया, कुछ बैंक आदि पर कंप्यूटर का एक ऐसा नेटवर्क तैयार किया गया है, जहाँ पर संपूर्ण कंप्यूटर एक साथ काम करते हैं। इनके कार्यक्रमों का प्रसारण दूरस्थ प्रणालियों से होता है। ऐसे में किन्हीं अज्ञात कारणों से यदि वायरस संकेत संचार लाइन में प्रकट हो जाए, तब

भी आपस में श्रृंखलाबद्ध संपूर्ण कंप्यूटर ठप पड़ सकते हैं। इस वायरस को निकालने हेतु बाजार में कुछ विशेष सॉफ्टवेयर उपलब्ध हैं, जिनकी सहायता से कंप्यूटरों को वायरसमुक्त किया जा सकता है।

72. 'बिजली टेस्टर' से टेस्ट करते समय हमें झटका क्यों नहीं लगता है?

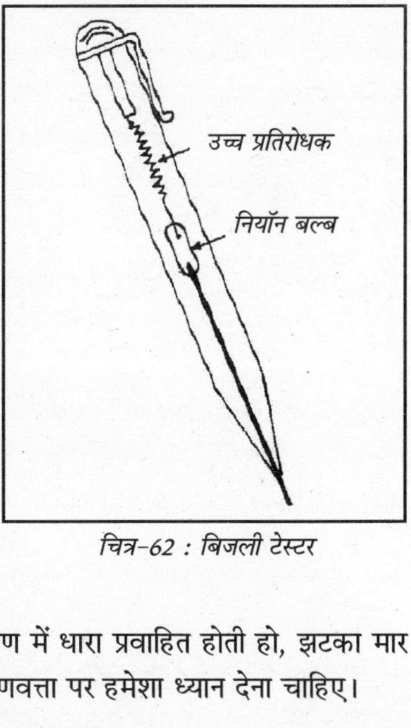

चित्र-62 : बिजली टेस्टर

पेन के आकार का बना टेस्टर वास्तव में नियॉन टेस्टर है (चित्र-62)। इसके घटकों में मुख्य हैं—नियॉन बल्ब एवं प्रतिरोध। निऑन बल्ब विद्युत् धारा प्रवाहित होने पर रोशनी देता है, जबकि दूसरा घटक प्रतिरोध अति उच्च परिमाण को सीमित रखता है। इस प्रतिरोध का मान इस तरह निर्धारित किया जाता है कि प्रवाहित होनेवाली धारा का परिमाण 8 मिली. एंपियर या उससे कम रहे, चूँकि मनुष्य का शरीर 9 मिली. एंपियर तक की धारा के प्रवाह को आसानी से झेल सकता है और टेस्टर में प्रवाहित होनेवाली धारा का परिमाण इससे कम होता है, इस कारण हमें झटका नहीं लगता है। निम्न कोटि के टेस्टर या ऐसे टेस्टर, जिनमें अधिक परिमाण में धारा प्रवाहित होती हो, झटका मार सकते हैं, अत: टेस्टर खरीदते समय उसकी गुणवत्ता पर हमेशा ध्यान देना चाहिए।

73. ब्लैक होल क्या होते हैं?

वस्तुतः ब्लैक होल आकर्षक, किंतु रहस्यमय खगोल पिंड होते हैं। इनको ब्लैक होल इसलिए कहते हैं, क्योंकि इनसे प्रकाश नहीं निकलता और ये अपने निकट आनेवाले पदार्थ और ऊर्जा को अवशोषित कर लेते हैं (चित्र-63)। यह अत्यंत विशाल सितारे की मृत्यु के बाद शेष बचा अंत उत्पाद होता है।

प्रत्येक तारे का एक जीवन-चक्र होता है—वे जन्म लेते हैं, बढ़ते हैं और अंततः मर जाते हैं। उनका समाप्त होना इस पर निर्भर करता है कि वे कितने द्रव्यमान के साथ

बने थे। यदि तारा सूर्य के द्रव्यमान का 30 गुना अधिक विशाल होता है, इसका अंत सुपरनोवा नामक विस्फोट के साथ होता है। विस्फोट के बाद जो शेष रह जाता है, वही 'ब्लैक होल' होता है। ब्लैक होल पर गुरुत्वाकर्षण क्षेत्र इतना प्रबल होता है कि वह प्रकाश तक को बाहर नहीं निकलने देता है। इस प्रकार ब्लैक होल को देखा नहीं जा सकता है, परंतु खगोलशास्त्री उनके गुरुत्वीय प्रभाव से कुछ जानकारी प्राप्त करते हैं।

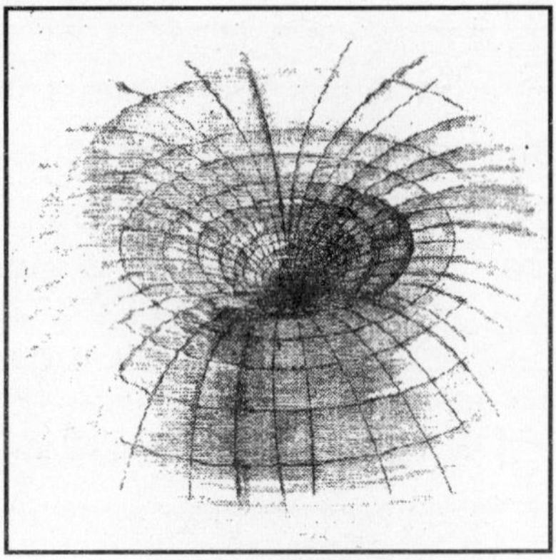

चित्र-63 : ब्लैक होल

73. कैप्सूल का आवरण किस पदार्थ का होता है?

दवाई के कैप्सूल प्रायः सभी लोग लेते रहते हैं। कभी जिज्ञासा होती है कि आखिर ये किस पदार्थ से बने होंगे। औषधियों के कैप्सूल प्रायः जिलेटिन नामक पदार्थ के बने होते हैं और जिन नरम कैप्सूलों में तेल भरा होता है, वे ग्लिसरीनयुक्त जिलेटिन से बनाए जाते हैं। जिलेटिन स्वादहीन होता है और पानी में घुल जाता है। इसके अतिरिक्त यह औषधि को अभिक्रियामुक्त आवरण भी प्रदान करता है, इसीलिए कैप्सूल बनाने के लिए इसे अति उत्तम रसायन माना जाता है।

चित्र-64 : कैप्सूल का आवरण

इस पदार्थ का कोई विषैला प्रभाव नहीं होता और यह हमारे शरीर में आसानी से पच भी जाता है। आमतौर पर कैप्सूलों में ऐसी औषधियाँ भरी जाती हैं, जिनका स्वाद या तो बहुत कड़वा होता है अथवा जो दानेदार एवं बारीक चूर्ण के रूप में होती हैं।

75. ट्यूबलाइट के किनारे काले क्यों पड़ जाते हैं?

वस्तुतः ट्यूबलाइट काँच की एक नली होती है, जिसमें अंदर की सतह पर ऐक्टीवेटिड फॉस्फोर की परत, दो फिलामेंटवाले इलेक्ट्रोड और थोड़ी-सी मात्रा में

मरकरी होता है। ट्यूबलाइट के ये दोनों इलेक्ट्रोड ट्यूबलाइट के दोनों किनारों पर लगे होते हैं, जिनसे पर्याप्त संख्या में इलेक्ट्रॉन उत्सर्जित होते हैं, जो ट्यूबलाइट में विद्युत् विसर्जन या इलेक्ट्रिक डिस्चार्ज को उत्पन्न करने में समर्थ होते हैं। यह इलेक्ट्रिक डिस्चार्ज, जो उत्सर्जित इलेक्ट्रॉनों और मरकरी के अणुओं के मध्य हुई अन्योन्य क्रिया, यानी इंटरेक्शन के कारण होता है, सचमुच में ट्यूबलाइट के जलने के लिए उत्तरदायी होता है।

चित्र-65 : ट्यूबलाइट के किनारों का कालापन

इलेक्ट्रोडों से उत्सर्जित अधिकांश इलेक्ट्रॉन एक सीधी रेखा में ट्यूबलाइट की समस्त लंबाई में चलते हैं, किंतु कुछ इलेक्ट्रोड के उसके चारों ओर भी उत्सर्जित होते हैं, जब भी ट्यूबलाइट को ऑन किया जाता है तो अपेक्षाकृत कम संख्या में इलेक्ट्रॉन इलेक्ट्रोड के चारों ओर की दीवारों पर सीधे संघट्ट करते हैं। इस तरह के संघट्ट से ये इलेक्ट्रॉन उसकी सतह को धीरे-धीरे परतहीन भी करते हैं, अतः लंबे समय तक प्रयोग करने के पश्चात् ट्यूबलाइट के कोने काले पड़ जाते हैं (चित्र-65)।

76. बाल क्यों उगते हैं?

वस्तुतः बाल या केश स्तनधारी जीवधारियों की पहचान हैं। बालों को मनुष्य की त्वचा पर उगनेवाला एक अनुबंध या उपांग कह सकते हैं। यह मानव को प्रकृति से रक्षी आवरण के रूप में प्राप्त हुआ है। यद्यपि वर्तमान परिदृश्य में सिर के बालों को छोड़कर अन्य स्थानों पर इनकी उपयोगिता बहुत कम हो गई है। सूर्य की गरमी और अभिघात से सिर की रक्षा, बाहरी गंदगी और धूल, सूर्य के प्रकाश और पसीने से नेत्रों की रक्षा, नाक

के सूराख की रक्षा इत्यादि कुछ काम बालों द्वारा ही होते हैं। इसके अतिरिक्त अपस्रावी ग्रंथि द्वारा स्रावित गंध का प्रकीर्णन भी बालों द्वारा ही होता है, जो यौन संकेत का काम करता है। बालों का संबंध मनुष्य की बाह्य त्वचा पर एक धागे के समान अनुबंधित रहता है, जबकि इसकी जड़ 'पुटक' चमड़ी की भीतरी सतह में रहती है। प्रत्येक पुटक का संबध हारमोन से भी होता है। इसके पास चिकनाई-स्रावी ग्रंथि रहती है, जो बालों में चमक बनाए रखने में सहायक होती है।

प्राय: मनुष्य के सिर पर लगभग 1,00,000 बाल होते हैं, जिनमें लगभग 1900 बाल प्रतिदिन गिर जाते हैं। इनका प्रविकास चक्रीय होता है, परंतु सभी गिरे हुए स्थानों पर बालों का दोबारा विकास नहीं होता है, अत: आयु बढ़ने पर बाल धीरे-धीरे कम होते जाते हैं। जन्म के समय शिशु के सर्वाधिक बाल रहते हैं।

साधारणतया मनुष्य की त्वचा पर जो बाल उगते हैं, ये लंबे, मोटे या बारीक किसी भी प्रकार के भी हो सकते हैं। हाथ की हथेलियों, पैर के तलवों, होंठों, उँगली और अँगूठे के कोनों, भगशिश्न और शिश्न मुंडों पर बाल कभी नहीं उगते जबकि इन स्थानों पर भी त्वचा अन्य शरीर के अंगों की भाँति ही होती है।

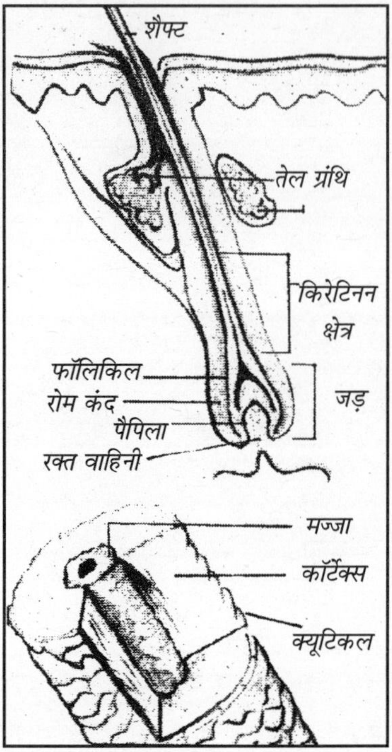

चित्र-66 : बाल का उगना

हारमोन का केश संवर्धन से सरल संबंध है (चित्र-66)। मनुष्य के बालों की वृद्धि उस व्यक्ति विशेष द्वारा स्रावित हारमोनों पर निर्भर करती है। यही कारण है कि हर व्यक्ति विशेष के बाल अलग-अलग तरीके के होते हैं। स्त्री और पुरुष में अलग-अलग प्रकार के हारमोन स्रावित होते हैं, अत: उनके बाल भी मोटे, पतले, लंबे, छोटे व अलग-अलग प्रकार के उगते हैं, परंतु शरीर के कुछ स्थानों पर बालों का उगना हारमोन पर आश्रित नहीं है। उदाहरणतया, आँख की भौंह और पलकों पर उगे बाल और मृदुरोम, जो नवजात शिशु की त्वचा पर ही दिखाई देते हैं, हारमोन से प्रभावित नहीं होते हैं।

पुरुष और स्त्री दोनों में ही अधिवृक्क ग्रंथि होती है, जिससे एंड्रोजन नामक हारमोन स्रावित होता है। यह हारमोन ही स्त्री और पुरुष की केशवृद्धि तथा बाल उगने के क्रम के

लिए जिम्मेदार है। बाँह के नीचे (बगल) तथा पेड़ू के नीचे के बाल, जो यौवनावस्था में ही आना प्रारंभ होते हैं, अधिवृक्क ग्रंथि द्वारा हारमोन के तनिक स्राव से प्रभावित होते हैं।

बालों का प्रकार, उनकी संख्या, रंग इत्यादि विभिन्न प्रजातियों में भिन्न-भिन्न होता है। वर्णिक प्रजातियों कॉकेशस और भारतीय मूल के लोगों में लगभग काले बाल पाए जाते हैं। यूरोपियन ब्लांड होते हैं, जबकि स्कॉटिशों में लाल बाल मिलते हैं। इसी प्रकार मंगोलकल्प में सीधे कॉकेशस और भारतीय उपमहाद्वीप में कुछ मुड़े हुए बाल पाए जाते हैं, जबकि हब्शियों के बाल पूरे मुड़े हुए तथा घुँघराले होते हैं।

77. आप अपना सही वजन कैसे लेंगे?

जैसा कि विदित है तौलनेवाली मशीन पर सीधा खड़ा होने पर ही आपका सही भार ज्ञात हो जाता है, इसीलिए यदि मशीन पर खड़े होकर आप अपने हाथ की मांसपेशियों को तानें तो भार बढ़ जाएगा ।

जब आप आगे की ओर झुकते हैं तब वे मांसपेशियाँ, जो आपको झुकने में मदद देती हैं, आपके शरीर के निचले भाग को ऊपर की ओर खींचती हैं। इसके फलस्वरूप आपका शरीर तौलनेवाली मशीन पर कम दबाव डालता है और मशीन कम वजन दरशाती है, अत: अपने शरीर का सही वजन ज्ञात करने हेतु तौलनेवाली मशीन पर सीधा ही खड़ा होना चाहिए (चित्र-67)।

चित्र-67 : शरीर का वजन लेनेवाली मशीन

78. कौन कितना तेज चल सकता है?

सामान्य व्यक्ति एक सेकंड में लगभग 1.5 मीटर चलता है, किंतु तेज धावक लगभग 7 मीटर प्रति सेकंड की गति से दौड़ता है। मार्च करते हुए सैनिकों की चाल 2 मीटर प्रति सेकंड होती है।

अब आप जरा घोंघा की चाल देखिए। वह एक सेकंड में 1.5 मिमी., यानी एक घंटे में केवल 5.4 मीटर चलता है—मनुष्य की चाल से 1000 गुनी कम चाल से। कछुआ भी मंदगामी जंतु है और प्रति घंटे वह 70 मीटर चलता है (चित्र-68)।

चित्र-68 : कौन कितना तेज चल सकता है

मक्खी आदमी की चाल से तेज उड़ती है—प्रति सेकंड 5 मीटर की गति से। शिकारी कुत्ते का पीछा तेज घोड़े पर सवार होकर भी नहीं किया जा सकता है। चील का पीछा हवाई जहाज पर चढ़कर ही किया जा सकता है। आजकल सुपरसॉनिक जेट जहाज बहुत तेज गति (2000 किमी प्रति घंटा) से उड़ते हैं।

79. हम पानी कैसे पीते हैं?

आप कहेंगे कि जल को मुँह के पास लाकर उसे हम सुरक लेते हैं और जल भीतर चला जाता है। वस्तुतः जब हम जल पीते हैं (चित्र-69) तो हमारी छाती फैलती है, जिससे हमारे मुँह के भीतर की वायु विरल हो जाती है (मुँह के अंदर दाब घट जाता है) और बाहरी वायु का दाब जल को ठेलकर उस स्थान पर जाने को बाध्य करता है, जहाँ दाब कम होता है। इस तरह जल मुँह के भीतर चला जाता है।

चित्र-69 : हम पानी कैसे पीते हैं?

80. वह कौन-सा सागर है, जिसमें मनुष्य कभी नहीं डूबता?

वैसे तो सागर में तैरने का साहस भी कोई नहीं करता है, परंतु फिलिस्तीन में एक झील है, जिसका नाम 'मृत सागर' है। इसका पानी अत्यधिक खारा है। जहाँ सामान्य समुद्रों में लवणों की मात्रा 4 प्रतिशत से कम होती है, वहीं इसी सागर में 24 प्रतिशत या इससे अधिक लवण है और लवण की यह मात्रा भी गहराई के साथ बढ़ती जाती है। अनुमान है कि इस सागर में लगभग 400 लाख टन लवण होंगे।

अत्यधिक लवणता के कारण इस समुद्र का जल सामान्य समुद्री जल से अधिक भारी है, उसका आपेक्षिक घनत्व लगभग 1.2 है, अतः यदि कोई व्यक्ति इसमें गिर पड़े तो वह डूबता नहीं, तैरता रहता है, क्योंकि उसका शरीर उसके (शरीर के) द्वारा हटाए जानेवाले जल के भार से हलका होता है।

हमारे शरीर द्वारा हटाए गए समुद्री जल का भार हमारे भार से अधिक होगा, अतः उत्प्लावन नियम के अनुसार, हम मृत सागर में कभी भी डूब नहीं सकेंगे, वरन् चाहें तो

हम लेटे-लेटे पुस्तक भी पढ़ सकते हैं। विभिन्न समुद्रों में यात्रा कर रहे जलयानों में लगे चिह्न यह बताते हैं कि सब समुद्रों के पानी का घनत्व एक-सा नहीं होता है।

81. आरामदेह कुरसी पर आराम क्यों?

चित्र-70 : आरामदेह कुरसी

जब कोई व्यक्ति किसी सामान्य (खड़ी) कुरसी या मूढ़े पर बैठता है तो उसका निचला भाग (सीट) ही शरीर के संपर्क में रहता है। इस तरह पूरे शरीर का भार थोड़े से क्षेत्र पर पड़ता है, इससे कुरसी पर शरीर का प्रति इकाई दाब अधिक होता है, अतः व्यक्ति को आराम नहीं मिल पाता है। जब वही व्यक्ति आरामकुरसी पर बैठता है (चित्र-70) तब उसका पूरा शरीर कुरसी के संपर्क में रहता है, इससे पूरे शरीर का भार पूरी कुरसी पर बँट जाता है। इस स्थिति में शरीर का प्रति इकाई दाब बहुत कम होता है और कुरसी आरामदेह लगती है।

82. शुष्क बर्फ क्या है?

जब शुद्ध कार्बन डाइऑक्साइड गैस को 60 वायुमंडल दाब पर संपीडित किया जाता है तो वह द्रव में बदल जाती है। द्रव कार्बन डाइऑक्साइड को मोटी दीवारवाले सिलिंडरों में भरकर रखा जाता है। यह द्रव बहुत ठंडा होता है। अनेक स्थानों पर ठोस कार्बन डाइऑक्साइड की भी जरूरत पड़ती है। ठोस कार्बन डाइऑक्साइड बनाने के लिए द्रव (कार्बन डाइऑक्साइड) पर पड़नेवाले दाब को एकाएक कम कर दिया जाता

है। इससे कुछ द्रव गैस में परिवर्तित होने लगता है पर वह ऊष्मा स्वयं से ही प्राप्त करता है, जिससे ताप काफी नीचे गिर जाता है और बाकी द्रव ठोस में बदल जाता है। ठोस कार्बन डाइऑक्साइड ही 'शुष्क बर्फ' कहलाती है। यह बर्फ सामान्य बर्फ से भारी होती है। यद्यपि इसका ताप शून्य से 780 नीचे होता है, किंतु ठंडी नहीं लगती है।

यह 'शुष्क' इसीलिए कहलाती है, क्योंकि यह जिस वस्तु के संपर्क में आती है, उसे गीला नहीं करती है। गरम करने पर यह द्रव बने बिना गैस में परिवर्तित हो जाती है। इस शुष्क बर्फ का उपयोग जीवाणुओं की वृद्धि रोकने के लिए किया जाता है तथा इससे पेट्रोल में लगी आग भी बुझाई जाती है।

83. सूर्य एवं तारे क्यों चमकते हैं?

खगोलशास्त्रियों के अनुसार सूर्य भी एक तारा है, जो पृथ्वी से निकटतम दूरी पर है। सूर्य की ऊष्मा प्राणियों के लिए जीवनाधार है—सूर्य के प्रकाश के बिना न तो पौधे होते, न ही पशु या मनुष्य।

पृथ्वी से सूर्य की दूरी लगभग 1500 लाख कि.मी. है और सूर्य का आयतन (स्थूल रूप) पृथ्वी से 13,00,000 गुना बड़ा है। किंतु वह पृथ्वी की भाँति ठोस पिंड नहीं है। सूर्य की बाह्य सतह का ताप लगभग 6000^0 सें. है, इस ताप पर कोई भी धातु या चट्टान गैस में परिणत हो जाती है, इसीलिए सूर्य जलती हुई गैस का गोला है।

चित्र-71 : सूर्य का चमकना

सूर्य विगत अरबों वर्षों से दहक रहा है और कोई भी वस्तु इतने काल तक जलती नहीं रह सकती है, इसीलिए वैज्ञानिकों का कहना है कि सूर्य में परमाणु विखंडन जैसी अभिक्रियाएँ घटित होती हैं और उन्हीं के कारण ऊष्मा उत्सर्जित होती है। इस तरह सूर्य द्रव्य को ऊर्जा में परिणत करता रहता है। इसमें थोड़े से द्रव्य से प्रचुर मात्रा में ऊर्जा उत्पन्न होती है, इसलिए सूर्य के द्रव्यमान के 1 प्रतिशत से 150×10^9 वर्षों तक सूर्य गरम रह सकता है। इस कारण सूर्य चमकता रहता है (चित्र-71), क्योंकि यह द्रव्य को ऊर्जा में परिणत करता रहता है।

चित्र-72 : तारों का टिमटिमाना

तारे अत्यंत गरम गैसों के गोले हैं, जो अपने ही प्रकाश से चमकते हैं (चित्र-72), परंतु ग्रह तारों से प्राप्त होनेवाले प्रकाश को परावर्तित करते हैं। तारों से आनेवाला प्रकाश टिमटिमाता है, जबकि ग्रहों का प्रकाश स्थिर होता है। तारों का टिमटिमाना तारों तथा पृथ्वी के बीच वायुमंडल में उपस्थित विभिन्न वस्तुओं के कारण होता है। अस्थिर वायु तारों से आनेवाले प्रकाश को मोड़ देती है, जिससे तारे टिमटिमाते हुए प्रतीत होते हैं।

84. कैसे पहचानते हैं हम परिचितों की आवाज?

गुणता की दृष्टि से हर व्यक्ति की आवाज विशिष्ट होती है। गुणता में किन्हीं भी दो व्यक्तियों की आवाजें एक समान होना प्रायः असंभव है। संयोगवश ही हो सकता है कि वे एक-सी हों। ध्वनि की गुणता के ही आधार पर विभिन्न व्यक्तियों को पहचाना जाता है (चित्र-73)।

चित्र-73 : परिचितों की आवाज पहचानना

ध्वनि की यह गुणता बड़ी जटिल है। सुर (आवृत्ति) समान होने पर भी लय समान नहीं होती है। संनादियों की उपस्थिति से ही ध्वनि में गुणता उत्पन्न होती है। इस गुणता के कारण हम विभिन्न व्यक्तियों या यंत्रों की आवाजों में अंतर कर सकते हैं।

85. क्या होते हैं पुच्छल तारे?

पुच्छल तारे को अंग्रेजी मे 'कॉमेट' (Comet) कहते हैं, जो ग्रीक शब्द है, जिसका अर्थ है 'लंबे बाल'। हमारे प्राचीन ग्रंथों में इसका नाम धूमकेतु भी मिलता है।

पुच्छल तारे (चित्र-74) सौरमंडल के महत्त्वपूर्ण अंग हैं। जब ये आसमान में चलते हैं तो लंबी पूँछ के समान दिखते हैं, इसलिए 'पुच्छल तारा' कहलाते हैं। इनके दो भाग होते हैं—अगला हिस्सा 'नासिका' कहलाता है, जो काफी चमकीला होता है। हर पुच्छल तारे में दो पूँछें होती है पर पृथ्वी से ऐसा लगता है कि एक ही पूँछ है।

चित्र-74 : पुच्छल तारा

सारे पुच्छल तारे सूर्य का चक्कर लगाते हैं पर प्रत्येक तारे का सूर्य का चक्कर लगाने का समय भिन्न होता है। कुछ पुच्छल तारे दो सौ वर्ष या उससे कम में एक चक्कर लगा लेते हैं तो कुछ को दो सौ मिलियन वर्ष लग जाते हैं।

ये सूर्य से काफी दूरी पर रहते हैं, परंतु जब कोई तारा इन पर गुरुत्व बल लगाता है तो ये सूर्य के निकट आ जाते हैं।

अरस्तू के समय ही अपोलोनियस तथा मिंडस ने स्पष्ट किया कि पुच्छल तारे न तो करिश्मे हैं, न अग्निज्वालाएँ, प्रत्युत ये खगोलीय पिंड हैं, जो निश्चित कक्षाओं में घूमते हैं। इसी प्रकार बेड़े (673–735), थॉमस एक्विनास (1225–1274) तथा रोजर बेकर (1214–1294) ने पुच्छल तारों के विषय गहन पर शोध-कार्य किया। सर्वप्रथम पामोलोटोस्कैनेली (1379–1482) ने 'हेली' पुच्छल तारा देखा था।

86. मंदाकिनी क्या हैं?

लाखों-करोड़ों तारों तथा गैस और धूल के विशाल समूह को, जो गुरुत्वाकर्षण शक्ति द्वारा अंतरिक्ष में एक साथ बँधे हैं, मंदाकिनी (Galaxy) कहा जाता है। उदाहरणार्थ, आकाशगंगा (Milky Way) वह मंदाकिनी है, जिसमें हमारा सूर्य तथा हमारे आकाश के सारे दृश्य सम्मिलित हैं।

चित्र-75: मंदाकिनी

संपूर्ण आकाश गंगा में एक सौ बिलियन तारे हैं और ये तारे अंतरिक्ष में एक-दूसरे से बहुत दूर हैं, यथा—लगभग पाँच प्रकाशवर्ष (30 ट्रिलियन मील) दूर हैं।

हमारा सूर्य विशाल आकाशगंगा के भीतर स्थित है, इसलिए हम इस आकाशगंगा का चित्र बाहर से नहीं ले सकते हैं। इस कारण दूरस्थ मंदाकिनियों का चित्र लेते हैं और उसी से उसके स्वरूप का पता लगाते हैं।

अनुमान है कि ब्रह्मांड में 100 बिलियन मंदाकिनियाँ हैं, जिनमें से हर मंदाकिनी में 100 बिलियन से अधिक तारे हैं। मंदाकिनियाँ भी कई प्रकार की होती है, यथा—अंडाकार, सर्पिल और टेढ़ी-मेढ़ी। ऐंड्रोमा (M-31, NGC-224) सबसे निकटवर्ती मंदाकिनी है। मंदाकिनी में सूर्य की स्थिति को चित्र-75 में दरशाया गया है।

87. अग्निशिखाएँ क्या होती हैं?

सूर्य के भीतरी आवरण से चिनगारियाँ जैसी फूटती दिखती हैं, जिन्हें 'अग्निशिखाएँ' या Solar Flares कहते हैं। ये हजारों मील लंबी तथा चौड़ी होती हैं। इनमें से कुछ स्थिर होती हैं तो कुछ नटखट बालका की तरह उछलती-कूदती हैं। 4 जून, 1946 को 30 मिनट के भीतर 2 लाख 50 हजार मील तक लंबी होती शिखा देखी गई। एक

अग्निशिखा से इतनी ऊर्जा प्रकट होती है जितना कि सारा विश्व एक लाख वर्ष में उपयोग करता है।

88. रॉकेट कैसे चलता है?

चित्र–76 : रॉकेट

ज्वलन (Combustion) के लिए ईंधन तथा ऑक्सीकारक (Oxidiser) दोनों चाहिए। ईंधन तथा ऑक्सीकारक से युक्त आदर्श ईंधन प्रणोदक (Propellent) कहलाता है।

रॉकेट एक 'प्रतिक्रिया यंत्र' (Reaction engine) है। यह ईंधन के ज्वलन हेतु वायु पर निर्भर नहीं करता। इसमें ईंधन तथा ऑक्सीकारक, दोनों भरे रहते हैं। रॉकेट के उड़ान पथ को 'प्रक्षेप पथ' (Trajectory) कहते हैं। यदि यह उड़ान बंद परिपथ (Closed Circuit) बनाए तो उसे 'कक्ष' या 'परिक्रमा पथ' कहते हैं। एक बार उड़ान कक्ष में पहुँचने के बाद एक उपग्रह अपनी जड़ता (Inertia) से स्वयं आगे बढ़ता है, यानी उड़ते रहने के कारण वह उड़ता रहेगा।

किसी भी प्रक्षेप्य (Projectile) को अपनी कक्षा पूरी करने में जितना समय लगता है, उसे 'परिक्रमा अवधि' (Orbital Period) कहते हैं। किसी भी वस्तु को अपनी कक्षा का एक चक्कर लगाने में जो समय लगता है, वह उसकी ऊँचाई पर निर्भर करता है।

यदि किसी उपग्रह को पृथ्वी से 35,809 कि.मी. की ऊँचाई पर गोलाकार कक्षा में स्थापित करें और उसकी गति 3076 कि.मी. प्रति सेकंड हो तो वह तेईस घंटे छप्पन मिनट चार सेकंड में पृथ्वी का चक्कर लगा लेगा और यह पृथ्वी की परिक्रमा का समय है, अत: जो उपग्रह इस प्रकार छोड़ा जाएगा, वह पृथ्वी पर खड़े दर्शक को स्थिर लगेगा, क्योंकि पृथ्वी तथा उपग्रह, दोनों एक ही गति से चल रहे होते हैं। इस प्रकार रॉकेट चलता है (चित्र–76)।

89. जानिए स्पेस शटल को

अमरीकी अंतरिक्ष परिवहन स्पेस शटल अनेक विचित्रताओं और कुतूहलपूर्ण बातों से भरी हुई है। यह विश्व का पहला पुनः प्रयोज्यीय यान है तथा विश्व की अब तक निर्मित सबसे जटिल मशीन है। इसमें 25 लाख अवयव हैं और इसके अंदर वायरिंग के लिए 230 मील लंबे तारों का प्रयोग हुआ है। इसमें 1,060 वॉल्वों तथा 1,440 सर्किट ब्रेकरों का प्रयोग हुआ है। इसकी अंतरिक्ष यात्रा कुल 8 मि. 30 से. की होती है (चित्र-77)। स्पेस शटल की अब तक 113 उड़ानें संपन्न हो चुकी हैं। स्पेस शटल के मुख्य चार भाग होते हैं, यथा—ऑर्बिटर, मुख्य इंजन—जिनकी संख्या तीन होती है, बाह्य टैक और दो ठोस रॉकेट बूस्टर।

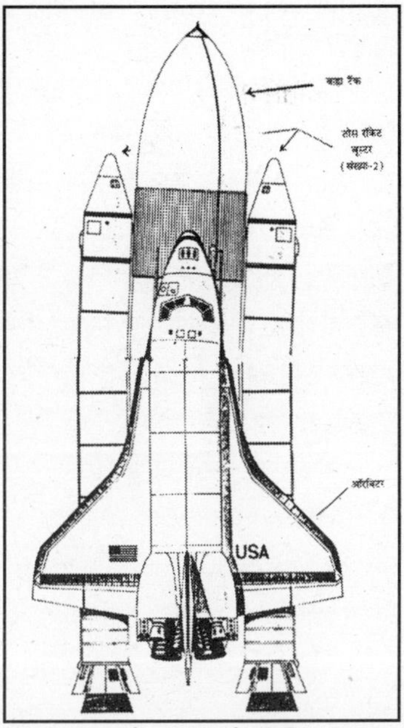

चित्र-77 : स्पेस शटल के विभिन्न अवयव

चित्र-78: स्पेस शटल का अंतरिक्ष में प्रमोचन

ऑर्बिटर में अंतरिक्ष यात्रियों के लिए दाबयुक्त केबिन होता है, जिसमें एक साथ 7 अंतरिक्ष यात्री रह सकते हैं, एक विशाल कार्गो 'ब' होती है, जिसमें अनेक प्रकार के अंतरिक्ष अन्वेषण के कार्य किए जाते हैं। भारत का एक घरेलू उपग्रह इनसेट-1 ए स्पेस शटल के द्वारा अंतरिक्ष में गया है (चित्र-78)।

90. अंतरिक्ष यात्रियों के वस्त्र, हस्तधावन और शौचालय की विचित्र व्यवस्था कैसी होती है?

अंतरिक्ष में जाने हेतु अंतरिक्ष यात्री जिन वस्त्रों का प्रयोग करते हैं, उन्हें 'स्पेस सूट' कहते हैं। ये वस्त्र अग्नि अवरोधी पदार्थों से बनाए जाते हैं। वर्तमान स्पेस सूट/ई.एम.यू. 12 परतों से बनाए जाते हैं तथा प्रत्येक परत का एक प्रमुख उद्देश्य होता है। अंदर की तरफ से देखने पर प्रथम दो परतें द्रव शीतलित अंडर गारमेंट की होती हैं तथा ये स्पैंडेक्स फैब्रिक (प्लास्टिक ट्यूबिंग के साथ) के साथ बनाई जाती हैं। अगली परत दाब ब्लैडर परत होती है, जो यूरीथीन आवरण नॉयलोन से बनाई जाती है तथा इसके चारों ओर दाब अवरोधी डैक्रॉन की परत होती है। अगली 7 परतें तापीय और सूक्ष्म उल्का पिंडों से बचाव के लिए होती हैं।

स्पेस सूट को पहनने में लगभग 45 मिनट लगते हैं। अंतरिक्ष यात्री पहले अपना विशिष्ट अंडरवियर, द्रव शीतलित अंडर गारमेंट अपर टोर्सो, बैकअप अवयव, पैंट और बूट, भुजा कवर और दस्ताने तथा हैलमेट पहनते हैं। उसके बाद आवश्यक टूल्स और अंतरिक्ष यात्री उपकरण स्पेस सूट से संलग्न किए जाते हैं।

अंतरिक्ष में शरीर के त्याज्य पदार्थों को हटाने की प्रक्रिया पृथ्वी की प्रक्रिया से बहुत मिलती-जुलती है, अंतर केवल इतना है कि अंतरिक्ष शौचालय में आंशिक निर्वात रखा जाता है, जिससे शोषक बल से गुरुत्व को हटाया जा सके। इस प्रकार थोड़े से निर्वात और समुचित तरीके से महिला और पुरुष अंतरिक्ष यात्री आसानी से अंतरिक्ष में मूत्र त्याग कर सकते हैं। अंतरिक्ष का निर्वात मूत्र को एक कलेक्टर बैग में इकट्ठा कर देता है। मल-विसर्जन आंशिक निर्वात और अच्छी सीट पर निर्भर करता है तथा इसके द्वारा शरीर द्वारा त्याज्य पदार्थों को एक पात्र में इकट्ठा किया जाता है।

अंतरिक्ष यात्रा में यात्री को कुछ व्यायाम भी मुख्य रूप से कार्डियोवेस्कुलर फिटनेस हेतु करना पड़ता है।

91. जानिए ग्रह और उपग्रहों के बारे में

किसी निश्चित पथ पर गति करते हुए किसी स्थिर तारे की परिक्रमा करनेवाला आकाशीय पिंड 'ग्रह' कहलाता है। सूर्य के चारों ओर पृथ्वी जैसी कई पृथ्वियाँ घूम रही हैं। इन सभी को ग्रह की संज्ञा दी गई है तथा इनकी संख्या नौ है।

वस्तुतः 'उपग्रह' शब्द का प्रादुर्भाव फ्रांसीसी भाषा से हुआ है, जिसका अर्थ गार्ड या सेवक होता है। वास्तव में उपग्रह एक पिंड होता है, जो किसी विशाल पिंड के चारों

ओर एक कक्षा में चक्कर लगाता है। सौर तंत्र के सभी पिंड (जिनमें पृथ्वी भी शामिल है) सूर्य के उपग्रह होते हैं अथवा वे उन पिंडों के उपग्रह होते हैं, जैसे चंद्रमा पृथ्वी का उपग्रह है, अर्थात् किसी ग्रह की परिक्रमा करनेवाले छोटे से पिंड को 'उपग्रह' कहते हैं।

जैसा कि विदित ही है, चंद्रमा पृथ्वी का उपग्रह है, जो पृथ्वी की परिक्रमा करता है। इसी तरह वैज्ञानिकों ने भी अपने बुद्धि-बल एवं तकनीकी विकास के आधार पर अनेक कृत्रिम उपग्रहों का निर्माण किया है, जो ग्रहों, विशेषकर पृथ्वी की परिक्रमा करते हैं। अंतरिक्ष में इन कृत्रिम उपग्रहों को विशाल रॉकेटों के माध्यम से पहुँचाया जाता है, जो अंतरिक्ष में निश्चित कक्षा में स्थापित होने के बाद पृथ्वी की परिक्रमा करने लगते हैं। इनका संचालन वैज्ञानिक पृथ्वी से ही करते हैं। इन उपग्रहों की कई क्षेत्रों में उपादेयता है।

भारत में अंतरिक्ष अनुसंधान विषयक कार्यकलापों का आरंभ सन् 1961 में हुआ तथा भारतीय अंतरिक्ष कार्यक्रम को गति देने का पूरा श्रेय स्व. डॉ. विक्रम अंबालाल साराभाई को जाता है, जिनके अथक प्रयासों से भारत ने अंतरिक्ष के क्षेत्र में उत्तरोत्तर प्रगति की है। प्रथम भारतीय अंतरिक्ष यात्री का श्रेय स्क्वाड्रन लीडर राकेश शर्मा तथा प्रथम भारतीय महिला अंतरिक्ष यात्री का श्रेय डॉ. कल्पना चावला को है।

कृत्रिम उपग्रह सात प्रकार के होते हैं, यथा—संचार उपग्रह, वैज्ञानिक उपग्रह, मौसमी उपग्रह, मेरीसैट उपग्रह, दूरसंवेदी उपग्रह, भू-प्रक्षेपण उपग्रह तथा भू-स्थिर उपग्रह। उपग्रह संचार प्रणाली की कई क्षेत्रों में उपादेयता है।

92. स्पेस वॉक से क्या तात्पर्य होता है?

मुक्त अंतरिक्ष में (जिसका पर्यावरण मानव के लिए पूर्ण आक्रामक और खतरनाक है) अंतरिक्ष यान से बाहर निकलकर अनेक प्रकार के कार्य करने को 'स्पेस वॉक' अथवा 'अंतरिक्ष विचरण' या 'एक्स्ट्रावेहिकुलर ऐक्टिविटी' कहते हैं (चित्र-79 एवं चित्र-80)।

चित्र-79 : अंतरिक्ष में स्पेस वॉक करते अंतरिक्ष यात्री

स्पेस वॉक की आवश्यकता कई कार्यों के लिए पड़ती है, यथा—अंतरिक्ष में उपग्रहों की मरम्मत, अंतरिक्ष में अंतरिक्ष स्टेशनों की मरम्मत के लिए, भावी अंतरिक्ष बस्तियों के निर्माण के लिए तथा अंतरिक्ष में खराब हो गए उपग्रहों को पृथ्वी पर वापस लाने के लिए।

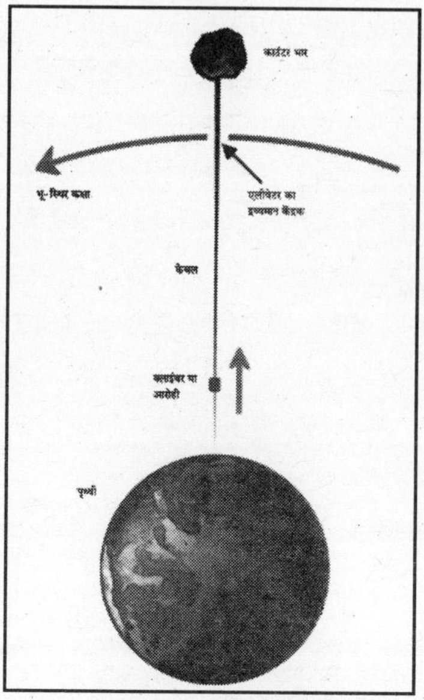

चित्र-80 : स्पेश एलीवेटर

अंतरिक्ष में स्पेस वॉक करनेवाला प्रथम व्यक्ति एलेक्सी ल्योनोव तत्कालीन सोवियत संघ के थे तथा स्वेतलाना सैवित्स्वया स्पेस वॉक करनेवाली विश्व की प्रथम महिला थी। अमरीकी अंतरिक्ष यात्री वॉस जेम्स शेल्टन (पुरुष) और सुसान हेल्म्स (महिला) को विश्व की दो महान् हस्तियाँ गिना जाता है, जिन्होंने 11 मार्च, 2001 को विश्व की सबसे लंबी स्पेस वॉक की, जो 8 घंटे 56 मिनट की थी।

93. सागर और महासागर को जानिए

वस्तुतः सागर खारे पानी के विशाल भंडार होते हैं तथा सागर से बड़ी फैली विशाल जलराशि को महासागर कहते हैं। 'महा' शब्द विषालता का सूचक होता है, अतः महासागर (Ocean) विशाल सागरों के लिए प्रयुक्त होता है। पूरे विश्व के समुद्र का उसकी भौगोलिक स्थिति के आधार पर निम्न प्रकार से विभाजन किया गया है (चित्र-81)।

प्रशांत महासागर (Indian Ocean)
अंध महासागर (Atlantic Ocean)
हिंद महासागर (Indian Ocean)

दक्षिण ध्रुवीय महासागर (Southern Ocean/Antarctic Ocean)
उत्तर ध्रुवीय महासागर (Arctic Ocean)

पुनः अंध महासागर को उसकी भौगोलिक स्थिति के आधार पर (i) उत्तरी अंध महासागर व (ii) दक्षिणी अंध महासागर में बाँटा गया है। इसी प्रकार प्रशांत महासागर को भी दो भागों—(i) उत्तरी प्रशांत महासागर एवं (ii) दक्षिणी प्रशांत महासागर में विभाजित किया गया है।

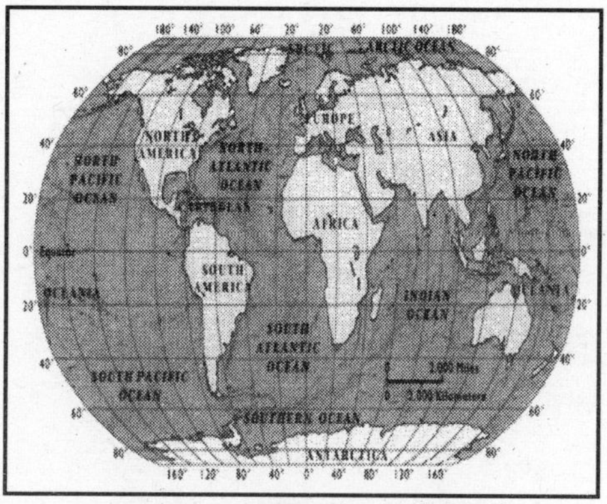

चित्र-81 : विभिन्न प्रकार के समुद्र

इस प्रकार विश्व के संपूर्ण समुद्र को सात भागों में विभाजित किया गया, जिसे लोग सात समुद्र ('विष्णु पुराण' के अनुसार—लवण, इक्षु, मदिरा, घृत, दधि, दुग्ध तथा मीठे जल के समुद्र) के नाम से जानते हैं, परंतु जब से भारत अंटार्कटिका अभियान 1981 में शामिल हुआ एवं 1989-90 में अंटार्कटिका के ऊपर गहन अध्ययन कर वहाँ स्थायी स्टेशन गंगोत्तरी स्थापित किया, भले ही अंटार्कटिका दक्षिण ध्रुवीय समुद्र का भाग है, अब समुद्र के आठवें भाग अथवा अंटार्कटिका समुद्र (Antarctic Ocean) के नाम से जाना जाता है, इसलिए अब लोग सात समुद्र की जगह आठ समुद्र की बात करते हैं।

जब समुद्र का पानी जमीन के ऊपरी भाग की तरफ सँकरे जलमार्ग से चढ़ता है, उसे खाड़ी (Creek) के नाम से जाना जाता है। जहाँ नदियाँ समुद्र में मिलती हैं, उन्हें ज्वारनद संगम या एश्च्युरी (Estuary) के नाम से जानते हैं। एश्च्युरी में नदियों के मीठे पानी का प्रभाव होने से इनमें समुद्र की अपेक्षा नमक की मात्रा कम होती है।

क्षेत्रफल की दृष्टि से प्रशांत माहासागर सबसे बड़ा है, जिसका क्षेत्रफल 1,65,250,000 वर्ग किमी. है। हिंद महासागर पृथ्वी के सभी महासागरों में तीसरा स्थान रखता है, जिसका क्षेत्रफल 73,560,000 वर्ग किमी. है।

भारत की आर्थिक व्यवस्था में समुद्रों का महत्त्वपूर्ण योगदान है। लगभग 7500 कि.मी. लंबी तटरेखा तथा 200 समुद्री मील का 21 लाख वर्ग कि.मी. का अनन्य आर्थिक क्षेत्र सजीव व निर्जीव संपदा का स्रोत है, जिस पर देश की 25 प्रतिशत जनसंख्या निर्भर है। एक आकलन के अनुसार विश्व की कुल खाद्य एवं ऑक्सीजन की खपत का लगभग 20 प्रतिशत हिस्सा समुद्र से ही प्राप्त होता है।

वर्तमान सदी के सूचना, जैव एवं नैनो प्रौद्योगिकी के युग में विश्व का प्रत्येक देश सागर से संबंधित अधिकाधिक जानकारी प्राप्त करने की होड़ में लगा हुआ है। हमारा भारत देश भी उन अग्रगण्य देशों में से है, जिसने सागर के अन्वेषण, विदोहन के पश्चात् बहुत से ऐसे रहस्यों को उजागर किया है, जो कल्पना से परे है। समुद्र विषयक समस्त अध्ययन की जानकारी भारत सरकार के पृथ्वी विज्ञान मंत्रालय द्वारा प्राप्त की जा सकती है।

94. क्या होते हैं लेजर?

वस्तुतः 'लेजर' शब्द की उत्पत्ति अंग्रेजी भाषा के उस क्रिया के प्रथम अक्षरों को लेकर हुई है, जिससे ये किरणें उत्पन्न होती हैं। लेजर क्रिया का पूरा नाम है—लाइट एंप्लीफिकेशन बाई स्टिम्युलेटेड एमीशन ऑफ रेडिएशन। इस क्रिया में लाइट का L, एंप्लीफिकेशन का A, स्टिम्युलेटेड का S, एमीशन का E और रेडिएशन का R मिलाकर LASER शब्द की उत्पत्ति हुई है। इसका शाब्दिक अर्थ है—'विकिरण से प्रेरित उत्सर्जन से प्रकाश का प्रवर्धन'।

लेजर किरणें हैं तो एक प्रकार की प्रकाश की किरणें ही, परंतु ये साधारण प्रकाश से भिन्न होती हैं। सभी लेजर किरणें एक प्रकार की विद्युत् चुंबकीय तरंगें होती हैं और उनमें विद्युत् चुंबकीय तरंगों के गुण होते हैं।

विगत 50 वर्षों से अधिक अवधि के अनुसंधान एवं विकास कार्यक्रमों के फलस्वरूप आज विश्व में अनेक प्रकार के ऐसे पदार्थ विकसित कर लिये गए हैं, जो लेजर किरण उत्पन्न करने में सक्षम हैं।

लेजर के अनुप्रयोगों की दृष्टि से इन्हें निम्नांकित नौ वर्गों में वर्गीकृत किया गया है—

(i) ठोस अवस्था लेजर
(ii) गैस लेजर
(iii) अर्धचालक लेजर
(iv) डाई लेजर
(v) रासायनिक लेजर
(vi) गैस डायनामिक लेजर
(vii) मुक्त इलेक्ट्रॉन लेजर
(viii) एक्स किरण लेजर तथा
(ix) अन्य लेजर

इन मुख्य वर्गों के प्रत्येक वर्ग में भी कई प्रकार के लेजर होते हैं।

95. लेजर के चामत्कारिक उपयोग क्या हैं?

लेजर को इस शताब्दी के महत्त्वपूर्ण आविष्कारों में से निश्चय ही एक माना जा सकता है। लेजर के आविष्कार ने विगत दशकों में विज्ञान तथा प्रौद्योगिकी के हर क्षेत्र में अपनी अमिट छाप छोड़ी है। लेजर के उपयोग से चिकित्सा, रक्षा, मुद्रण, उद्योग, रसायन विज्ञान, फोटोग्राफी, संचार आदि अनेकानेक क्षेत्रों में क्रांति आई है (चित्र-82) तो आइए, कुछ मुख्य क्षेत्रों में, संक्षिप्त में इन उपयोगिताओं को जानें।

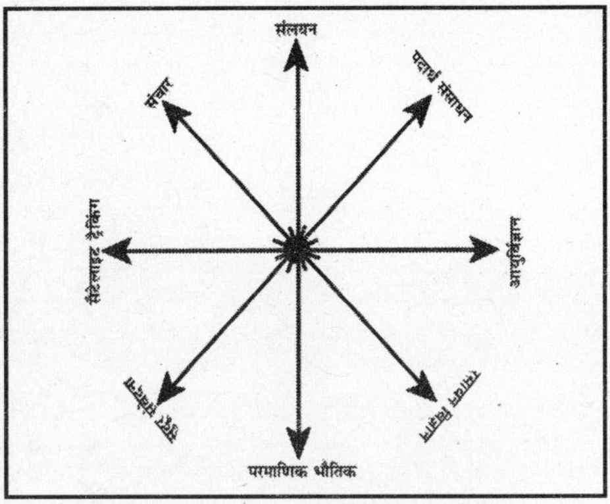

चित्र-82 : लेजर के चमत्कारिक उपयोग

1. चिकित्सा विज्ञान

(i)शल्य चिकित्सा के क्षेत्र में लेजर द्वारा बिना रक्तस्राव के शल्य चिकित्सा संभव। चिकित्सा जगत में सर्जरी में लेजर का उपयोग सर्वप्रथम नेत्र शल्य चिकित्सा में मोतियाबिंद, ग्लूकोमा तथा रेटिना विकार को दूर करने में किया गया।

(ii) कान-नाक-गले की सर्जरी में प्राय: कार्बन डाइऑक्साइड लेजर का प्रयोग, श्वास नलिका (ट्रैकिया) अवरोध में नियोडिमियम याग लेजर, कान की सर्जरी में आर्गन लेजर का प्रयोग अत्यंत सफलता के साथ किया जा रहा है।

चित्र-83 : डेंटल ड्रिल

(iii) दंत चिकित्सा में लेजर का प्रयोग दाँत के खड्डों (कैविटीज) की सफाई व उन्हें भरने, दाँत के क्षतिग्रस्त भाग को काटकर अलग करने, दाँतों को जोड़ने और चिपकानेवाले बॉडिंग मैटीरियल को जल्दी जमाने, दाँतों को चमकाने तथा रोगग्रस्त मसूड़ों को काटकर अलग करने (ज़िंजिवेक्टॉमी) में किया जाता है। दाँत के खड्डों (कैविटीज) की सफाई में लेजर को 'डेंटल ड्रिल'

(चित्र-83) के रूप में प्रयोग किया जाता है तथा दाँतों को चमकाने हेतु 'लेजर स्माइल' (चित्र-84) मशीन का प्रयोग किया जाता है।

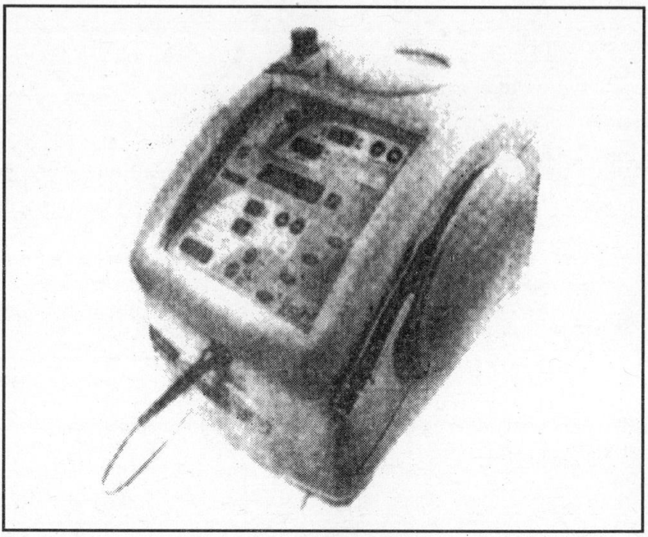

चित्र-84 : लेजर स्माइल

(iv) मूत्र रोगों की चिकित्सा में लेजर का प्रयोग मूत्राशय के प्रवेश द्वार की सिकुड़न, गुर्दों से निकलनेवाली मूत्र वाहिनियों की सिकुड़न, मूत्र वाहिनियों की पथरी, प्रोस्टेट ग्रंथि के ट्यूमर व कैंसर आदि के उपचार में किया जा रहा है। इसके लिए रूबी लेजर, नाइट्रोजन लेजर, डायोड लेजर का उपयोग किया जाता है। हाल ही में निर्मित होल्मियम-याग लेजर मूत्र तंत्र की पथरी के उपचार के लिए अब तक सबसे शक्तिशाली लेजर (चित्र-85) है।

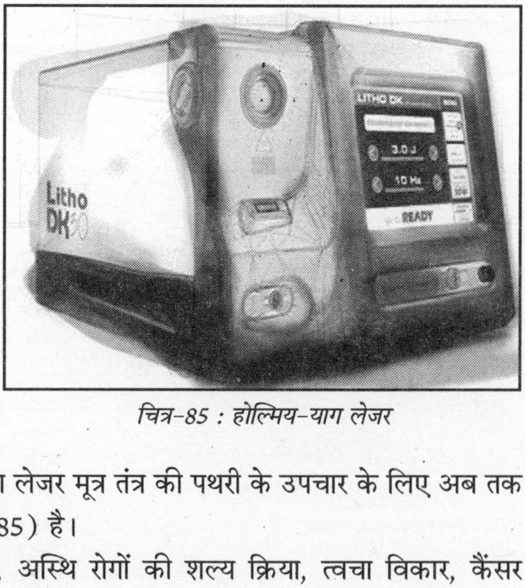

चित्र-85 : होल्मिय-याग लेजर

(v) स्त्री व प्रसूति रोगों, अस्थि रोगों की शल्य क्रिया, त्वचा विकार, कैंसर उपचार में भी लेजर का उपयोग कारगर सिद्ध हुआ है। लेजर एंडोस्कोप (चित्र-86)

एक ऐसा यंत्र है, जिसके द्वारा ईसोफेगस, आमाशय और ड्यूडिनियम की सूजन, अल्सर और कैंसर का पता अतिशीघ्र लगाया जा सकता है।

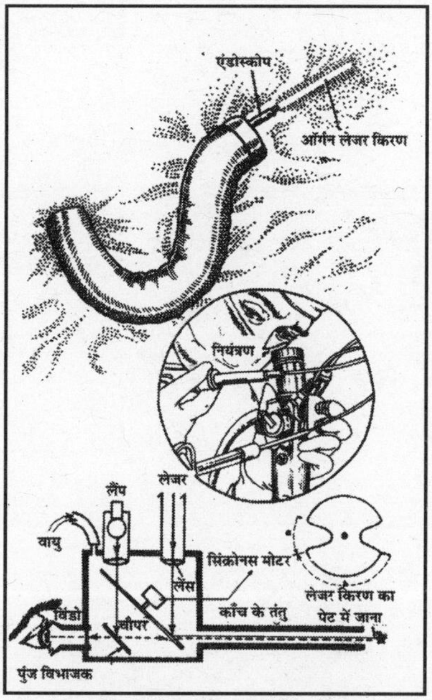

चित्र-86 : लेजर एंडोस्कोप

(vi) हृदय रोग के निदान में लेजर की उपादेयता धमनी कठोरता (आरटीरियोस्क्लेरोसिस) में एंजियोप्लास्टी के रूप में विशेषतः बैलून एंजियोप्लास्टी तकनीक एक वरदान सिद्ध हुई है (चित्र-87)।

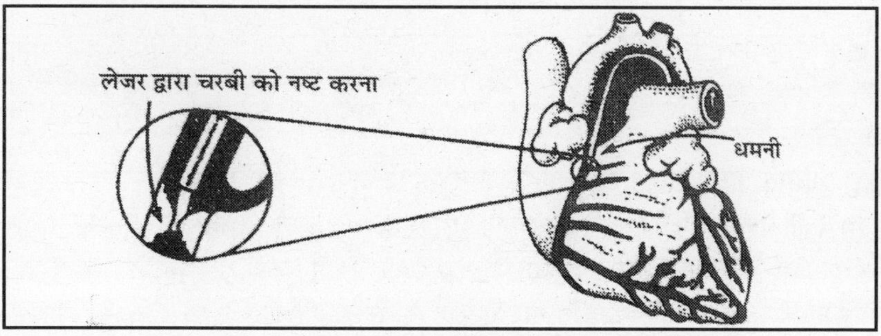

चित्र-87 : लेजर द्वारा धमनियों की रुकावट दूर करना

2. उद्योगों में लेजर

औद्योगिक क्षेत्र में भी लेजर किरणों ने अपनी अमिट छाप छोड़ी है। लेजर किरणों को लेंसों द्वारा केंद्रित करके धातुओं, काँच तथा सिरेमिकों में सूक्ष्म छेद करना संभव हो गया है। लेजर किरणों द्वारा धातुओं, कागज, कपड़ा, प्लाइवुड, ग्लास, एस्बेस्टस, सिरेमिक तथा चमड़ा आदि की कटाई करना संभव हो गया है (चित्र-88)। लेजर वेल्डिंग हवाईजहाजों तथा टरबाइनों के निर्माण में बहुत उपयोगी सिद्ध हुई है।

लेजर का मुद्रण कार्यों में, लेजर प्रिंटिंग (चित्र-89) के रूप में प्रयोग बहुत ही अच्छा वरदान सिद्ध हो रहा है।

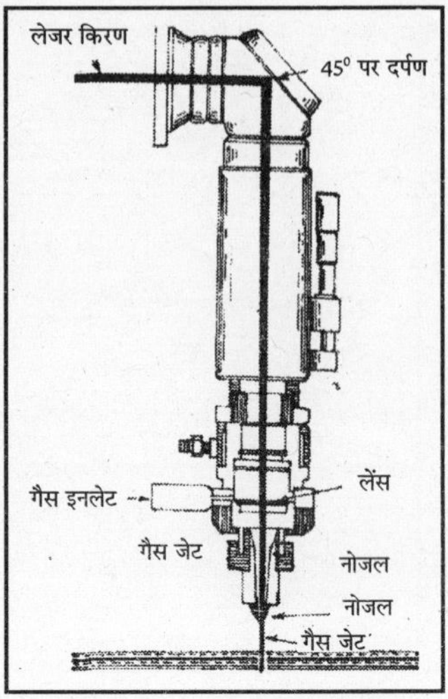

चित्र-88 : लेजर कटाई संयंत्र

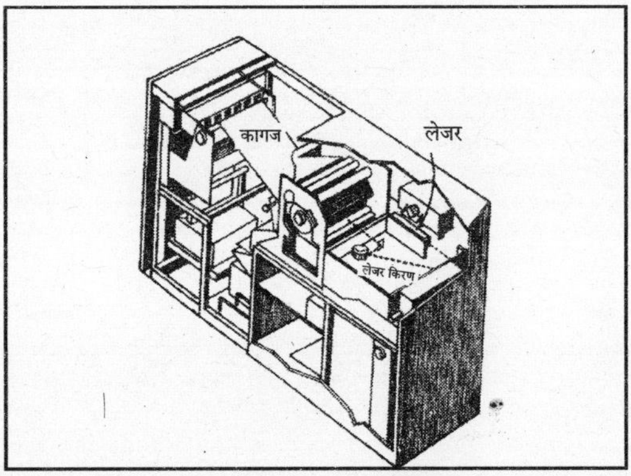

चित्र-89 : लेजर प्रिंटर

3. रक्षा क्षेत्र

विगत तीस वर्षों से विश्व के सभी देश रक्षा क्षेत्र में लेजर का प्रयोग शत्रु के टैंकों तथा रक्षा संस्थानों पर बमों व मिसाइल द्वारा आक्रमण करने (चित्र-90), लेजर राडार के रूप में, विस्फोट करने, जायरोस्कोप के रूप में, भू-अन्वीक्षण कार्य में तथा शत्रु सैनिकों की आँखों को चकाचौंध करने में भी किया जाता है।

चित्र-90 : धरती से प्रयोग होने वाला लेजर डेजिगनेटर

4. संचार प्रणाली में भी लेजर की उपयोगिता प्रतिपादित की गई है।

5. लेजर के अन्य विशिष्ट उपयोग निम्नांकित हैं—

(i) नेत्रहीनों को रास्ता दिखानेवाली लेजर छड़ी

वैज्ञानिकों ने डायोड लेजरों को प्रयोग में लाकर एक ऐसी छड़ी विकसित की है, जो नेत्रहीनों को रास्ता दिखाने में सहायता करती है (चित्र-91)। इसमें लेजरों से निकलनेवाली किरणें रास्ते की रुकावट से टकराकर परावर्तित हो जाती हैं। परावर्तित किरणें जब फोटोडिटेक्टरों पर पड़ती हैं तो छड़ी में लगी पिनें कंपन करने लगती हैं। इन पिनों के कंपन से नेत्रहीन व्यक्ति को पता लग जाता है कि आगे रास्ते में कोई रुकावट नहीं है।

चित्र-91 : नेत्रहीन व्यक्ति को रास्ता दिखानेवाली छड़ी

(ii) वायुयान को सुरक्षित उतारना

प्राय: उड़ान भरते समय या उतरते समय वायुयान दुर्घटनाग्रस्त होते हैं, अत: इस समस्या से निजात पाने हेतु रूस के वैज्ञानिकों ने एक ऐसी प्रणाली विकसित की है, जिसके द्वारा वायुयान बिना किसी दुर्घटना से हीलियम-नियॉन लेजरों की सहायता से सुरक्षित उतर सकते हैं (चित्र-92)।

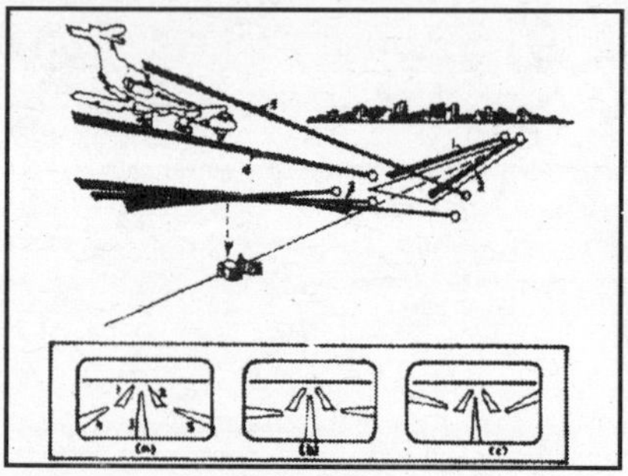

चित्र-92 : लेजर प्रणाली से वायुयान की सुरक्षा

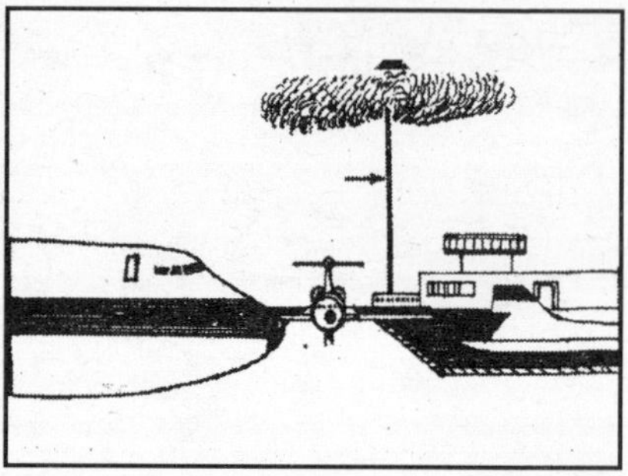

चित्र-93 : लेजर द्वारा बादलों की ऊँचाई मापना

(iii) बादलों की ऊँचाई मापना

लेजर किरणों की सहायता से रात्रि के समय बादलों की ऊँचाई मापी जा सकती है (चित्र-93)।

(iv) समाचार-पत्रों का एक साथ प्रकाशन

लेजर स्कैनर का प्रयोग करके एक समाचार-पत्र का एक ही समय में अलग-अलग स्थानों पर प्रकाशन हो रहा है (चित्र-94)।

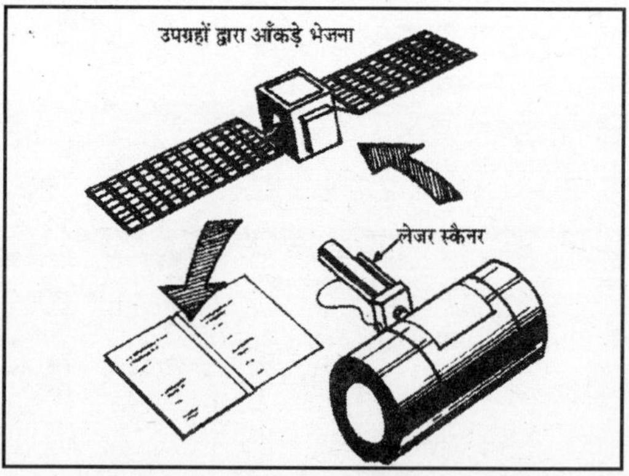

चित्र-94 : समाचार-पत्रों में लेजर का उपयोग

(v) अपराध विज्ञान में लेजर

उँगलियों के निशान द्वारा पुलिस अपराधियों का पता लगाने का प्रयास करती है। लेजर के उपयोग से उँगलियों के निशानों को स्कैन कर कंप्यूटर के मॉनीटर पर प्रदर्शित किया जा सकता है (चित्र-95)।

चित्र-95 : कंप्यूटर पर उँगलियों के निशान

(vi) आग की पूर्व सूचना

वैज्ञानिकों ने लेजर किरणों को प्रयोग में लाकर आग लगने की पूर्व सूचना (फायर अलार्म) यंत्र तैयार किए हैं, जो आग लगने की घटनाओं का पता लगा सकते हैं। आग लगने पर भवन के जिस कमरे में आग लगती है, वहाँ घंटी बजती है (चित्र-96)।

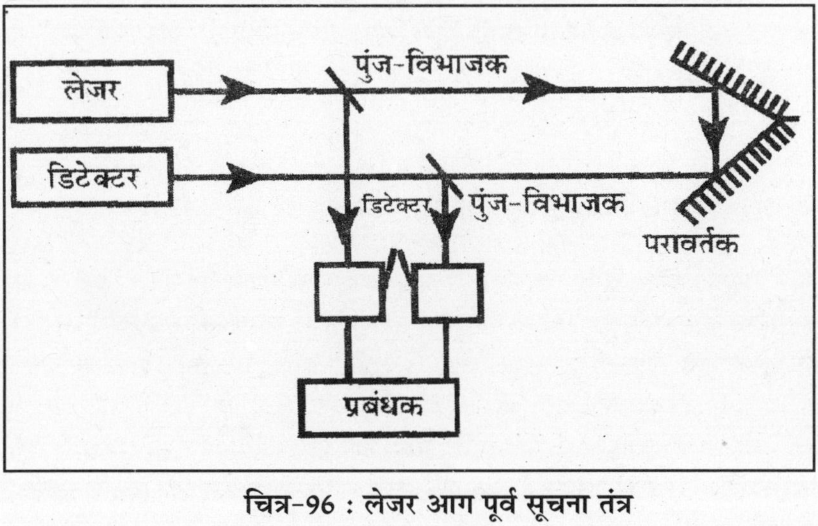

चित्र-96 : लेजर आग पूर्व सूचना तंत्र

(vii) लेजर द्वारा बार कोडिंग

लेजर किरणों को बार कोड पढ़ने में भी प्रयोग किया जाता है। वस्तुतः बार कोड में हलकी और काली रेखाओं के रूप में सूचना अंकित होती है। इन रेखाओं पर लेजर किरणें डाली जाती हैं तो परावर्तित लेजर किरण एक डिटेक्टर पर पड़ती है और डिटेक्टर से उत्पन्न हुई विद्युत् धारा डिकोट होने के कारण कंप्यूटर में जाती है। कंप्यूटर 'बार कोड' में अंकित डाटा को बता देता है। बार कोड, पुस्तकों, खाद्य पदार्थों के टिन व कैसेट आदि पर अंकित होते है (चित्र-97)।

चित्र-97 : लेजर द्वारा बार कोडिंग

(viii) इसके अतिरिक्त लेजर या लेसर का उपयोग मौसम विज्ञान में, कृत्रिम वर्षा कराने में, भूकंप संबंधी जानकारी देने में, सर्वेक्षण एवं सिविल इंजीनियरिंग कार्यों में, जलयानों के मार्गदर्शन में, बिना हॉर्न या म्यूजिक बजाए कार को बैक करने में तथा कृषि विज्ञान के क्षेत्र में किया जा सकता है।

96. रासायनिक तत्त्वों के नामकरण के कुछ रोचक तथ्य

रासायनिक तत्त्वों के नामकरण में आई.यू.पी.ए.सी. द्वारा अनुमोदित कुछ नियमों का पालन करना पड़ता है। किसी पौराणिक संकल्पना या चरित्र (जिसमें खगोलीय पिंड भी हो) के नाम पर तत्त्वों का नामकरण किया जा सकता है। इसके अलावा किसी खनिज या उससे मिलते-जुलते पदार्थ, किसी स्थान विशेष या भौगोलिक क्षेत्र के नाम पर भी तत्त्वों का नामकरण किया जा सकता है। इसमें कोई देश, राज्य, महानगर, महाद्वीप यहाँ तक की गाँव आदि भी शामिल हो सकते हैं। तत्त्व के किसी गुणधर्म तथा किसी वैज्ञानिक के नाम पर भी रासायनिक तत्त्वों का नामकरण किया जा सकता है। आवर्त सारणी में समूह 1-16 तक के तत्त्वों का नामकरण 'इयम' से, इसी प्रकार समूह 17 के तत्त्वों का

नामकरण 'इन' से तथा समूह 18 के तत्त्वों का नामकरण 'आन' से समाप्त होना चाहिए।

सूर्य-चंद्रमा जैसे ग्रहों के अतिरिक्त क्षुद ग्रहों के नाम पर भी तत्त्वों का नामकरण हुआ है। यूरेनियम तत्त्व का नामकरण यूरेनस ग्रह, जबकि नेप्च्यूनियम तत्त्व का नामकरण नेप्च्यून (वरुण) ग्रह के नाम पर हुआ, हीलियम का नामकरण यूनानी भाषा में सूर्य के लिए प्रयुक्त 'हीलिऑस' तथा सेलिनियम तत्त्व का नामकरण चंद्रमा के यूनानी भाषा के नाम 'सेलीन' के आधार पर तथा पेलेडियम तत्त्व का नामकरण पल्लास नामक क्षुद ग्रह के नाम पर हुआ है।

शहरों, महानगरों, राज्यों, महाद्वीपों के नाम पर भी कुछ तत्त्वों का नामकरण हुआ है, जैसे—जर्मेनियम का नामकरण जर्मनी के नाम पर, यूरोपियम तत्त्व का यूरोप महाद्वीप के नाम पर, अमरीका के राज्य कैलिफोर्निया के नाम पर कैलिफोर्नियम, अमरीका के ही तेनेसी राज्य के नाम पर तेनेसिन, रूस के एक शहर मॉस्को के नाम पर मॉस्कोवियम, जापानी भाषा में जापान के लिए प्रयुक्त होनेवाले एक शब्द निहो (न) के नाम पर निहोनियम, पोलैंड के नाम पर पोलोनियम, फ्रांस के नाम पर फ्रांसियम, संयुक्त राज्य अमरीका के नाम पर एमरीसियम, मेंडेलीफ के नाम पर मेंडेलीवियम, अनेक अतिभारी तत्त्वों की खोज से जुड़े यूरी ऑगनेसियन नामक वैज्ञानिक के नाम पर ऑगनोसन तत्त्व का नामकरण किया गया है। ग्लैन सीबोर्गियम के नाम पर सीबोर्गियम तत्त्व का नामकरण हुआ है। इसी प्रकार क्यूरियम, बर्किलियम, आंइस्टीनियम, लॉरेंशियम, रदरफोर्डियम, बोहरियम, कॉपरेनिशियम का नामकरण भी वैज्ञानिकों के नाम पर हुआ है।

खनिज से मिलते-जुलते पदार्थ इंडिगो (नील) के लैटिन नाम इंडिकम पर इंडियम तत्त्व का नामकरण हुआ है। टाइटेनियम तत्त्व का नामकरण यूनानी प्राचीन साहित्य के 'टाइटंस' नामक देवता के नाम पर हुआ। इनमें निहोनियम, मॉस्कोवियम, तेनेसिन तथा ऑगेनोसन का नामकरण 8 जून, 2016 को ही हुआ है।

97. रासायनिक तत्त्वों के प्रतीकों के कुछ रोचक तथ्य

वस्तुत: रासायनिक तत्त्वों के प्रतीकों को लिखने में अंग्रेजी के 'ए' से लेकर 'जेड' तक के अक्षरों का प्रयोग किया जाता हैं। इसमें 'J' तथा 'Q' अक्षरों को छोड़कर बाकी सभी अक्षरों से तत्त्वों के प्रतीक दिए गए हैं। आप अपने नाम के प्रथम अक्षर से कितने तत्त्वों के प्रतीक बनते हैं, इसका पता लगाकर अपना मनोरंजन भी कर सकते हैं।

कुछ रासायनिक तत्त्वों के प्रतीकों को लिखने में दो अक्षरों का प्रयोग किया जाता है, जिनमें से पहला अक्षर बड़ा तथा दूसरा छोटा होता है। उदाहरण के लिए, लीथियम का प्रतीक Li, हीलियम का प्रतीक He, कैल्सियम का प्रतीक Ca, सिलिकन का प्रतीक

Si आदि। इसी प्रकार मैग्नीशियम का प्रतीक Mg, क्लोरीन का Cl, जिंक का Zn एवं जिर्कोनियम का Zr आदि ।

कुछ रासायनिक तत्त्वों के प्रतीकों को लिखने में लैटिन शब्दों का प्रयोग किया जाता है, जैसे—सोडियम का Na लैटिन शब्द नैटरियम, पोटैशियम का K कैलियम पर आधारित है। इसी प्रकार कॉपर का प्रतीक Cu लैटिन शब्द क्यूपरम, आयरन (लौह) का प्रतीक Fe लैटिन शब्द फैरम, सिल्वर (चाँदी) का प्रतीक Ag लैटिन शब्द आर्गेंटम तथा गोल्ड (सोना) का प्रतीक Au लैटिन शब्द ऑरम पर आधारित है। टिन, मरकरी (पारा) तथा लेड (सीसा) के प्रतीक क्रमशः लैटिन शब्दों, स्टैनम (Sn), हाइड्रारजाइरम (Hg) तथा प्लंबम (Pb) पर आधारित है। टंगस्टन का प्रतीक जर्मन भाषा के शब्द वुल्फरैम (W) पर आधारित है।

98. चुंबकीय चिकित्सा पद्धति भी कितनी कारगर?

रोगों की रोकथाम के लिए आवश्यक है कि शरीर में जमे अनावश्यक तत्त्वों को बाहर निकाला जाए एवं शरीर के सभी अंग-उपांगों को संतुलित रख शारीरिक क्रियाओं को नियंत्रित रखा जाए। वस्तुतः असंतुलन ही सभी रोगों की जड़ है। चुंबक इन सभी कार्यों में प्रभावशाली है, अतः रोगों के उपचार एवं बचाव में विभिन्न प्रकार की चुंबकीय ऊर्जा का उपयोग दिन-प्रतिदिन लोकप्रिय होता जा रहा है।

वैज्ञानिकों की मान्यता है कि पृथ्वी स्वयं एक शक्तिशाली चुंबक है तथा सारे ब्रह्मांड का मूलाधार भी चुंबकीय शक्ति है। चुंबक की विशेषता है कि वह किसी भी अवरोधक को पार कर अपना प्रभाव छोड़ने की क्षमता रखता है। शारीरिक चुंबकीय प्रभाव को विशेष चुंबकों द्वारा संतुलित एवं नियंत्रित किया जा सकता है।

ऐसा माना गया है कि हमारा शरीर मूल रूप से एक विद्युत् चुंबकीय क्षेत्र है। शरीर की प्रत्येक कोशिका (सेल) विद्युत् की एक इकाई है और उसका अपना क्षेत्र है। विद्युत् के समान सबसे अधिक शक्तिशाली चुंबकत्व मस्तिष्क में उत्पन्न होता है और वह भी जब व्यक्ति निद्रा में होता है। ये चुंबकीय क्षेत्र शरीर एवं मन में परिवर्तनों के अनुसार घटते-बढ़ते रहते हैं।

चुंबकीय उपचार पद्धति में रोगग्रस्त अंग पर आवश्यकतानुसार चुंबक का स्पर्श करने से चुंबकीय ऊर्जा उस क्षेत्र में संतुलित की जाती है। स्थायी रोगों, दर्द आदि में इससे बहुत राहत मिलती है। एक्यूप्रेशर की रिफ्लेक्सोलॉजी के सिद्धांतानुसार शरीर की सभी नाड़ियों के अंतिम सिरे दोनों हथेली एवं दोनों पैर के तलुवे के आसपास होते हैं। इन क्षेत्रों को चुंबकीय प्रभाव क्षेत्र में रखने से वहाँ पर जमे अविजातीय पदार्थ दूर हो जाते हैं

तथा रक्त एवं प्राण ऊर्जा का शरीर में प्रवाह संतुलित होने लगता है, जिससे रोग दूर हो जाते हैं। इस विधि में दोनों हथेली एवं दोनों तलुओं के नीचे कुछ समय के लिए चुंबक को स्पर्श कराया जाता है।

चुंबकीय प्रभाव क्षेत्र में किसी पदार्थ अथवा द्रव्य, तरल पदार्थों को रखने से उसमें चुंबकीय गुण प्रकट होने लगते हैं, जैसे—जल, दूध, तेल आदि। ऐसे द्रव्यों को चुंबकीय बनाकर उपयोग करने से बहुत लाभ पहुँचता है।

शरीर में नाभि के नीचे से संबंधित रोगों के लिए शक्तिशाली स्थायी चुंबकों के विपरीत ध्रुव को दोनों पैरों के तलुओं के नीचे स्पर्श कराया जाता है तथा नाभि के ऊपर से संबंधित रोगों में चुंबक के दोनों विपरीत ध्रुव को हथेली में स्पर्श करने से अधिक प्रभाव पड़ता है। यदि शरीर के अंग विशेष पर उपचार करना हो तो नीचे दक्षिणी ध्रुव तथा ऊपर उत्तरी ध्रुव का प्रयोग करना चाहिए। जब शरीर का छोटा-सा अंग रोगग्रस्त हो तो एक ही ध्रुव का प्रयोग करना चाहिए, परंतु जब रोग सारे शरीर में व्याप्त हो तो चुंबक के दोनों ध्रुवों का प्रयोग अधिक प्रभावशाली होता है। चुंबक का उत्तरी ध्रुव रोग को बढ़ने से रोकता है एवं शारीरिक क्रियाओं को नियंत्रित करता है, जबकि दक्षिणी ध्रुव शरीर में शक्ति प्रदान करता है।

हमारे देश में चुंबकीय चिकित्सा पद्धति लोकप्रिय हो रही है तथा आज हमारे देश में चुंबक के बेड, कुरसी व हार, पट्टे तथा अनेक प्रकार के उपकरण बनने लग गए हैं। स्थायी चुंबकों के अलावा आजकल बिजली के प्रवाह से चुंबकीय प्रभाव उत्पन्न किया जा सकता है। ऐसे पलसेटिंग चुंबक, रिंग चुंबकों का प्रयोग भी स्थानीय अथवा हड्डियों के दर्द में किया जाने लगा है। दर्दवाले क्षेत्र को चुंबकीय क्षेत्र में रखने से शरीर का वह भाग रोगमुक्त हो जाता है। बिजली के प्रवाह से बननेवाले चुंबकों में बारी-बारी से तीव्र गति से उत्तरी एवं दक्षिणी ध्रुव बनते रहते हैं। चुंबकीय उपचार करते समय रोगी को लकड़ी के पट्टे पर ऐसे बैठाना चाहिए ताकि उसका कोई अंग धरती अथवा दीवार को स्पर्श न करे।

चुंबकीय चिकित्सा के पश्चात् शरीर में कुछ समय के लिए सक्रियता आने से गरमी आ जाती है, अतः उपचार के कुछ समय बाद ठंडी वस्तुओं का उपयोग नहीं करना चाहिए। सामान्यतया चुंबकीय चिकित्सा लगभग 10 से 15 मिनट एक स्थान पर करनी चाहिए। इस उपचार को करते समय यह बात ध्यान रखें कि रोगी को सिर में भारीपन न लगे, चक्कर आदि न आएँ। ऐसी स्थिति में तुरंत चुंबक हटाकर धरती पर नंगे पैर घूमना चाहिए अथवा एल्यूमिनियम या जिंक से शरीर को छूने से चुंबक चिकित्सा द्वारा किया गया अतिरिक्त चुंबकीय प्रभाव कम हो जाता है। चुंबकीय चिकित्सा संबंधी कुछ चित्र (चित्र-98 एव 99) निम्नांकित हैं।

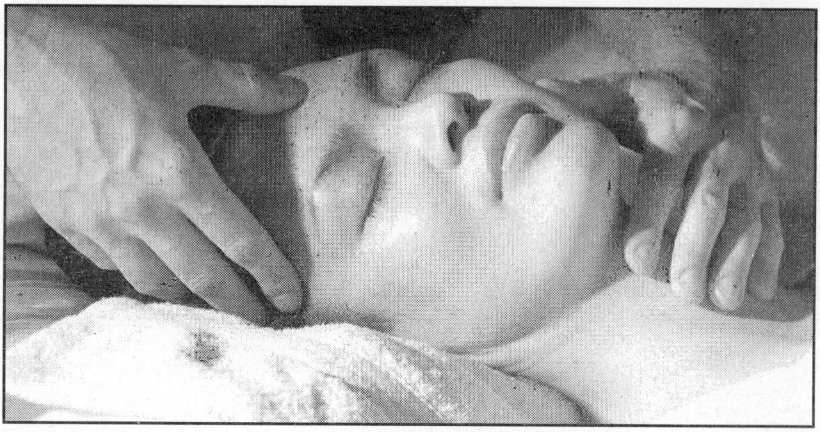

चित्र-98 : गले के रोग

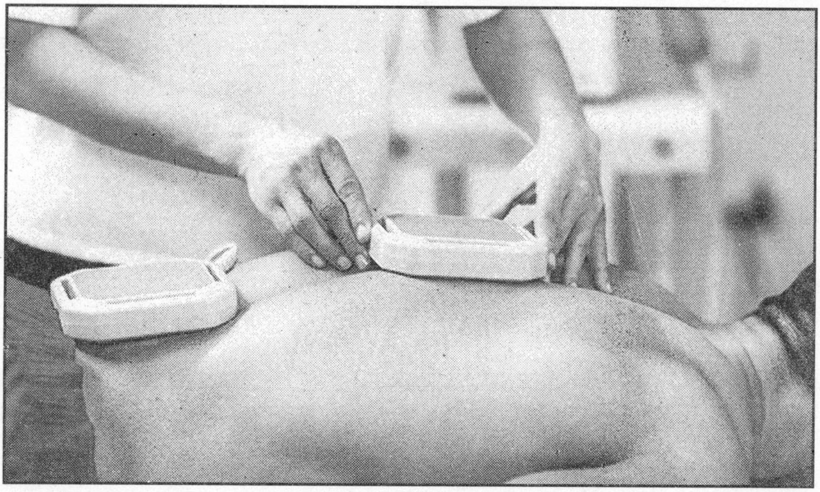

चित्र-99 : कमर के रोग

99. चुंबकीय जल भी रोगनाशक कैसे?

जब जल को चुंबकीय क्षेत्र में प्रवाहित किया जाता है तो चुंबकीय क्षेत्र जल में विद्यमान हाइड्रोजन आयन तथा घुलनशील खनिजों में संरचनात्मक परिवर्तन लाता है, अतः ऐसे जल को 'चुंबकीय जल' कहते हैं।

चुंबकीय जल बनाने के लिए पानी को स्वच्छ काँच की गिलास अथवा बोतलों में भरकर लकड़ी के पट्टे पर शक्तिशाली चुंबकों के ऊपर रख दिया जाता है। 8-10 घंटे

चुंबकीय क्षेत्र में रहने से उस पानी में चुंबकीय गुण आ जाते हैं। उत्तरी ध्रुव के संपर्कवाला उत्तरी ध्रुव का पानी तथा दक्षिणी ध्रुव के संपर्कवाला दक्षिणी ध्रुव के गुणोंवाला पानी बन जाता है। दोनों के संपर्क में रखने से जो पानी बनता है, उसमें दोनों ध्रुवों के गुण आ जाते हैं।

चुंबकीय जल के सेवन से कई लाभ प्राप्त होते हैं, यथा—यह स्वाद को बढ़ाता है तथा सामूहिक रूप से स्वास्थ्य में सुधार लाता है, अम्लता को दूर करता है, घावों को शीघ्र भरता है, संक्रमण को कम करता है, तंत्रिका तंत्र की कार्यप्रणाली को सुचारु रूप से चलाता है, आमाशय में गैस बनने से रोकता है। यह शरीर के किसी भाग में हो रही सूजन को कम करता है तथा मस्तिष्क की विभिन्न क्रियाओं को उद्दीप्त करता है।

चुंबकीय जल की भाँति यदि दूध को भी कुछ मिनट तक चुंबकीय प्रभाव क्षेत्र में रखा जाए तो वह शक्तिवर्धक बन जाता है। इसी प्रकार किसी भी तेल को 45 से 60 दिन तक चुंबकीय क्षेत्र में लगातार रखने से उसमें चुंबकत्व आ जाता है और ऐसे तेल की मालिश करने से जोड़ों के दर्द में आराम मिलता है।

100. कुछ विशिष्ट जलों के औषधीय उपयोग क्या हैं?

पीने योग्य पानी में कुछ अन्य वस्तुएँ मिलाकर विशिष्ट औषधीय जल तैयार किया जा सकता है, जो बहुत उपयोगी सिद्ध हुआ है। इसमें कुछ प्रकार निम्न हैं—

1. जीरायुक्त जल : इसे तैयार करने के लिए एक लीटर पानी में लगभग 10-20 ग्राम जीरे का चूर्ण मिलाकर गरम किया जाता है। मात्र तीन-चौथाई शेष रहने पर इसे ठंडा करके छान लिया जाता है। इस जल को पीने से रक्त प्रदर, गर्भाशय के समस्त रोग, गर्भावस्था के समय उत्पन्न अनेक रोगों, जैसे—गर्भपात, वायु तथा पित्त रोगों में अत्यंत लाभ प्राप्त होता है। इसके अतिरिक्त हाथ-पैरों में जलन, श्वेत प्रदर, अनियमित मासिक स्राव तथा नेत्र रोगों में भी लाभ मिलता है।

2. अजवाइन जल : इस जल को तैयार करने की विधि जीरायुक्त जल के समान है। अंतर केवल इतना है कि अजवाइन के चूर्ण की मात्रा लगभग 10 ग्राम तथा खौलने के पश्चात् पानी की मात्रा आधी शेष रहनी चाहिए। यह जल कफ तथा वायु दोष से उत्पन्न रोगों में अत्यंत लाभदायक होता है। इसका मधुमेह, सर्दी, बहुमूत्र, अजीर्ण, अरुचि, पेटदर्द, हिचकी, मंदाग्नि इत्यादि रोगों में भी प्रयोग किया जाता है।

3. अदरक अथवा सोंठयुक्त जल : इसे तैयार करने के लिए एक लीटर पानी में लगभग 15 ग्राम सोंठ अथवा सूखी अदरक मिलाकर इसे उबालते हैं तथा पानी की आधी मात्रा शेष रहने पर ठंडा करके इसे छान लेते हैं। यह औषधीय जल प्रकृति में

ठंडा होने के कारण गरमी से उत्पन्न रोगों, पित्त रोग आदि में लाभकारी होता है। इसके अतिरिक्त यह अनेक जटिल तथा पुराने रोगों, जैसे—दमा, श्वास, हिचकी, सर्दी, फेफड़ों में पानी भर जाने, मधुमेह, अजीर्ण, रक्तचाप, अपच तथा मस्तक पीड़ा में भी लाभप्रद पाया गया है।

4. धनिया जल : यह जल भी उपर्युक्त विधि से तैयार किया जा सकता है। इसमें केवल धनिया की मात्रा 10 ग्राम तथा खौलने के पश्चात् पानी की मात्रा तीन-चौथाई शेष रहनी चाहिए। यह जल भी शीतल प्रकृति का होता है तथा पित्तरोग एवं गरमी से उत्पन्न रोगों के लिए गुणकारी है। इसका उपयोग बवासीर, खाँसी, खट्टी डकार, पेट की जलन, अम्ल पित्त, नाक से रक्त बहना इत्यादि रोगों में लाभकारी होता है। इसका नियमित सेवन मादक पदार्थों के सेवन से उत्पन्न विष तथा अन्य विकारों को समाप्त कर देता है।

101. क्या होता है वर्चुअल वाटर या अदृश्य पानी?

वस्तुतः 'अदृश्य पानी' या 'वर्चुअल वाटर' एक नई संकल्पना का विकल्प है जिससे जल प्रबंधन में बहुत मदद मिल सकती है (चित्र-100)। अब प्रश्न होता है कि वर्चुअल वाटर क्या है?

चित्र-100 : वर्चुअल वाटर

यह एक अभिनव संकल्पना है, जिसके जनक लंदन स्थित किंग्से कॉलेज के प्रो. जॉन एथोनी एलन है। प्रो. एलन के अनुसार, 'अदृश्य पानी' वह पानी है, जो किसी वस्तु को उगाने, बनाने या उसके उत्पादन में लगता है। उदाहरण के लिए एक टन गेहूँ उगाने में लगभग एक हजार घन लीटर पानी लगता है। एक कप कॉफी बनाने के पीछे 140 लीटर पानी की खपत होती है। यद्यपि किसी वस्तु के पीछे छिपे हुए जल की मात्रा को प्रत्यक्ष रूप से देखा नहीं जा सकता है, इसीलिए इसे 'अदृश्य पानी या वर्चुअल वाटर' कहा जाता है।

पर्यावरण के प्रति जागरूकता और उसके बचाने के प्रयासों के बीच पर्यावरणीय क्षति को प्रत्येक मानव के स्तर पर जानने के प्रयास जारी हैं। कार्बन की खपत का पता लगाने के लिए 'कार्बन फुटप्रिंट' की अवधारणा का विकास किया गया। इसी प्रकार विभिन्न मानवीय गतिविधियों की संलग्नता के अनुसार पानी की प्रति मानव के अनुसार

खपत का पता लगाने के लिए वाटर फुटप्रिंट की अवधारणा प्रतिपादित की गई।

आपके वाटर फुटप्रिंट आपके द्वारा प्रयोग किए गए प्रत्यक्ष पानी को नहीं दिखाते, वरन् आपके द्वारा उपभोग किए गए अदृश्य पानी की मात्रा को भी दरशाते हैं। अपने वाटर फुटप्रिंट की गणना कर, आप पता लगा सकते हैं कि विश्व के जल स्रोत कैसे समाप्ति के कगार पर हैं।

एक अनुमान के अनुसार पीने के लिए एक व्यक्ति को प्रतिदिन कुल दैनिक पानी की खपत का 35 प्रतिशत भाग नहाने, 30 प्रतिशत भाग शौच आदि 20 प्रतिशत भाग सफाई कार्यों में लग जाता है। यह हमारी अनिवार्य आवश्यकता है, जिसे किसी भी प्रकार से कम नहीं किया जा सकता है, अतः पानी की प्रत्येक बूँद की अपनी कीमत है। प्रो. एलन के अनुसार, यदि हम कृषि, औद्योगिक उत्पादन और दैनिक कार्यों में जल प्रबंधन कर लें तो वर्तमान जल संकट की समस्या का काफी हद तक निदान संभव है।

एक अध्ययन के अनुसार, एक केले में 160 लीटर, एक टमाटर में 13 लीटर, एक आलू में 25 लीटर तथा एक गिलास दूध में 78 लीटर अदृश्य जल छिपा हुआ है, जो कि हमें दिखाई नहीं देता है, जबकि इनके उत्पादन में यह जल लगता है। शाकाहारी भोजन में मांसाहारी भोजन की अपेक्षा अदृश्य पानी की खपत कम होती है, अतः जल प्रबंधन के क्षेत्र में कार्य कर रहे लोग जल संबंधित योजनाएँ बनाते समय वर्चुअल वॉटर की महत्ता को नजरअंदाज नहीं कर सकते हैं।

102. हाइड्रोथेरैपी क्या होती है?

हाइड्रोथैरेपी को वाटर थेरैपी या जल चिकित्सा (पानी से उपचार) आदि अनेक नामों से कहा जाता है, जो लोकप्रिय चिकित्सा पद्धति हो चुकी है। इसमें कहीं ठंडे पानी का उपयोग होता है तो किसी रोग में गरम पानी का उपयोग होता है। शीतल जल अचानक लगी चोट के कारण होनेवाली सूजन को कम करता है और गरम पानी मांसपेशियों को पुनरुज्जीवित करता है। हाइड्रोथैरेपी भी दो प्रकार की होती हैं, यथा—आंतरिक या इंटर्नल हाइड्रोथैरेपी तथा बाहरी या एक्सटर्नल हाइड्रोथैरेपी।

आंतरिक या इंटर्नल हाइड्रोथैरेपी में बड़ी आँत कोलन इरिगेशन, एनिमा, साइनस के लिए की जानेवाली नेजल इरिगेशन प्रक्रम शामिल होती है। यहाँ तक कि 'स्टीम बाथ' भी आंतरिक थेरैपी है, क्योंकि यह त्वचा के छिद्र खोलकर पसीने को निकालती है।

बाहरी या एक्सटर्नल हाइड्रोथैरेपी के अंतर्गत शॉवर-स्प्रे या जेट-स्प्रे, पूरे शरीर को पानी में डुबोकर रखना, बुखार कम करने के लिए शरीर पर ठंडे पानी की पट्टी रखना

आदि सम्मिलित होते हैं। इसमें गरम, ठंडा या सामान्य तापमान का पानी प्रयोग किया जाता है।

हाइड्रोथेरैपी का आजकल कई रोगों के निदान में उपयोग सफल हुआ है, यथा—

1. **डिप्रेशन :** यह देखा गया है कि डिप्रेशन के अलावा एंजाइटी (उत्कंठता) तथा तीव्र तनाव (सीवियर स्ट्रेस) में भी यह थेरैपी कारगर सिद्ध होती है। यह थेरैपी प्रतिरक्षा तंत्र (इम्यून सिस्टम) को भी मजबूत करती है।

2. **हाइड्रोबर्थ :** आजकल हाइड्रोबर्थ पूरे विश्व में प्रचलित हो रहे हैं। सुहाते गरम पानी से भरे बड़े टब में पैर रखने से प्रसव-पीड़ा का दर्द कम होता है और नवजात शिशु का प्रसव आसानी से हो जाता है।

3. **संक्रमण (इन्फेक्शन) :** श्वसन संक्रमण (रेस्पिरेटरी ट्रैक इन्फेक्शन) तथा योनि संक्रमण (वेजाइनल इंफेक्शन) के उपचार हेतु अन्य थेरैपी के साथ हाइड्रोथेरैपी का भी प्रयोग सफलता से किया जा रहा है।

जल चिकित्सा अतिसार, पेचिश, अम्लपित्त तथा त्वचा संबंधी रोगों के निदान में भी कारगर सिद्ध हुई हैं।

103. खेल में विज्ञान की उपयोगिता क्या है?

पुरातनकाल से ही शक्तिशाली खिलाड़ियों को समाज सम्मान देता रहा है। प्राचीन सभ्यताओं के अध्ययन से विदित होता है कि उस समय खेल प्रशिक्षक अपने खिलाड़ियों की दक्षता को बढ़ाने हेतु गरम पानी से स्नान, मालिश तथा पीड़ानाशक औषधियों का प्रयोग करते थे। उन्नीसवीं सदी के उत्तरार्द्ध से खेलों में उत्कृष्ट प्रदर्शन के लिए विज्ञान का प्रयोग बढ़ने लगा। आज जो स्थिति हम देख रहे हैं, उसे लगता है कि खेलों के क्षेत्र में विज्ञान की भूमिका अतुलनीय है।

वस्तुतः खेल विज्ञान का उपयोग किसी व्यक्ति विशेष की खेल संबंधी योग्यताओं या क्षमताओं के आकलन या खिलाड़ी विशेष की विशिष्ट जरूरतों के अनुकूल प्रशिक्षण कार्यक्रम तय करने और उसकी शक्ति और कमजोरियों को पहचानकर उसे खेल के दौरान चोटग्रस्त होने से बचाने के लिए किया जाता है। ऐसे सभी अध्ययन खेल अवकाश के दौरान, खेल स्पर्धाओं से पूर्व और खेल स्पर्धाओं के दौरान किए जाते हैं। इन अध्ययनों के दौरान खिलाड़ी की एरोबिक कैपेसिटी (वायुजीव क्षमता), ऐनेरोबिक कैपेसिटी (अवायवीय क्षमता), मांसपेशियों की शक्ति एवं सामर्थ्य, चुस्ती-फुर्ती, गति और प्रतिक्रिया समय, जैसे शारीरिक-मानसिक गुणों की जाँच की जाती है। परीक्षणों से प्राप्त परिणामों के आधार पर खिलाड़ी विशेष का प्रशिक्षण कार्यक्रम निर्धारित किया जाता है।

आजकल विज्ञान और प्रौद्योगिकी का प्रयोग खिलाड़ियों के चयन में भी हो रहा है। किसी बालक-बालिका की ऑक्सीजन प्रयोग करने की अधिकतम क्षमता, उसके फेफड़ों और हृदय की क्षमताओं, उसकी मांसपेशियों की बनावट और मानसिक रुझान का परीक्षण बहुत ही सटीक ढंग से हो रहा है (चित्र-101)। प्रशिक्षण के दौरान खिलाड़ियों के पोषण पर बहुत ध्यान दिया जाता है। आवश्यकता पड़ने पर खिलाड़ियों के शरीर को पर्याप्त ग्लूकोज मिलते रहने हेतु ग्लाइकोजन की मात्रा भी बढ़ाई जाती है। वैज्ञानिक अध्ययनों से ज्ञात हुआ है कि प्रतियोगिता के दिन खिलाड़ियों को ठोस आहार की अपेक्षा तरल आहार देना लाभदायक देखा गया है (चित्र-102)।

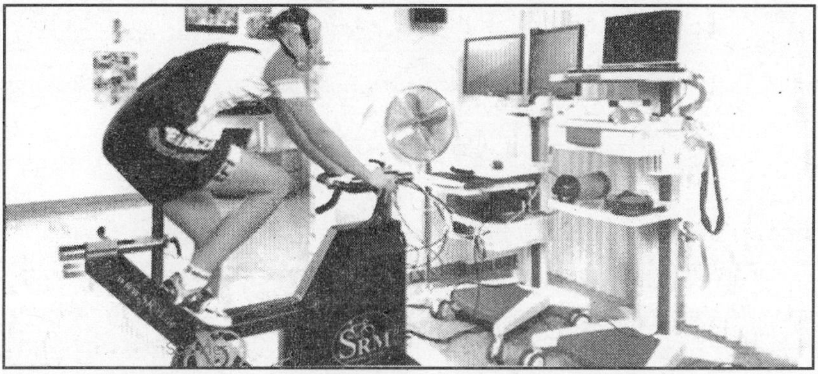

चित्र-101 : खिलाड़ी की शक्ति और सामर्थ्य की प्रयोगशाला में जाँच

शारीरिक शक्ति बढ़ाने के लिए नित नई मशीनें बनाई जा रही हैं। खेलों के दौरान इस्तेमाल किए जानेवाली खेल सामग्रियों और पहने जानेवाले वस्त्रों, इन सभी में विगत कुछ दशकों के दौरान जो तकनीकी सुधार किए गए हैं, उनसे भी खिलाड़ियों को नित-नए रिकॉर्ड स्थापित करने में सहायता मिल रही है। 'जीव यांत्रिकी' विषय का भी आज एथलीटों को तैयार करने में व्यापक उपयोग हो रहा है। इसके उपयोग से खिलाड़ियों के विभिन्न अंगों की कार्यप्रणाली और

चित्र-102 : खिलाड़ी द्वारा तरल पेय का सेवन

चित्र–103 : खेल प्रशिक्षण के दौरान व्यायाम

गति का अध्ययन किया जाता है और फिर उसी के आधार पर उनको प्रशिक्षण दिया जाता है (चित्र–103)। विगत कुछ दशकों से खिलाड़ियों को तैयार करने में मानव विज्ञान (एनथ्रोपोलॉजी), शरीर क्रिया विज्ञान (फिजियोलॉजी), पोषण विज्ञान, जीव यांत्रिकी, खेल–आयुर्विज्ञान और खेल–मनोविज्ञान, इन सभी का उपयोग खेलों में स्वदेशी खिलाड़ियों की दक्षता सुधारने में किया जा रहा है।

104. आधुनिक खेलों में नैनो टेक्नोलॉजी का उपयोग कैसे होता है?

विगत कुछ वर्षों से खेल संबंधी उपकरण बनाने में नैनो टेक्नोलॉजी का भी उपयोग हो रहा है। यह देखा गया है कि नैनो टेक्नोलॉजी की सहायता से बने उपकरण परंपरागत उपकरणों की अपेक्षा हलके, अधिक मजबूत, अधिक लचीले, अधिक टिकाऊ और घर्षणरोधी होते हैं। उदाहरण के तौर पर कार्बन नैनो कणों से बनाए गए टेनिस और बैडमिंटन रैकेट, बेसबॉल बैट, हॉकी छड़ी, दौड़ बाइसिकिल, गोल्फ बॉल और क्लब, स्नोबोर्ड और तीरंदाजी के तीर बनाए जा रहे हैं। ऐसे अधिकतर खेलों से जुड़े साजोसामान में कार्बन नैनोट्यूब्स का प्रयोग बहुत बड़े पैमाने पर हो रहा है। ऐसे खेल उपकरणों के उपयोग से आज कुछ खिलाड़ी खेल

चित्र–104 : नैनो टेक्नोलॉजी से निर्मित कुछ खेल उपकरण

अभ्यास और प्रतियोगिताओं के दौरान अपने को अधिक सुरक्षित, अधिक आरामदेह और अधिक चुस्त महसूस करते हैं। नैनो टेक्नोलॉजी के उपयोग से निर्मित खेल उपकरणों को चित्र-104 में दरशाया गया है।

105. कैसे होते हैं ओलंपिक खेलों के पदक?

आपको जिज्ञासा होती होगी कि क्या ओलंपिक खेलों में मिलनेवाला 'स्वर्ण पदक' में सिर्फ सोना ही होता है तथा अन्य पदक में विभिन्न धातुएँ किस अनुपात में होती है? वस्तुतः एक समय ऐसा भी था, जब 'स्वर्ण पदक' केवल सोने से बने होते थे, परंतु समय के साथ-साथ इनमें बदलाव होते गए। ओलंपिक पदकों में विभिन्न धातुओं का अनुपात और उनका डिजाइन अथवा स्वरूप का निर्णय मेजबान देश की आयोजन समिति करती है। इन पदकों, यानी मेडलों के संबंध में कुछ मानकों का ध्यान रखा जाता है। स्वर्ण और रजत पदक, दोनों में 92.5 प्रतिशत चाँदी होनी चाहिए।

स्वर्ण पदक पर 6 ग्राम सोने का आवरण होना चाहिए। सभी ओलंपिक पदक कम-से-कम तीन मिलीमीटर मोटे और उनका न्यूनतम व्यास 60 मिलीमीटर होना चाहिए। कांस्य पदक काँसे (ताँबे और टिन) से बनी मिश्र धातु से बने होते हैं।

सन् 1904 के खेलों से विजेताओं को स्वर्ण, रजत और कांस्य पदक देने की शुरुआत हुई। इसी प्रकार सन् 1912 के ओलंपिक खेलों के बाद स्वर्ण पदक में चाँदी के ऊपर लेपन की शुरुआत हुई।

सन् 2012 के लंदन ग्रीष्म ओलंपिक खेलों में दिए जानेवाले पदकों के डिजाइनर ब्रिटिश आर्टिस्ट डेविड वाटकिंस थे। उन पदकों का भार 375 से लेकर 400 ग्राम के बीच था। उनका व्यास 85 मिलीमीटर और मोटाई 7 मिलीमीटर थी। इन स्वर्ण पदकों में 92.5 प्रतिशत चाँदी, 1.34 प्रतिशत सोना और शेष ताँबा था। लंदन ओलंपिक के लिए तैयार किए गए 'रजत पदक' में 92.5 प्रतिशत चाँदी और शेष ताँबा था और कांस्य पदक में 97 प्रतिशत ताँबा, 2.5 प्रतिशत जिंक और 0.5 प्रतिशत टिन था। इन पदकों के मुखभाग पर यूनान की विजय देवी 'नाइक' को प्रथम आधुनिक ओलंपिक खेलों से जुड़े पैनएथिनैइको स्टेडियम से निकलते हुए दिखाया है। पदक के दूसरी तरफ उन खेलों के लोगो, टेम्स नदी और खिलाड़ियों की ऊर्जा और मैत्री भावना का प्रतिनिधित्व करने वाली लकीरों की शृंखलाएँ हैं।

106. हँसना : एक निःशुल्क औषधि

आप जानते हैं, प्रसन्न रहना भी एक ईश्वरीय वरदान है। जो व्यक्ति सदैव मुसकान से युक्त होते हैं, वे संसार में सबसे धनी व्यक्ति होते हैं, क्योंकि प्रसन्नता एक ऐसा खजाना है, जो बाँटने से और बढ़ता है। अब तो चिकित्सा-विज्ञानियों ने भी अपने विभिन्न शोध परीक्षणों के बाद महत्त्वपूर्ण निष्कर्ष निकाले हैं कि हमारी प्रसन्नता, अर्थात् हँसी सभी रोगों की चिकित्सा करने में सक्षम है।

हँसना इतनी तीव्र प्रभावी औषधि के समान है, जिसका कोई गलत प्रभाव शरीर पर पड़ ही नहीं सकता। 'सदा मुसकराते रहो' की उक्ति न केवल स्वस्थ व्यक्तियों के लिए अनुकरणीय है, उससे भी अधिक है बीमार व्यक्तियों के लिए। जो व्यक्ति असाध्य शारीरिक, मानसिक अथवा भावनात्मक रोगी हो, वह चाहे तो नियमित रूप से हँसीरूपी बूटी ग्रहण कर सर्वथा रोगों से मुक्त हो सकता है।

चिकित्सकों के अनुसार हँसने से श्वास-प्रश्वास गहरी हो जाती है, जिससे ऑक्सीजन रक्त में समुचित मात्रा में पहुँचने लगती हैं और रक्त कणों में वृद्धि होती है। रक्त के फैलने एवं शारीरिक अंगों तक पहुँचने की गति तेज हो जाती है, जो शरीर को स्वस्थ बनाती है। हँसी मस्तिष्क में दर्दनाशक 'बीटा एंडार्फिंस' नामक तत्त्व का उत्पादन करती है, जो प्राकृतिक रूप से स्वतः दर्द का शमन करते हैं। हँसी ऑक्सीजन को तेजी के साथ अधिक मात्रा में खींचकर शरीर के विभिन्न अंग-अवयवों तक पहुँचाती है, जिसके कारण पाचन तंत्र में भी सक्रियता बढ़ती है। चिकित्सकों के अनुसार जो बहुत कम हँसते हैं, वे पाचन-तंत्र की गड़बड़ी एवं अल्सर जैसे रोगों को आमंत्रित करते हैं।

हँसना एक संपूर्ण व्यायाम है, जिससे शरीर की सभी नाड़ियाँ खुलती हैं तथा शरीर की थकावट दूर होकर ताजगी उत्पन्न होती है। खुलकर हँसने से फेफड़ों गले व मुँह की अच्छी कसरत हो जाती है। पेट तथा छाती के स्नायु मजबूत होते हैं। जो जितना हँसता है, उसका चेहरा उतना ही दमकता है। इस क्रिया से हमारे शरीर में जैव-रासायनिक संरचना में परिवर्तन आता है तथा तनाव उत्पन्न करनेवाले हारमोन कार्टिसोल तथा एपिनप्राइन के स्तर में कमी आती है। इसके अतिरिक्त हँसने से शरीर में एंडोर्फिन नामक हारमोन की मात्रा में वृद्धि होती है, जो शरीर के लिए रोग अवरोधक का कार्य करता है।

अमरीका के चिकित्सक मॉरजन कीजंस ने एक पुस्तक 'एनाटॉमी ऑफ एन इलनस' में उन्होंने लिखा है कि उनको रीढ़ की हड्डी की बीमारी थी, जिसको दूर करना असंभव-सा था, तब उन्होंने चिकित्सालय से मुक्त होकर, सभी दवाओं को छोड़कर अपनी पसंदीदा पुस्तकों के साथ एक होटल के कमरे में रहने लगे और वहाँ एक प्रसिद्ध

हास्य अभिनेता मार्क्स युग्म का वीडियो कैसेट देखकर दस मिनट तक हँसा करते थे तो उनका दो घंटे के लिए दर्द दूर हो जाता था। जब पुनः दर्द शुरू होता था तो वे पुनः दूसरी हास्य फिल्म कैसेट लगाकर हँसते थे। अंततोगत्वा उन्होंने देखा कि जिस रोग का निदान चिकित्सकों द्वारा असंभव था, वह हँसी द्वारा क्रमशः ठीक हो गया तो आइए, हँसिए और हँसाइए।

107. डर से चेहरा पीला क्यों होता है?

प्रायः अत्यधिक भय की स्थिति में हमारा चेहरा पीला पड़ जाता है, जैसे यदि चिड़ियाघर में घूम रहे हों और अचानक शेर पिंजरे से बाहर आकर खड़ा हो जाए। प्रश्न होता है कि चेहरा डर से पीला क्यों होता है? इसलिए कि चेहरे से खून शरीर के दूसरे भागों में एकाएक और तेजी से चला जाता है। डर की हालत में हृदय तेजी से धड़कता है, ताकि खून हाथ–पैरों में ज्यादा तेजी से पहुँचे। इसमें महत्त्वपूर्ण हारमोन 'एड्रेनेलिन' भी तेजी से शरीर में पहुँचता है। वस्तुतः आपका मस्तिष्क डर की वजह से आपको भगाने के लिए आपके हाथ–पैरों को तैयार कर रहा होता है। जब डर जाता रहेगा तो चेहरे की नसें खून लौटा लाएँगी और पीलापन जाता रहेगा ।

108. कुछ लोग क्यों हकलाते हैं?

मनुष्य में उसका अपना स्वर यंत्र ही सबसे पेचीदा विचित्र संगीत–साज होता है। इससे तरह–तरह के टोन की आवाज उत्पन्न की जा सकती है। इस स्वर यंत्र में पेट, छाती, लेरिंक्स, मुँह, नाक, डायाफ्रॉम, अनेक मांसपेशियाँ, जीभ, होंठ और दाँत शामिल रहते हैं। कुछ लोगों की आवाज ठीक से नहीं, वरन् रुक–रुककर निकलती है। इसे 'हकलाना' कहते हैं। ऐसा तभी होता है, जब आवाज उत्पन्न करने में शामिल होनेवाले एक या एक से अधिक अंग अपना कार्य ठीक ढंग से नहीं कर पाते या उनमें मरोड़ या ऐंठन आ जाती है। हमारे कहे गए शब्द अचानक रुक जाते हैं, इसके बाद तीव्रता से वही अक्षर दुहराने की क्रिया होती है, जहाँ पर मूल आवाज रुक गई थी।

वस्तुतः हकलाने की कई श्रेणियाँ भी होती हैं। इसमें हलके से लेकर वह स्थिति पाई जाती है, जिसमें जीभ, गला और चेहरे पर मरोड़ आ जाती है। हकलाना अधिकतर चार या पाँच वर्ष की अवस्था से पहले स्पष्ट नहीं होता है। बच्चा तभी हकलाता है, जब या तो उसके स्वर यंत्र में कोई खराबी हो या भावनात्मक रूप से विचलित हो।

109. कितने कान? हर कान में तीन कान

हवा में उठनेवाली तरंगें अपने दोलन के कारण हमें सुनाई देती हैं, वैसे हर प्रकार की तरंग हमें नहीं सुनाई देती। मनुष्य का कान केवल 16 से 20 हजार और 30 हजार हर्ट्स दैर्घ्य की तरंग को ही सुन सकता है। कहने भर के लिए कान होते है, परंतु हर कान में तीन कान होते हैं, यथा—बाहरी कान, मध्य कान और आंतरिक कान।

'बाहरी कान' के दो हिस्से होते हैं—कार्टिलेज और त्वचा (पिन्ना) तथा कर्ण नली (श्रवण द्वार), जो अंदर एक संवेदनशील झिल्ली 'ईयर ड्रम' या टिंपैनम द्वारा बंद रहता है। पिन्ना भाग आवाज को कान की ओर निर्देशित करता है।

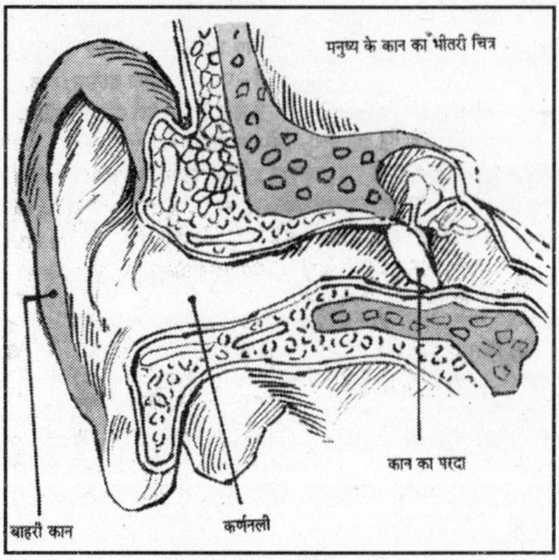

चित्र–105 : बाह्य कान

'मध्य कान' मस्तिष्क में स्थित एक छोटा कोष्ठ होता है। इसमें तीन छोटी हड्डियाँ होती हैं, जो एक-दूसरे से जुड़ी होती हैं तथा प्राप्त की गई आवाज को आंतरिक कान तक पहुँचाने का कार्य करती हैं, जहाँ हम आवाज को सुनते हैं।

जब कभी कंपन बाहरी कान (चित्र–105) से होता हुआ मध्य कान तक पहुँचता है तो उसमें भरा द्रव अंदर और फिर बाहर की ओर आता है, चूँकि बाहरी और भीतरी कान उससे जुड़े होते हैं, अत: इसके बार-बार आगे-पीछे होने से 'बेसिलर झिल्लियाँ' भी कंपन करने लगती हैं तथा इस हिस्से पर उपस्थित बाल कोशिकाएँ भी गतिशील हो जाती हैं। इससे उचित तंत्रिका तंतु में संवेदना उत्पन्न हो जाती है और यह संवेदना श्रवण तंत्रिका द्वारा मस्तिष्क तक पहुँच जाती है। जिस दैर्घ्य की आवाज होती है, बेसिलर झिल्ली की सतह पर उपस्थित उसी प्रकार के भाग में संवेदना उत्पन्न होती है। यह देखा गया है कि ध्वनि प्रदूषण से कान बहरे होने की आशंका रहती है।

110. निद्रा का भी निराला विज्ञान कैसा है?

मानसिक स्वास्थ्य विश्व कोष में निद्रा की परिभाषा इस प्रकार दी गई है—'निद्रा प्राणी के शरीर और मन के विश्राम के लिए स्वभावत: घटित होनेवाली वह नियतकालिक

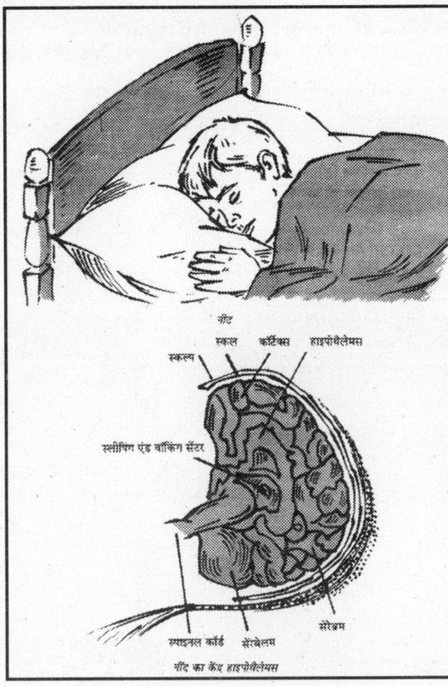

चित्र–106 : निद्रा का निराला विज्ञान

अवस्था है, जिसके अंतर्गत उसकी चेतना तथा क्रियावही समर्थताएँ बहुत हद तक अपना कार्य स्थगित कर देती हैं।'

अनेक वैज्ञानिकों ने इस विषय पर शोध-कार्य किया है और उनके मत भी अलग-अलग हैं, परंतु सभी वैज्ञानिक जिस एक बात पर सहमत हैं कि 'नींद में सक्रिय गति अनुपस्थित रहती है और चेतना लुप्त हो जाती है'। प्रश्न होता है कि हमें नींद क्यों आती है ? ऐसा अनुमान लगाया गया है कि जागने के दौरान तंत्रिका-तंतु धीरे-धीरे सिकुड़ते रहते हैं। एक स्थिति ऐसी आती है कि इन तंतुओं का संबंध टूट जाता है, तब हम सो जाते हैं।

जागते समय कुछ विष (Toxin) हमारे शरीर में एकत्र हो जाते हैं। ये विष तंत्रिका तंत्र को प्रभावित करते हैं, जिससे हमें नींद आती है (चित्र-106), परंतु सर्वमान्य सिद्धांत यह है (Cerebral Anaemia Theory) कि मस्तिष्क को रक्त की आपूर्ति का कम हो जाना नींद लाने का कारण होता है। डॉ. बारोन कांसटेंटीन वान इकोनोमो ने पाया कि मस्तिष्क में नींद आने और जागने का केंद्र मस्तिष्क के निचले हिस्से 'हाइपोथैलमस' में होता है। मस्तिष्क में नींद आने और जागने के समय कुछ विद्युत् तरंगें उत्पन्न होती हैं। ये तरंगें जागने और सोने के समय अलग-अलग विभवांतर और दैर्ध्यता की होती हैं।

सर्वप्रथम हमारा पैर सोता है : हम बिस्तर पर लेटते ही सो नहीं जाते, इसके लिए हमें तैयारी करनी होती है। इसमें सर्वप्रथम पैर की मांसपेशियों में चेतना-शून्यता उत्पन्न होती है, इसीलिए कहा जाता है कि 'सर्वप्रथम व्यक्ति का पैर सोता है।' यह शून्यता धीरे-धीरे भुजाओं, गरदन और अंततः जबड़े तथा चेहरे पर अपना प्रभाव दिखाती है और व्यक्ति सो जाता है। जब हम उठते हैं तो ठीक इसका उलटा होता है। सर्वप्रथम हमारा सिर गतिशील होता है, उसके बाद हाथ और पैर तो सबसे बाद में गतिशील होते हैं।

नींद की गहराई को आवाज से जानें : आपकी नींद कितनी गहरी या तीव्र है, उसकी माप उस आवाज से की जाती है, जो मनुष्य को जगाने के लिए पर्याप्त होती है। आवाज का प्रत्युत्तर न देना ही नींद की तीव्रता को बताता है।

निद्रा में आंतरिक परिवर्तन

निद्रा के दौरान हममें कई आंतरिक परिवर्तन होते हैं। प्राय: मांसपेशियाँ शिथिल हो जाती हैं, उपापचयी क्रियाएँ मंद पड़ जाती हैं तथा सोते समय ये लगभग 10 प्रतिशत धीमी हो जाती हैं, नाड़ी की गति भी धीमी हो जाती है। सोने के प्रथम घंटे में रक्त दबाव भी कम हो जाता है। सोते समय शरीर का आंतरिक तापमान भी कम हो जाता है। मनुष्य की साँस लेने की क्रिया में भी परिवर्तन हो जाता है। ये सभी परिवर्तन होनेवाली क्रियाएँ मस्तिष्क के अंदर उपस्थित हाइपोथैलमस द्वारा ही नियंत्रित होती हैं।

चिंता, उद्विग्नता तथा अन्य मन अवस्थाओं का निद्रा पर अवांछनीय प्रभाव पड़ता है। अपर्याप्त नींद से लोगों को दूसरे दिन बेचैनी महसूस होती है।

प्राय: शिशु 18–20 घंटे प्रतिदिन, स्कूल जानेवाले बच्चे 12 घंटे प्रतिदिन तथा प्रौढ 7–9 घंटे प्रतिदिन सोते हैं। वृद्धावस्था में नींद कम आती है।

नींद का महत्त्व : जीवन में निद्रा का विशेष महत्त्व है। थकान मिटाने और शक्ति संचय के लिए पर्याप्त नींद लेना आवश्यक है। नींद नहीं आना भी एक रोग है तथा ऐसे व्यक्तियों के चेहरों को देखने पर सुस्ती झलकती है। नींद स्फूर्ति का संचार करती है। हम अपने जीवन का एक–तिहाई भाग निद्रा देवी को समर्पित करते हैं।

निद्रा की एक अवस्था स्वप्नावस्था होती है। स्वप्न में हम चेतन से एक ऐसे अचेतन जगत् में पहुँच जाते हैं, जहाँ व्यक्तिगत अनुभूतियों से प्रभावित एक–से–एक अनोखी घटनाएँ होती हैं।

निद्रा और स्वप्न का आपस में घनिष्ठ संबंध होता है। निद्रा ही स्वप्न के लिए उचित वातावरण तैयार करती है। प्राय: स्वप्न रात्रि के अंतिम प्रहर में देखे जाते हैं, जब निद्रा का अंतिम चरण होता है।

नींद के शत्रु : चिंता और मानसिक तनाव निद्रा के प्रबल शत्रु हैं। चिंता केवल मानसिक क्रिया ही नहीं है, वरन् उसका शारीरिक पहलू भी है। चिंता स्नायुओं में तनाव उत्पन्न करती है। चिंता से ही अनिद्रा (Insomnia) रोग उत्पन्न होता है। बहुत से व्यक्ति नींद की गोलियाँ खाकर चिंता व तनाव से मुक्त होकर सुख की नींद सोना चाहते हैं पर यह ठीक नहीं है। गोलियों के नशे से मनुष्य सो जाएगा, परंतु गोलियों का हलका विष शरीर को मानसिक व शारीरिक रूप से निर्बल अवश्य करेगा। इसके लिए उपाय यह है कि आप स्नायुओं को शिथिल छोड़ दें, मस्तिष्क को विचारमुक्त कर दें, हलके संगीत एवं पुस्तकों के मित्र बनें, चिंता एवं तनाव स्वत: कम हो जाएँगे और आप सुख की नींद सो सकेंगे।

नींद में दिल की धड़कन प्राय: प्रति मिनट 54 होती है। गहरी निद्रा में व्यक्ति साँस

गहरी लेता है। उस समय उसका रक्तचाप भी कम होता है। नींद से उठने पर शरीर की उष्णता भी बढ़ने लगती है।

विभिन्न प्रकार के निद्रा-प्रेमी

शिकागो विश्वविद्यालय के निद्रा विशेषज्ञ डॉ. नैथानील फ्लीटमैन ने मनुष्यों को दो वर्गों में बाँटा है—(i) प्रभात प्रिय, (ii) संध्या प्रिय।

प्रभात प्रिय व्यक्ति शीघ्र उठते हैं और स्फूर्ति से कार्य करते हैं। इसका कारण यह है कि जिन व्यक्तियों का शरीर शीघ्र गरम होकर दिन के मध्य भाग में उष्णता की सीमा पर पहुँच जाता है, वे शीघ्र उठते हैं और जो व्यक्ति देर से उठते हैं, उनका शरीर देर से उष्णता को प्राप्त करता है।

ब्राह्म मुहूर्त में नींद खुलने से शरीर को शुद्ध ऑक्सीजन प्राप्त होती है और शरीर चुस्त रहता है। यदि आपका तापमान दिन के बारह बजे से तीन बजे तक सर्वाधिक रहता है तो आप प्रभात प्रिय हैं और यदि आपके शरीर का तापमान शाम के पाँच बजे से आठ बजे तक सर्वाधिक रहता है तो आप संध्या प्रिय हैं।

सोते समय चिंतामुक्त होकर, हाथ-पैर धोकर स्वच्छ बिस्तर पर ईश्वर को प्रार्थना करके सोना चाहिए, इससे आपको गहरी व अच्छी नींद आएगी, जो शरीर को स्वस्थ रखने में सहायक होगी।

विश्व में सर्वाधिक सोनेवाला व्यक्ति रूस का कचाल्किन है। ज्ञात हुआ है कि यह व्यक्ति सन् 1898 में सो गया और बीस वर्ष बाद सन् 1918 में जागा। विश्व की अनेक महत्त्व की घटनाएँ प्रथम महायुद्ध और रूस की जनक्रांति सब उसके निद्रा काल में ही घटित हो गईं।

111. दीमक की बाँबियों में छिपे खजाने क्या होते हैं?

प्रायः दीमक को एक विनाशकारी कीट माना जाता है, क्योंकि इसके कारण फसलों, खाद्यान्नों, पेड़-पौधों, नर्सरी तथा भवनों को प्रतिवर्ष करोड़ों रुपए की आर्थिक क्षति होती है। साधारणतया दीमक का प्रमुख भोजन सेलूलोज तथा सेलूलोज से बने उत्पाद ही होते हैं, लेकिन यह प्लास्टिक, फोम, चमड़ा, मुलायम धातुएँ, थर्मोकोल, जिप्सम बोर्ड, कपड़ा, लकड़ी के विकल्प आदि वस्तुओं को समान रूप से नष्ट कर सकती है। दीमकों द्वारा पहुँचाई गई यह क्षति, अन्य प्रकार की प्राकृतिक आपदाओं, जैसे—आँधी, तूफान, बाढ़, चक्रवात आदि द्वारा होनेवाली सामूहिक क्षति से भी अधिक होती है।

परंतु ऐसी बात नहीं है कि दीमक केवल नुकसान ही करती है। अनेक भू-गर्भ विज्ञानियों तथा खनन कर्मियों ने पाया है कि भू-सतह पर मिट्टी से बनी दीमक की बाँबियाँ भी भू-गर्भ में छिपे प्राकृतिक खजाने की ओर संकेत करती हैं। इसी प्रकार भू-सतह पर किस स्थान पर बोरिंग करने पर हमें पानी मिलेगा? और किस स्थान पर बोरिंग करना व्यर्थ होगा? इसके संकेत हमें दीमक की बाँबियों से प्राप्त होते हैं। 'बृहत् संहिता' में स्पष्ट उल्लेख मिलता है कि यदि भू-सतह पर दीमक की छोटी-बड़ी बॉबियों का समूह दिखाई दे तो सबसे बड़ी दीमक की बाँबी के नीचे पानी का स्रोत मिलता है। रेगिस्तान में यदि 4-5 दीमक की बाँबियों का समूह दिखाई दे और केंद्रवाली बाँबी सफेद रंग की मिट्टी से बनी हो तो निश्चित तौर पर भू-सतह से लगभग 55-60 पुरुषा नीचे जल का भंडार अवश्य मिलेगा (संस्कृत में 1 पुरुषा = 7.5 फीट)।

सी.एस.आई.आर.-केंद्रीय भवन अनुसंधान संस्थान, रुड़की के वैज्ञानिकों ने प्रायोगिक परीक्षणों के दौरान बंगलुरु में कुछ प्रयोग किए। उन्होंने मृत और जीवित दीमक की बाँबियों की पहचान हेतु दीमक के 5-6 बाँबियों के कुछ हिस्सों को तोड़ा तो उनकी टीम ने पाया कि 1-2 घंटे के अंतराल में ही दीमक गीली मिट्टी से अपनी टूटी हुई बाँबी की मरम्मत कर देती हैं। इतने कम समय में दीमक द्वारा इतनी अधिक मात्रा में गीली मिट्टी का लाना इस बात का संदेश देता है कि भू-गर्भ में अवश्य ही आस-पास जल स्रोत होगा। कम तापमानवाले स्थानों की अपेक्षा जिन स्थानों पर तापमान 40-41^0 सें. से अधिक होता है, वहाँ पर दीमकें, भीषण गरमी से अपनी कॉलोनी को बचाने के लिए बाँबी की शीघ्रता से मरम्मत कर लेती हैं। वैज्ञानिकों ने परीक्षण के दौरान दीमक की बाँबी की तली से मात्र 1-2 फीट की गहराई से दीमक का 'रॉयल सेल' भी एकत्र किया, जिसमें से 'रानी दीमक' जीवित अवस्था में पाई गई (चित्र-107)।

चित्र-107 : दीमक की बाँबियों से जानें भू-गर्भ का रहस्य

वस्तुतः दीमक पृथ्वी के 70 प्रतिशत भू-भाग पर पाई जाती है तथा अपनी बाँबियों में रॉयल सेल के आस-पास विशेष प्रकार की फफूँद उगाती है। फफूँद का उपयोग बाँबी के अंदर तापमान नियंत्रण तथा अपने बच्चों को भोजन कराने में करती है। फफूँद में जल धारण क्षमता अधिक होती है, जिनकी सहायता से दीमक की बाँबी के अंदर का तापमान

29 से 31^0 सेल्सियस तथा 100 प्रतिशत आर्द्रता नियमित रूप से रहती है। अपनी बाँबी की रचना से पूर्व दीमक पृथ्वी में गहराई तक जाती है तथा भूमिगत स्रोत के आस-पास से गीली मिट्टी लाकर अपनी बाँबी बनाती है। इसके पूर्व वे मिट्टी में अपनी लार तथा अपशिष्ट पदार्थ भी मिला देती हैं। ऐसे मिश्रण से बनी दीमक की बाँबी धूप में तपकर कठोर तथा मजबूत हो जाती है।

इस तथ्य के भी पुष्ट प्रमाण मिले हैं कि पृथ्वी की गहराई से लाई गई मिट्टी में भू-गर्भ में मौजूद खनिज लवणों, सोना, चाँदी, हीरा, टिन आदि के सूक्ष्म कण भी होते हैं। दो दशक पूर्व तक दक्षिणी अफ्रीका के उष्णकटिबंधीय क्षेत्रों के निवासी दीमक की बाँबियों की मिट्टी को पानी में घोलकर पतले गारे (Mud Slurry) से सोने के कणों तथा एक सेंटीमीटर तक के आकार के सोने के टुकड़ों (Nuggets) को पृथक् कर लेते थे, जो उनकी आय का अतिरिक्त स्रोत था। ऐसे स्थानों पर पश्चिमी देशों की कंपनियों द्वारा खनन करने पर भूमिगत सोने के भंडारों का पता चला। इसी प्रकार मोजांबिक में कॉपर की खान का पता चला, ऑस्ट्रेलिया के वैज्ञानिकों ने बाँबियों की मिट्टी के परीक्षण द्वारा मॉलिब्डेनम का पता लगाया।

हमारे देश में मध्य प्रदेश के बस्तर क्षेत्र में टिन, कोलंबाइट, टेंटाजाइट (Tentagite), लैपिडो-लाईट (Lepidolite), पाइरोक्लोर (Pyrochlore), ट्राईफाइलाइट (Triphylite), गैलीना (Galena) आदि खनिज लवणों के संकेत भी दीमक की बाँबी की मिट्टी से मिले हैं। इसी प्रकार की जानकारी झारखंड क्षेत्र में भी मिली है।

अत: सतह की मृदा के परीक्षण तथा दीमक की बाँबियों से प्राप्त आँकड़ों के वैज्ञानिक विश्लेषण के पश्चात् यदि खनन कार्य शुरू किए जाते हैं तो धन व समय की बचत भी संभव हो सकती है।

112. क्या है घरेलू मसालों में व्याप्त रसायन और उनकी औषधीय उपयोगिता?

यह यथार्थ है कि प्राकृतिक जीवन जीने की शैली ही रोग निवारक और जीवनदायिनी होती है, परंतु वर्तमान काल में मानव की सुविधाभोगी जीवनचर्या तथा भौतिकवादी आचार-विचार के परिणामस्वरूप नए-नए रोगों की उत्पत्ति हो रही है। यद्यपि एलोपैथी चिकित्सा पद्धति के अंतर्गत नित-नए आविष्कार हो रहे हैं, परंतु विडंबना है कि भारतीय परिवेश में प्राकृतिक रूप से विकसित हमारी परंपरागत देशी उपचार पद्धतियाँ हाशिए पर खड़ी हैं।

विश्व स्वास्थ्य संगठन के एक प्रतिवेदन के अनुसार विश्व की 65 से 80 प्रतिशत जनसंख्या वैकल्पिक चिकित्सा पद्धतियों पर ही निर्भर है, जो कि एलोपैथिक न होकर मूलत: परंपरागत चिकित्सकीय औषधियाँ ही हैं।

भारतीय रसोईघर में उपयोग किए जानेवाले मसाले औषधीय गुणों से परिपूर्ण हैं, अत: विदेशी लोग भी भारतीय व्यजंनों को पसंद करने लगे हैं। इन मसालों में कुछ पेड़ों के कंद या जड़ों से, कुछ तना, छाल व लेटेक्स से, कुछ पत्तियों, फूलों, फलों व बीजों से प्राप्त होते हैं। कुछ प्रमुख मसालों में उपस्थित रसायनों के नाम एवं उनकी औषधीय उपयोगिता इस प्रकार हैं—

मसालों के नाम	उपस्थित मुख्य रसायन	उपयोगिता
हल्दी (Turmeric)	वाष्पीय तेल में मुख्यतया टरमीरोन, एटलेनटोन जिंगीबेरीन, करक्यूमिनोयड्स, सिनियोल, प्रोटीन, विटामिन 'ए' मैग्नीशियम, मैंग्नीज, नियॉसिन पोटैशियम, सोडियम आदि	मसाला करी का अवयव, पाचन शक्ति सुधारक, अल्सर, दमा, हृदयरोग, मधुमेह, चर्मरोग नियंत्रक, एंटीऑक्सीडेंट, एंटीसेप्टिक, एंटी कैंसर
अदरक (Ginger)	ओलियोरेजिन, जिंजीराल, सोयाओल, जिंजीरोन तथा फिनाइल प्रोपेनोइड्स के यौगिक, प्रोटीन, स्टार्च, विटामिंस ए,बी,सी व अन्य एमीनो अम्ल	पाचन संस्थान से जुड़ी समस्याएँ, वात, पित्त, कफ रोगनाशक, सर्दी, जुकाम, खाँसी, गले के दर्द नियंत्रण में सहायक, एंटीऑक्सीडेंट
दालचीनी Dal Chini (Cinnamon)	तेल में मुख्यतया अल्फा एवं बीटा पाइनींस, सेबीनींस, मिरसीन, लिमोलीन, लिनालूल, जिरेनियॉल, सिनियोल, टरपिनाल एसीटेट	वात, पित्त, कफ रोगनाशक, मधुमेह रक्तचाप, कोलेस्टेरॉल नियंत्रक, सर्दी, जुकाम, खाँसी नियंत्रक

हींग (Asafoetida)	वाष्पीय तेल में रेजिन और गोंद, एसारेसीनॉल फैरूलेट ए एवं बी, फैरूलिक अम्ल अंबैलीफैरोन	छौंक के रूप में भोजन को सुस्वाद बनाने में, पाचक, वात, पित्त रोगों में, संक्रमित रोगों के निवारण में
करी पत्ता (Curry Leaves)	वाष्पीय तेल में मोनोटरपींस हाइड्रोकार्बंस, प्रोटीन, विटामिन, कैल्सियम, पोटैशियम	मीठा नीम के नाम से प्रचलित मधुमेहनाशक, बर्र, मधुमक्खी के दंश, जहर निवारण में सहायक
तुलसी (Basil)	वाष्पीय तेल में मुख्यतया सिस–ऑसीमीन, मिरसीन, जिरेनियाल, यूजिनाल लिनालूल, बीटा पाइनीन व गामा टरपीनियाल	पत्तियों में दिव्य औषधीय गुण, चाय, काढ़ा गुणकारी, पेट विकार, किडनीस्टोन, हृदय रोग में कारण एवं पर्यावरण शोधक
पुदीना (Mint)	वाष्पीय तेल में मुख्यतः मेंथाल, मॅथोन, मेंथाल एसीटेट होता है।	पत्तियों को चटनी के रूप में खाने से लौह तत्त्व की पूर्ति, रक्तशोधक, ठंड के कारण बुखार, कफ खाँसी, जुकाम के संक्रमण रोकने में कारगर।
अजवाइन (Thyme)	वाष्पीय तेल में थायमॉल, मिरसीन, पैरा सायमीन लि़नालूल, बोरनियाल टरपींस आदि।	छौंक डालने का अवयव, तेल की मालिश सूजन एवं दर्द निवारक। कृमिनाशक, कवकनाशक, मधुमेहनाशक, पेट संबंधी रोग में गुणकारी।

राई (Mustard)	प्रमुख यौगिक एलाइल आयसो थायोसायनेट्स	मसाला छौंक के रूप में भोजन को स्वादिष्ट बनाने व पाचक बनाने में गुणकारी, तेल खाने में तथा केश मालिश में उपयोगी, जिंक, आयरन, कैल्सियम व गंधक का स्रोत।
चक्रफूल (Star Anise)	वाष्पीय तेल में एनीथॉल के अलावा इस्ट्रेगाल, पैराएनीसल्डीहाइड, एनीसी एल्कोहल, लिमोनींस, शायमीन, विटामिन बी-6	सुगंधित मिठाई, खीर आदि बनाने में, एंटीऑक्सीडेंट, कृमिनाशक, हृदय एवं कैंसर रोग निवारक, शक्तिवर्धक
केसर (Saffron)	पिको-क्रोसीन, साइक्लोहैक्जेन सेफ्रेनॉल	सबसे महँगा शक्तिवर्धक मसाला, एंटीऑक्सीडेंट, जीवाणुनाशक, स्मरण-शक्तिवर्धक, लकवा एवं हृदय रोग उपचारक, चर्मरोग, खाँसी, जुकाम-नाशक, वजन कम करने में सहायक
लौंग (Clove)	वाष्पीय तेल में फिनाइल प्रोपेनॉइडस, यूजेनॉल, सिनेमेल्डिहाइड थॉयमॉल	करी का प्रमुख अवयव, दाँत एवं मसूड़ों का रोग निवारक, उलटी, हिचकी, पाचन संबंधी रोग नियंत्रक
जायफल (Nutmeg)	वाष्पीय तेल में संतृप्त एवं असंतृप्त वसा, सेबीनींस, कैंपफींस, यूजेनाल, बोरनियाल माइटिस्टीन, टरपींस आदि।	करी को सुपाच्य बनाता है, दर्दनाशक दमा, हृदय रोग, पाचन संस्थान संबंधी रोग, शिशु के उदर रोगनाशक, मधुमेह नाशक

इलायची (Cardamom)	वाष्पीय तेल में अल्फा व बीटा पाइनींस, मिरसीन, लिमोनीन लिनालूल, जिरेनियॉल, मिथाइल यूजिनाल आदि।	करी, मिष्टान्न, चाय, दूध, पेय में सुगंध हेतु उपयोगी, दुर्गंधनाशक, पाचन तंत्र शोधक, पित्ताशय व गुर्दों में स्टोन रोधक
कालीमिर्च (Black peeper)	वाष्पीय तेल में मुख्यतया पाइपरीन, पाइनींस, लिमोनीन हाइड्रोकार्बंस कैरियोफाइलीन आदि रसायन	पाउडर करी, दही, छाछ को सुगंधित बनाने में, रक्तशोधक, पाचन संबंधी समस्याओं के निवारक में, उलटी, हैजा, कफजनित गला के संक्रमण रोकने में कारगर
लाल मिर्च (Red Chilli)	कैपेसायसिंस, नारहाइड्रोपेसिन, होमोकैपेसायसिंस, प्रोटीन विटामिन-सी व बी, जिंक, फास्फोरस, आयरन मैग्नीशियम	गरम मसाला का प्रमुख अवयव, भोजन को तीखा व स्वादयुक्त बनाने में, एंटीएलर्जिक, एंटीबैक्टीरियल, एंटीफंगल, सिरदर्द, मधुमेह, हृदयरोग की प्रतिरोधक क्षमता में उपयोगी।
जीरा (Cumin)	वाष्पीय तेल में मैंथाडाइन क्युमिनएल्डिहाइड, प्रोटीन, आयरन, कॉपर, पोटैशियम, विटामिंस बी व सी	भोजन को स्वादिष्ट व सुगंधयुक्त बनाने में, अनेक औषधीय गुणों युक्त
धनिया (Coriander)	वाष्पीय तेल में डी-लिनालूल, कोरिएनड्राल, डेसिल एल्डीहाइड, बोरनियाल, जिरेनियाल, कैंपफींस व हाइड्रोकार्बंस	भोजन को स्वादिष्ट व सुगंधयुक्त व पाचक बनाने में, जोड़ों के दर्द, स्नायु दुर्बलता, गठिया, माइग्रेन नियंत्रण में सहायक

मेथी (Fenugreak)	ट्रायचोलीन, ट्रायगोनेलींस, जेनटियानिंस, फलेवनाइड्स पाइरीडींस, पाइरोल्स, सेपोनींस गेलेक्टोमानन, विटामिंस ए,बी,सी, प्रोटीन आदि	पाचन संबंधी समस्या रोधक, मधुनाशक, उच्च रक्तचाप, हृदयरोग तथा स्टोन नियंत्रक
सौंफ (Fennel Seed)	वाष्पीय तेल में एनीथॉल, फैंहीहोन, मिथाइल चैण्हीकाल, क्यूमेरिंस रसायन	भोजन रुचिकर व पाचक बनानेवाला, मुखशोधक, डायरिया, वमनरोधक, मधुमेह, उच्च रक्तचाप नियंत्रक

113. क्या होता है न्यूमिस्मैटिक्स सिक्कों का विज्ञान?

न्यूमिस्मैटिक्स प्राचीन ग्रीक शब्द 'नोमिस्मा' से व्युत्पन्न हुआ है, जिसका अर्थ है मुद्रा या पैसा। आधुनिक समय में मुद्रा, सिक्कों या पैसों के अध्ययन को या उनके संग्रह को 'न्यूमिस्मैटिक्स' की संज्ञा दी गई है, अर्थात् न्यूमिस्मैटिक्स सिक्कों का विज्ञान है तथा इसे मुद्राशास्त्र भी कहा जाता है।

पुरातनकाल में लोग मुद्रा के रूप में अजीबो-गरीब वस्तुओं का उपयोग करते थे। पूर्व में हमारे यहाँ वस्तु-विनिमय प्रणाली थी, परंतु उसमें जटिलताएँ बहुत थीं। प्राचीन भारत में मुद्राएँ राजसत्ता के प्रतीक के रूप में ग्रहण की जाती थीं। इतिहासवेत्ता के.वी.आर. अय्यंगार के अनुसार व्यापारी वर्ग ने आदान-प्रदान हेतु सिक्कों का निर्माण करवाया। कुछ विद्वानों का मत है कि भारत में मुद्राओं का प्रचलन विदेशी प्रभाव का परिणाम है। कुछ मतानुसार भारत में सिक्के 800 ई.पू. आए, परंतु कुछ विद्वान्, यथा— डॉ. डी.डी.आर. भंडारकर तथा विंटिरनित्ज के अनुसार भारत में सिक्कों की प्राचीनता 3000 ई.पू. के आसपास थी। सिक्कों के निर्माण में सोना, चाँदी, ताँबा जैसी धातुओं का प्रयोग होता था।

प्राचीन भारत में तीन प्रकार से मुद्राओं का निर्माण किया जाता था—

1. आहत या छापा विधि : इस विधि से मुद्रा तैयार के लिए पहले विभिन्न प्रकार की धातुओं की पतली चादर की जाती थी, फिर उनके मानक, तौल के अनुसार

चौकोर टुकड़े किए जाते थे। उन टुकड़ों पर कुछ चिह्नों, नामों व शब्दों को अंकित किया जाता था।

2. ढलाई विधि : यह ज्यादा परिष्कृत विधि थी। इसमें एक ही बार में कई सिक्कों का निर्माण किया जाता था। रोहतक, तक्षशिला, मथुरा, सुनेत, खेड़ा, नालंदा इत्यादि स्थानों की खुदाई में ऐसे सिक्के मिले थे।

3. ठप्पा प्रहार विधि : इस विधि में गरम धातु के टुकड़े पर ठप्पे के दबाव से लेख व प्रतीक चिह्न अंकित किए जाते थे।

चित्र–108 : विभिन्न प्रकार के सिक्के

प्राचीन सिक्कों पर मुख्यतया ब्राह्मी, खरोष्ठी एवं ग्रीक लिपि का प्रयोग किया जाता था। वहीं भाषाओं में यूनानी, प्राकृत, द्रविड़ भाषाओं का प्रयोग किया जाता था, जिससे इनके स्थान, समय और विशेषता का भी विभाजन किया जाता था। कई सिक्कों पर राजकीय चिह्न, शासकाकृति, किसी विशिष्ट देवता या पशु के चिह्न भी अंकित होते थे (चित्र–108)।

आधुनिक सिक्कों पर दृष्टि डालें तो यह सिक्के एक, दो पैसा, पाँच पैसा, दस पैसा, बीस पैसा, पच्चीस पैसा, पचास पैसा, एक रुपए, दो, पाँच व दस रुपए के सिक्के (डिनोमिनेशन) के नाम से चलाए गए। वर्तमान समय में पचास पैसे के नीचे के सिक्के प्रचलन से बाहर हो गए हैं। सिक्के ढालने का एकमात्र अधिकार भारत सरकार को है। सिक्का निर्माण का दायित्व समय-समय पर यथा संशोधित सिक्का निर्माण अधिनियम, 1906 के अनुसार भारत सरकार का है। सिक्कों की ढलाई भारत सरकार की चार टकसालों मुंबई, अलीपुर (कोलकाता), सैफाबाद (हैदराबाद), चेरियापल्ली (हैदराबाद) और नोएडा (उ.प्र.) में की जाती है। भारतीय रिजर्व बैंक अधिनियम के अनुसार, परिचालन के लिए सिक्के भारतीय रिजर्व बैंक के माध्यम से जारी किए जाते हैं।

रुपया शब्द की उत्पत्ति संस्कृत के शब्द 'रुप्यक' से हुई, जिसका अर्थ है—चाँदी। मोटे तौर पर इसे चिह्नित मुहर भी कहते हैं।

- शेरशाह सूरी ने रुपए की शुरुआत की थी। उस समय ताँबे के 40 टुकड़े एक रुपए के बराबर थे।
- मूलत: रुपया चाँदी से बनाया जाता था, जिसका वजन 11.34 ग्राम था। ब्रिटिश शासन के दौरान भी चाँदी का रुपया चलन में रहा।

- सन् 1862 में नए सिक्के जारी किए गए, जिन्हें शाही मुद्रा कहा गया। इन पर महारानी विक्टोरिया की छवि और भारत का नाम था।
- आजादी के पश्चात् भारत का पहला सिक्का सन् 1950 में जारी किया गया।
- भारतीय रिजर्व बैंक ने सन् 1938 में नोटों का उत्पादन शुरू किया। वर्तमान में भी यही बैंक मुद्रा जारी करने और प्रबंधन का काम करता है।
- सन् 1947 में रुपए का दशमलकरण हुआ। इसमें रुपए को 100 नए पैसे में बाँटा गया।
- आजादी के पश्चात् सिक्के निकिल के बनते थे। उसके बाद एल्यूमिनियम के सिक्के सन् 1964 में आए। सन् 1988 में स्टेनलेस स्टील के सिक्के जारी किए गए।
- सन् 2010 में भारतीय रुपए का प्रतीक अपनाया गया, जो डी. उदयकुमार ने बताया था। इस प्रतीक को बनाने में लैटिन अक्षर 'आर' और देवनागरी के अक्षर 'र' का प्रयोग हुआ है, जिसमें दो लाइनों से भारतीय राष्ट्रीय ध्वज का प्रतिनिधित्व होता है। हर नोट पर 17 भारतीय भाषाओं में राशि लिखी जाती है।

114. हीमोफिलिया : एक वंशानुगत विकार

पैतृक रक्तस्राव या हीमोफिलिया एक आनुवंशिक बीमारी है, जो आमतौर पर पुरुषों को होती है तथा औरतों द्वारा फैलती है। यह एक वंशानुगत विकार है, जो शरीर में घाव होने पर रक्त के थक्के बनाने की क्षमता कम करता है, जिससे घाव होने पर लंबे समय तक रक्तस्राव होता रहता है। विशेषज्ञों के अनुसार इस रोग का कारण रक्त में प्रोटीन की कमी होती है, जिसे 'क्लाटिंग फैक्टर' कहा जाता है, जो बहते रक्त के थक्के जमाने में सहायक होता है। वस्तुतः यह बीमारी रक्त में थ्रांबोप्लास्टिन नामक पदार्थ की कमी से होती है, जिसमें रक्त को शीघ्र थक्का कर देने की क्षमता होती है। एक आकलन के अनुसार विश्व में लगभग 50 प्रतिशत हीमोफिलियाग्रस्त जनसंख्या भारत में रहती है।

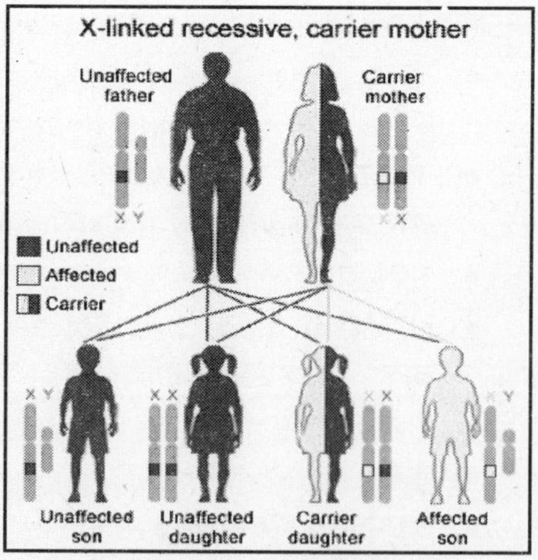

चित्र–109 : हीमोफीलिया

इस रोग के लक्षणों में शरीर में नीले निशानों का बनना, नाक से खून बहना, आँख के अंदर खून निकलना तथा जोड़ों में सूजन आदि।

इस रोग से ग्रसित रोगी को फलों तथा सब्जियों की मात्रा का अधिक सेवन करना चाहिए, जई, जौ, गेहूँ के चोकर का अधिक उपयोग, लौहयुक्त सलाद (खीरा व चुकंदर) तथा विटामिन-सी युक्त पदार्थों का अधिक सेवन करना चाहिए।

इसके उपचार हेतु बार-बार रुधिर आधान, पुनर्स्थापन चिकित्सा, रिकॉम्बिनेंट क्लॉटिंग फैक्टर, जीव थेरैपी आदि महत्त्वपूर्ण तकनीकियाँ हैं। हीमोफीलिया के प्रति सामान्य जनसंख्या में जागरूकता को बढ़ाने के लिए प्रतिवर्ष 17 अप्रैल को 'विश्व हीमोफीलिया दिवस' भी मनाया जाता है (चित्र-109)।

115. क्या होता है बायोमेडिकल कचरा?

अस्पतालों और चिकित्सा संबंधित शोध संस्थानों से उत्पन्न कचरे में ठोस, तरल पदार्थ, पैनी, नुकीली वस्तुएँ सम्मिलित हैं, जो संक्रामक और खतरनाक हो सकती हैं और इन्हें बायोमेडिकल या बायोकचरा माना जाता है (चित्र-110)।

चित्र-110 : बायोमेडिकल कचरा

बायोमेडिकल कचरे के निम्नांकित घटक होते हैं, यथा—

- मानव के शरीर रचना संबंधी कचरे (ऊतक, अंग, शरीर के भाग आदि)।
- जंतुओं से संबद्ध कचरे (ऊतक, अंग, शरीर के भाग आदि), जो प्रयोगशालाओं और पशु चिकित्सालयों से शोध/प्रयोगों के दौरान निकलते हैं।
- सूक्ष्म जीव विज्ञान और जैव प्रौद्योगिकी से जुड़े कचरे।
- हाइपोडर्मिक सुइयाँ (नीडिल्स), सिरिंजें, स्कैल्पल्स (शल्यक्रिया में प्रयुक्त चाकू), टूटे हुए काँच आदि।
- अप्रयुक्त दवाइयाँ और कोशिका विषाक्त औषधियाँ।
- ड्रेसिंग पट्टियाँ, प्लास्टर के टुकड़े, खून से भीगी संदूषित सामग्री आदि।
- ठोस कचरा (डिस्पोजेबल सामग्रियाँ, जैसे—सिरिंजें, ट्यूब्स, कैथेटर्स, आदि)।
- किसी भी संक्रमित भाग से उत्पन्न तरलरूपी कचरा।

- इंसीनिरेशन (भस्मीकरण संयंत्र) से निकली राख।
- रासायनिक कचरा।

स्रोत : जैव आयुर्विज्ञानी (बायोमेडिकल) कचरे के स्रोत हैं, यथा—सरकारी/निजी अस्पताल, नर्सिंग होम, प्राथमिक स्वास्थ्य केंद्र, मेडिकल कॉलेज और तत्संबंधित शोध केंद्र, पैरामेडिकल सेवाएँ, पशु विज्ञान महाविद्यालय व जंतु अनुसंधान केंद्र, रक्त बैंक, शवगृह तथा शव परीक्षा केंद्र, जैव प्रौद्योगिकी संस्थान, दंत चिकित्सक के क्लीनिक्स, बूचड़खाना, रक्तदान कैंप, टीकाकरण केंद्र, कॉस्मेटिक छेदन, एक्यूपंक्चर, मनश्चिकित्सीय केंद्र तथा अशक्त/अपंग लोगों के संस्थान।

खतरे : बायोमेडिकल कचरे की अनुचित व अव्यवस्थित निपटान से अनेक खतरे हो सकते हैं, यथा—पर्यावरणीय प्रदूषण, दुर्गंध, टायफॉइड, हैजा, यकृतशोथ, एड्स के रोग की संभावना।

- पानी, पसीना, रक्त, शरीर द्रव, संदूषित अंगों के माध्यम से प्लेग, रैबीज तथा विभिन्न संचारी रोगों के फैलने की संभावनाएँ।
- भस्मीकरण संयंत्रों (इंसीनिरेटर्स) और खुले स्थानों में वस्तुएँ जलाने से हानिकारक गैसों के उत्सर्जन से स्वास्थ्य दुष्प्रभावित। रेडियोधर्मी कचरे प्रभावित होने पर जनमानस के स्वास्थ्य पर गंभीर खतरे।

भारत में बायोमेडिकल कचरा उत्पन्न करनेवाले प्रमुख पाँच राज्य हैं, यथा—कर्नाटक, उत्तर प्रदेश, महाराष्ट्र, केरल, पश्चिम बंगाल।

उपचार : बायोमेडिकल कचरे के शोधन हेतु निम्नलिखित उपचार प्रयोग में लाते हैं—

1. **रासायनिक प्रक्रियाएँ :** इसके अंतर्गत सोडियम हाइपोक्लोराइड, घुलित क्लोरीन डाइऑक्साइड, परएसिटिक अम्ल, हाइड्रोजन परॉक्साइड का विसंक्रामक के रूप में प्रयोग किया जाता है।
2. **तापीय प्रक्रियाएँ :** इसके अंतर्गत कचरे को संदूषण रहित बनाने के लिए ताप का प्रयोग किया जाता है।
3. **किरणन प्रक्रियाएँ :** एक बंद चैंबर में कचरे पर पराबैंगनी (अल्ट्रावायलेट) अथवा आयोनाइजिंग किरणें प्रवाहित की जाती हैं।
4. **जैविक प्रक्रियाएँ :** मेडिकल कचरे के शोधन के लिए जैविक एंजाइमों का प्रयोग।
    - बायोमेडिकल कचरा ढोनेवाले वाहन पर जैव खतरा (बायो हजार्ड) का चिह्न अंकित करना तथा उसका अन्य कार्य हेतु उपयोग न करना।

- **भस्मीकरण :** कार्बनिक एवं सहज ज्वलनशील कचरे का अकार्बनिक एवं अज्वलनशील में बदलना।
- बायोमेडिकल कचरे विभिन्न बड़े थैलों में पृथक् करके डालना।
- जागरूकता तथा शिक्षा का प्रचार-प्रसार करना।

116. क्या होता है जी.पी.एस.?

आज के युग में संभवत: कोई भी समुद्री जहाज अथवा विमान चालक इस प्रकार की यात्रा केवल कुतुबनुमा तथा सैक्सटैंट के बूते पर करने की कल्पना भी नहीं कर सकेगा और इसीलिए जहाजों तथा विमानों में रडार, डेका, लोरान, जायरो तथा अनेक दूसरे प्रकार के दिशासूचक तथा मार्गदर्शी उपकरण लगाए जाने लगे हैं।

चित्र-111 : जी.पी.एस. उपकरण

नब्बे के दशक में एक विशेष प्रकार के उपकरण का निर्माण कर लिया गया है, जो छोटा, आसान तथा विशुद्ध है तथा इस उपकरण का नाम ग्लोबल पोजिशनिंग सिस्टम अथवा जी.पी.एस. है। वस्तुत: यह टेप रिकॉर्डर के आकार का एक सरल सा अभिग्राही (रिसीवर) संयंत्र है, जो उपग्रहों से संकेत प्राप्त करके किसी यान अथवा स्थल की सही स्थिति दरशाता है (चित्र-111)।

जी.पी.एस. द्वारा किसी व्यक्ति या यान की केवल स्थिति ही नहीं, वरन् अन्य कई तथ्य भी ज्ञात किए जा सकते हैं। उदाहरण के लिए इससे यह पता किया जा सकता है कि दिल्ली तथा कोलकाता अथवा किन्हीं दो नगरों के बीच की सही दूरी क्या है (और वह भी सेमी. अथवा मिमी. शुद्धता तक)। इससे यह भी पता लगाया जा सकता है कि कोई स्थान किस दिशा में स्थित है तथा हमारे पहुँचने के साधन (विमान, जहाज, रेल, कार आदि) को वहाँ तक पहुँचने में कितना समय लगेगा। इसी प्रकार कोई पर्यटक या अन्वेषक पथभ्रमित हो जाए या खो जाए तो जी.पी.एस. की सहायता से अपना रास्ता खोज सकता है।

अत: यह कहा जा सकता है कि जी.पी.एस. ने परिचालन (नेवीगेशन), सर्वेक्षण तथा विज्ञान और टेक्नोलॉजी के अनेक क्षेत्रों में क्रांति सी ला दी है। वस्तुत: इस विलक्षण

यंत्र की देन अमरीका के रक्षा विभाग द्वारा किए गए निरंतर अनुसंधान कार्य है। इसका विकास 1993 में हुआ तथा वर्ष 1994 में यह पूर्ण रूप से कार्य करने लगा।

जी.पी.एस. मूलभूत रूप से उपग्रह पर आधारित संयंत्र है, जो मार्गदर्शन तथा स्थिति निर्धारण में प्रयुक्त किया जा सकता है। यह संयंत्र पृथ्वी से 20,200 किमी. की ऊँचाई पर परिक्रमा कर रहे नेवस्टार नामक अमरीकी उपग्रहों से संकेत ग्रहण करता है। नेवस्टार (नेवीगेशन सिस्टम विद टाइम एंड रेंजिग) उपग्रहों से निरंतर उनकी स्थिति तथा समय के संकेत आते रहते हैं। उपग्रहों के संकेतों को भूमि पर स्थित जी.पी.एस. संग्राहक (रिसीवर) ग्रहण करते रहते हैं। संग्राहक में स्थित कंप्यूटर गणना द्वारा वांछित सूचना उपलब्ध करा देता है।

उपयोग : जी.पी.एस. के अनेकानेक उपयोग हैं। इसको चौबीसों घंटे दिन, रात, गरमी, सर्दी, बरसात आदि में कभी भी उपयोग किया जा सकता है। इसको किन्हीं दो स्थानों के बीच की दूरी तथा दिशा ज्ञात करने के उपयोग में लाया जा सकता है। जी.पी.एस. संग्राहक बहुत सस्ते, हलके तथा छोटे होते हैं।

आकाश में वायुयानों की स्थिति जी.पी.एस. द्वारा ज्ञात की जा सकती है और वायुयान चालक खराब मौसम में भी इसकी सहायता से विमान को भूमि पर सफलतापूर्वक उतार सकता है। इसी प्रकार समुद्री जहाज एक खुले सागर में एक देश से दूसरे देश तक केवल जहाज में स्थित जी.पी.एस. के दिशा-निर्देश द्वारा ही आसानी से पहुँच सकता है।

जी.पी.एस. को पुलिस जीप तथा मार्गदर्शी वाहनों में लगाया जा सकता है। कुछ देशों में तो कार तथा निजी वाहनों के मालिक अपने वाहनों में जी.पी.एस. लगाते हैं, जिससे वे एक स्थान से दूसरे स्थान तक छोटे से छोटे मार्ग पर जा सकें।

इसके अलावा इनका उपयोग पुलों, बाँधों, रेललाइनों, सड़कों आदि के निर्माण के लिए पाइपलाइनें तथा विद्युत् लाइनें आदि डालने के लिए भूमि, जंगल, झील, सागर आदि की माप आदि के लिए किया जा रहा है। भूकंपों के पूर्वानुमान संबंधी जानकारी में भी इनका उपयेाग हो रहा है।

हमारे देश में भारतीय सर्वेक्षण विभाग, रक्षा विभाग, विमानपत्तन प्राधिकरण, वैज्ञानिक अनुसंधान विभाग तथा अनेक सरकारी तथा निजी संस्थानों द्वारा जी.पी.एस. का उपयोग किया जा रहा है।

117. घोड़े को नाल क्यों लगाया जाता है?

क्या आपने कभी घोड़े को सड़क पर दौड़ते हुए ध्यान से देखा है, उसके पैर के नीचे एक लोहे का नाल लगा हुआ होता है। ऐसा केवल घोड़े में ही होता है, क्योंकि

घोड़े के पैर को पाँव के अँगूठे (खुर) में तथा चौड़े अग्रभाग में विभाजित किया गया है, जबकि अन्य पशुओं में पंजे तथा नाखून होते हैं, परंतु घोड़े के पैर की अंगुली के आसपास खुर होता है।

खुर क्षेत्र कोई संवेदना या दर्द महसूस नहीं कर सकता है, क्योंकि यह मृत ऊतकों का बना होता है (ऐसा ही एक उदाहरण हमारे नाखूनों का है, जो कि मृत ऊतकों से बने हैं तथा इनको काटने पर हमें दर्द नहीं होता है)। घोड़ा जब चल या दौड़ रहा होता है तो उसकी एड़ी जमीन को नहीं छूती है। घोड़े के पैर के बीच का हिस्सा या केंद्र नरम होता है, उसे 'फ्राग' कहा जाता है। जब घोड़ा सवार या भारी बोझ उठाकर चलता है तो उसके खुर जमीन से टकराते हैं, तब खुर का मुलायम हिस्सा भार को सहन न कर पाने के कारण जमीन से टकराकर चोटिल होकर फूल जाता है। इससे वह पशु लँगड़ा हो सकता है, अत: खुर को इस प्रकार चोट से बचाने के लिए लोहे के 'नाल' खुरों पर लगाए जाते हैं। ये नाल खुरों के मुलायम हिस्से की रक्षा करते हैं तथा यह सुनिश्चित करता है कि घोड़ा हवा की तेज गति से अपने पैरों के बारे में चिंता किए बिना दौड़ सके।

118. सदाबहार कपड़े क्या होते हैं?

यह सूचना उन बच्चों के लिए अच्छी है, जो बरसात के पानी से भरे गड्ढों में खेलते रहते हैं पर कपड़े गंदा नहीं करना चाहते हैं अथवा वे फुटबॉल, हॉकी इत्यादि खेलते हैं, किंतु अपनी कमीज, टी-शर्ट को पसीना और मिट्टी की वजह से गीला और गंदा नहीं करना चाहते हैं। उनके लिए ब्रिटिश वैज्ञानिकों ने एक विशेष प्रकार का कपड़ा ईजाद किया है, जो कभी मैला या गीला नहीं हो सकता है। इसे सदाबहार कपड़े की संज्ञा दी गई है।

इस प्रकार के कपड़े को एक विशेष प्रकार के गैर-चिपचिपे रासायनिक पदार्थ द्वारा बनाया गया है, जो ग्रीस और पानी को अपने ऊपर बैठने नहीं देता है, जिससे कि कपड़ा स्वच्छ दिखे।

हाल ही में एक फ्रांसीसी कंपनी ने एक नए प्रकार की जैकेट बनाई है, जिसमें टेफ्लॉन की लेप लगाई गई है। टेफ्लॉन का इस्तेमाल रसोई में उपयोग किए जानेवाले बरतनों या विभिन्न उपकरणों में नॉन-स्टिक रसायन (प्लास्टिक कोटिंग) के रूप में किया जाता है। इस रसायन की एक विशेषता यह है कि किसी अन्य प्रकार के रसायनों के साथ प्रतिक्रिया नहीं करता है। तेल या पानी जैसे पदार्थ से भी प्रतिक्रिया नहीं करता है। तेल या पानी जैसे पदार्थ इसमें अवशोषित नहीं हो पाते हैं। परिणामस्वरूप मिट्टी और पानी टेफ्लॉन लेपित कपड़े के ऊपर से फिसल जाते हैं।

इस दिशा में अमरीकी वैज्ञानिकों ने एक ऐसे वस्त्र रेशा (फाइबर) विकसित किया है, जो कीटनाशक है। मच्छर इस प्रकार के रेशों से बने कपड़े के संपर्क में आते ही मर जाता है। अनेक देशों में यह तकनीक बहुत ही लोकप्रिय हो रही है।

119. क्या होती है लिडार तकनीक?

लिडार (लाइट डिटक्शन एंड रेंजिग), अर्थात् प्रकाश संसूचन एवं परासन तकनीक रेडियो तरंगों के उद्दीपित उत्सर्जन से प्रकाश का प्रवर्धन (लेजर) आधारित दूरी मापन की अद्भुत एवं नवीनतम तकनीक है, जिससे मानवनिर्मित संरचनाओं, जैसे—सड़कों, रेललाइनों, नहरों, भवनों, टावरों तथा विद्युत् एवं मोबाइल नेटवर्क आदि एवं प्राकृतिक स्थलाकृतियों, जैसे—पहाड़, पठार, घाटियों, नदियों, झीलों, ग्लेशियर एवं वनस्पतियों आदि का सटीक एवं त्रुटिरहित सर्वेक्षण किया जा सकता है। इस तकनीक के उपयोग से क्षेत्र विशेष की ऊँचाई का आकलन भी अपेक्षाकृत कम समय एवं कम लागत में संभव है।

चित्र–112 : लिडार

लिडार स्कैनिंग जमीन, वायवीय तथा अंतरिक्ष आधारित प्लेटफॉर्म से की जा सकती है, जिसमें त्वरित गति से मानचित्रण किया जा सकता है। यह एक सक्रिय सुदूर संवेदन प्रणाली है, जिसके द्वारा बगैर किसी अन्य प्रकाश स्रोत से किसी वस्तु को प्रदीप्त किया जा सकता है। इस विशेषता के कारण लिडार तकनीक से खराब मौसम तथा घनी वनस्पतियों या इनसे आच्छादित वन क्षेत्रों में मानचित्रण किया जा सकता है।

लिडार तकनीक से वास्तविक परिदृश्य के त्रिविमीय मॉडल (थ्री डाइमेंशनल) सूक्ष्म पैमाने पर सृजित किए जा सकते हैं, जिनका उपयोग भू-विज्ञान, भू-अभियांत्रिकी, भू-पर्यावरण, आधारभूत सुविधाओं की डिजाइनिंग, खनन, पेट्रोलियम, वानिकी, परिवहन तथा गैस पाइपलाइन आदि के नियोजन एवं प्रबंधन में किया जा सकता है। इससे भूकंप, भूस्खलन, बाढ़ या तूफान से शहरों के अंदरूनी हिस्सों में हुई क्षति का

सटीक आकलन भी संभव है। इसके अतिरिक्त विद्युत् एवं टेलीफोन लाइनों के तिरछे हुए खंभों एवं गैस पाइपलाइनों की क्षति का आकलन, वन क्षेत्रफल का आकलन तथा भू-खगोलिकी अध्ययन में भी लिडार तकनीक बहुत ही सटीक सिद्ध हुई है। जल ग्रहण क्षेत्र का लिडार तकनीक से सृजित मॉडल को चित्र-112 में दरशाया गया है।

120. फंक्शनल फूड क्या होते हैं?

हमारे यहाँ भोजन को औषधि के रूप में माना जाता था तथा वह भोजन, जो शरीर के लिए औषधि का काम करे, वह 'फंक्शनल फूड' माना जाता था। वस्तुतः 'फंक्शनल फूड' वह है, जिसमें शरीर को पोषण देनेवाले, शरीर को लाभ पहुँचानेवाले तथा उसकी जैव सक्रियता को बढ़ानेवाले घटक होते हैं। 'फंक्शनल फूड' या तो कुछ पौधों से या कुछ जीवों से मिलते हैं। ये हमारे शरीर को न केवल स्वस्थ ही रखते हैं, वरन् बीमारी के खतरे को भी कम करते हैं।

'फंक्शनल फूड' शब्द सर्वप्रथम 1980 में जापान सरकार द्वारा इस्तेमाल किया गया था, जब उन्होंने 'फूड फॉर स्पेसिफाइड हेल्थ यूज' के नाम से खाद्य पदार्थ बनाने की योजना बनाई। तत्पश्चात् 1982 में यूनाइटेड किंगडम के ऑक्सफोर्ड विश्वविद्यालय में सबसे पहला रिसर्च सेंटर—'फंक्शनल फूड' सेंटर के नाम से बनाया।

भारत में 'फंक्शनल फूड' को परिभाषित नहीं किया जा सका, परंतु फूड सेफ़्टी एंड स्टैंडर्ड ऐक्ट, 2006 ने भारतीय परिवेश के तहत 'फंक्शनल फूड' को परिभाषित किया है—'फंक्शनल फूड' शरीर में किसी विशेष प्रतिक्रिया को घटाता या बढ़ाता है, जिससे स्वास्थ्य लाभ अथवा किसी विशेष बीमारी को कम करने में मदद मिलती है। 'फंक्शनल फूड' किसी स्वास्थ्यवर्धक पौधे का निष्कर्ष, पाउडर मिलाकर बनाकर बनाया गया खाद्य, खनिज, विटामिन, प्रोटीन, फाइबर, एंजाइम मिलाकर बनाया गया खाद्य तथा कोई विशेष खाद्य, जो किसी विशेष बीमारी में इस्तेमाल किया जाता हो, भी हो सकते हैं।

प्रायः सेब, ब्लैकबेरी, ब्लैक टी, हरी फूलगोभी, चेरी और टमाटर, डार्क चॉकलेट, संतरा, ग्रीन टी, आड़ू, लाल अंगूर, पालक एवं स्ट्रॉबेरीज आदि खाद्य पदार्थ एकल या खाद्य में मिलाकर स्वाद अनुसार खाए जा सकते हैं, 'फंक्शनल फूड' के अंतर्गत आते हैं।

'फंक्शनल फूड', जैसे आटा (ग्लूटन फ्री अथवा चोकरयुक्त), लाइव बैक्टीरियायुक्त विभिन्न स्वास्थ्य पेय, यथा—अमूल बटर मिल्क, जूस, सोयाबीनयुक्त विभिन्न खाद्य पदार्थ भारत में प्रचुरता से उपलब्ध हैं। इस खाद्य से आर्थिक लाभ भी हो रहा है।

हमारे देश में सी.एस.आई.आर.-सी.एफ.टी.आर.आई., मैसूर और आई.सी.ए.

आर.-एन.डी.आर.आई, करनाल में 'फंक्शनल फूड' पर शोधकार्य हो रहे हैं। कालांतर में भारत में भी 'फंक्शनल फूड' के क्षेत्र में ग्लोबल मार्केट में भागीदारी की विपुल संभावनाएँ हैं।

121. फास्ट या जंक फूड सुरक्षित क्यों नहीं होते हैं?

आज की इस तेज रफ्तार की जिंदगी में हम और विशेषतौर पर हमारे बच्चे किसी-न-किसी रूप में फास्ट फूड अथवा जंक फूड या डिब्बाबंद भोजन का सेवन करने लगे हैं। प्राय: गाँव, शहर, घर या बाहर हर जगह जंक फूड ने अपनी जड़ें जमा रखी हैं।

चित्र-113 : फास्ट या जंग फूड

हॉट डॉग, बर्गर, पिज्जा, कोल्ड ड्रिंक, पेस्ट्री, कुकी, चॉकलेट, केचप, नूडल्स, चिप्स एवं कैंडी इत्यादि अल्पाहार को फास्ट अथवा जंक फूड की संज्ञा दी गई है (चित्र-113)। इन फास्ट या जंक फूड संस्कृति के विकास में पाश्चात्य संस्कृति का अंधानुकरण, प्रचार/प्रसार माध्यमों द्वारा नित नए प्रचार और विदेशी कंपनियों के आर्थिक फायदे के साथ समयाभाव भी कारक है। इन फूड को युवा वर्ग एवं बच्चों ने अपने जीवन में समावेशित तो कर लिया है, किंतु वे इसके दुष्प्रभावों से पूर्णतया अनभिज्ञ हैं तो आइए, इन हानिकारक प्रभावों को भी जानें।

हमारे देश के वैज्ञानिकों द्वारा किए गए अध्ययनानुसार इन खाद्य पदार्थों को खाने से बच्चों में मोटापा बढ़ता है, क्योंकि फास्ट या जंक फूड में अत्यधिक कार्बोहाइड्रेट एवं वसा होता है। आहार विशेषज्ञों के अनुसार इनकी मात्रा बर्गर में 150-200, पिज्जा में 300, शीतल पेय में 200 और पेस्ट्री या केक में लगभग 120 किलो कैलोरी प्रति 100 ग्राम या 100 मिली. में पाई जाती है। इनमें विटामिन, कैल्सियम, प्रोटीन, रेशेदार तत्त्व तथा खनिज लवणों का नितांत अभाव होता है।

इनसे भूख तो तुरंत शांत हो जाती है, परंतु उपयुक्त पौष्टिक पदार्थों की कमी से शरीर दिन-प्रतिदिन कमजोर होने लगता है। फास्ट फूड लेनेवाली महिलाओं में हारमोन की कमी हो जाती है, जिसके कारण वे बाँझपन का शिकार हो जाती हैं। वैज्ञानिकों ने

फास्ट फूड में सोडियम नाइट्रेट की उपस्थिति भी देखी है, जो कैंसर का भी एक कारक होता है। जठर रोग विज्ञानियों के अनुसार जंक फूड का अधिक सेवन पित्ताशय की पथरी होने की प्रबल आशंका का द्योतक है।

'न्यू साइंटिस्ट' की ताजा रिपोर्ट के अनुसार अत्यधिक मात्रा में फास्ट फूड का सेवन करने से आँखें खराब हो जाती हैं। चाउमिन बनाने में प्रयोग होनेवाले मोनोसोडियम ग्लूटामेट या एम.एस.जी. नामक रसायनों का प्रयोग किया जाता है, जिससे रेटिना की क्षति हो जाती है। इनमें प्रयुक्त खतरनाक रसायन, यथा—मेटेनिल येलो, रोडेमिन बी, ओरामिन, लेड क्रोमेट, कांगोरेड, मैलाकाइट ग्रीन स्वास्थ्य के लिए बहुत हानिकारक होते हैं।

अनाजों, च्यूइंगगम, आलू के चिप्स खाद्य तेलों में प्रति ऑक्सीकारक के रूप में ब्यूटीलेटेड हाइड्राक्सीटालुइन का उपयोग किया जाता है, इनसे एलर्जी, वसा के जमाव जैसे रोगों का भय रहता है।

हमारी नई पीढ़ी के बच्चे एवं युवा फास्ट फूड के चंगुल में फँसते जा रहे हैं, जिसके कारण उनका मानसिक एवं शारीरिक विकास प्रभावित हो रहा है, रक्त अल्पता में वृद्धि हो रही है, आई.क्यू. (IQ) घट रहा है और बच्चे इन दुष्प्रभावों को झेल रहे हैं।

अमरीका में हुए नवीन शोध परिणामों से ज्ञात हुआ है कि मोटे अनाज का प्रयोग, ताजे भोजन का प्रयोग ही शारीरिक आवश्यकताओं की पूर्ति कर सकता है। भारतीय भोजन इसके लिए सर्वथा उपयोगी है, अतः हमें अच्छे एवं स्वस्थ भारत का निर्माण करना है तो अपने बच्चों को भारतीय पारंपरिक आहारों से परिचित कराकर, उसके गुणों को उजागर करके उन्हें खाने हेतु प्रेरित करना होगा।

122. कितने सुरक्षित होते हैं रसायनों से पके फल?

वस्तुतः भक्ष्य, भोज्य, लेह्य एवं चोष्य इन चारों रूपों में प्रयुक्त फल उत्कृष्ट कोटि के खाद्य हैं, साथ ही औषधि भी हैं। फल सुपाच्य एवं सुस्वादु भी होते हैं। शरीर में फल प्राकृतिक जलयोजक (हाइड्रेटिंग), मूत्रक (डाययूरेटिक), क्षारीय (अल्कलाइजिंग), खनिजदायक (मिनरलाइजिंग), सारक (लैक्सेटिंग) तथा बल्य (टॉनिक) भी होते हैं।

वस्तुतः फलों में विशिष्ट स्वाद, महक, पोषण गुण तथा औषधीय गुणता इनके प्राकृतिक रूप से पूर्ण विकसित होने और स्वतः पकने पर उत्पन्न होती है, परंतु बाजारीकरण के इस बढ़ते दौर में शहरों और महानगरों में फल प्रायः कृत्रिम रूप से या कतिपय हानिकारक अथवा विषाक्त रसायनों की सहायता से पकाए जाते हैं।

फल का पक्वन दो तरीकों, यथा—प्राकृतिक एवं रसायन पक्वन द्वारा किया जाता

चित्र–114 : रसायनों से पके फल

है। प्राकृतिक पक्वन के समय फलों में एथिलीन की उपस्थिति बढ़ती है और एक हारमोन का कार्य करती है। इससे एंजाइम का नियमन, क्लोरोफिल का विघटन, विविध अम्लों का भी विघटन होता है, जिसके फलस्वरूप फल में स्वाद एवं रंग बनते हैं। इस प्रक्रिया में फलों की पौष्टिकता का ह्रास नहीं होता है।

रासायनिक पक्वन में बड़ी–बड़ी बखारों में सिगड़ी में कोयला जलाकर रख दिया जाता है, जिसके अंदर की हवा गरम हो जाती है और उसमें कार्बन–मोनो–ऑक्साइड तथा कार्बन डाइऑक्साइड गैसों की मात्रा अधिक हो जाती है। आम, केला, आदि फलों को पकाने के लिए कैल्सियम कार्बाइड का सफेद चूर्ण इन पर छिड़क दिया जाता है, इससे एसिटिलीन गैस बनती है, जो नमी की उपस्थिति में एसिटिल्डिहाइड में बदल जाती है। इसके द्वारा फल शीघ्र पक जाते हैं। इसके अलावा इथेफॉन (2–क्लोरोएथिल फॉसफोनिक एसिड) का भी प्रयोग फलों को पकाने में किया जाता है।

एसिटिलीन एक दमघोटू गैस है। आम के टोकरों को खोलने पर प्रायः उनमें कैल्सियम कार्बाइड का पैकेट मिलता है और टोकरों में फलों को झुककर चुनने के दौरान चक्कर–सा आने लगता है। अब इस रसायन का प्रयोग यद्यपि वर्जित तथा दंडनीय है, परंतु उपभोक्ताओं की जिम्मेदारी व सजगता आवश्यक है। रसायनों से पक्व फलों के सेवन से उदर रोग भी होते हैं।

वस्तुतः विविध प्रकार के फल स्वास्थ्य को पुष्ट करनेवाले होते हैं तथा हमारे सभी शारीरिक अंगों के सुसंचालन में सहायक होते हैं, अतः फलों की नैसर्गिक गुणवत्ता के संरक्षण हेतु जरूरी है कि फलों के कृत्रिम चटक रंग–रूप के मोह का त्याग करें और उनके नैसर्गिक स्वरूप में ही उन्हें स्वीकारें।

123. साइबर अपराध क्या होते हैं?

इंटरनेट की उपयोगिता तथा गतिविधियों के कारण होनेवाले अपराध को साइबर अपराध कहते हैं। वस्तुतः साइबर अपराध न केवल हमारे देश में, वरन् संपूर्ण विश्व के लिए एक जटिल समस्या बन गया है तथा दिन–प्रतिदिन इसका जाल फैल रहा है।

साइबर अपराध धोखाधड़ी से लेकर अनचाहे इ-मेल तक किसी भी रूप में मौजूद हो सकते हैं। साइबर अपराधी कई प्रकार के होते हैं—

क्रेकर्स : वे अपराधी जो कि असामाजिक गतिविधि, आमोद-प्रमोद के अपराध करते हैं।

साइबर आतंकी : इस वर्ग में होनेवाले अपराध मुख्य रूप से सरकारी वेबसाइट को अपना निशाना बनाते हैं।

हैकर्स : ये अनधिकृत रूप से किसी भी कंप्यूटर या नेटवर्क प्रणाली में प्रवेश करते हैं, जिससे धोखाधड़ी तथा साइबर आतंकी हमले होते हैं।

डेनायल ऑफ सर्विस अटैक : इस तरह का अपराधी किसी भी व्यक्ति के इ-मेल खाते में प्रवेश करके उनके इ-मेल बॉक्स को अनचाहे इ-मेल्स से भर देता है और इ-मेल खातेदार की सेवाओं का अपहरण कर लेता है।

वायरस डिस्सेमिनेटर : ये अपराधी डाही सॉफ्टवेयर को अन्य सॉफ्टवेयर के साथ सम्मिलित कर वायरस फैलाते हैं। वोर्म, लोजिक बॉम्ब, ट्रोजन हॉर्स, रेबिट, वायरस, बैक्टिरियम आदि डाही व नुकसान पहुँचानेवाले सॉफ्टवेयर के उदाहरण हैं।

सॉफ्टवेयर पायरेट्स : इनमें वे अपराधी शामिल होते हैं, जो किसी भी सॉफ्टवेयर की गैर-कानूनी चोरी व उसकी नकल कर उन्हें बेचते हैं।

पिशर्स : किसी भी व्यक्ति के बैंक खाते से जुड़ी जानकारियों व अन्य गोपनीय सूचना को चुरानेवाले इस श्रेणी में आते हैं।

सलामी हमलावर : ये वे अपराधी होते हैं, जो ऐसे प्रोग्राम बनाते हैं, जिसमें बैंक के हर खातेदार के खाते में से मामूली राशि कट जाती है और राशि सलामी हमलावर के खाते में जमा हो जाती है।

वेब जैकर्स : किसी भी बेवसाइट के पासवर्ड को तोड़कर उस वेबसाइट को अपने नियंत्रण में करनेवाले वेब-जैकर्स कहलाते हैं।

कानून व नीति : साइबर अपराध तथा उसके फलस्वरूप होनेवाले खतरे को ध्यान में रखते हुए विश्व के कई देशों ने साइबर कानून बनाए तथा कई जाँच एजेंसियाँ भी स्थापित की हैं। सन् 2000 में भारत में IIT ऐक्ट पास हुआ था। आईटी (संशोधित) ऐक्ट, 2008 (2009 का 10वाँ ऐक्ट) ने सजा को बढ़ावा दिया तथा अधिक कठोर बनाया। उचित दोषी पाए जाने पर उम्रकैद तथा दस लाख रुपए तक के आर्थिक दंड का प्रावधान है। आईटी ऐक्ट के सेक्शन 65 से सेक्शन 74 विशेषत: साइबर अपराधों में कार्रवाही करता है।

चित्र-115 : साइबर अपराध

बचाव : साइबर अपराधों से बचाव के लिए सर्वप्रथम लोगों को इसकी चपेट में आने से बचने के तरीकों से परिचित व जागरूक करना प्रमुख कार्य है। इंटरनेट उपयोग करनेवालों को इस बात का ध्यान रखना चाहिए कि वे ऑनलाइन लेन-देन करते समय वर्चुअल की-बोर्ड का इस्तेमाल करें। उनको चाहिए कि वे पूर्व में ही वेबसाइट की सुरक्षा के बारे में जानकारी प्राप्त करें, अन्यथा उन्हें भारी आर्थिक हानि हो सकती है।

हमारे देश में हैदराबाद पुलिस द्वारा Delete अभियान चलाया जा रहा है, जो कि मुख्य रूप से लोगों को साइबर अपराध से बचाव तथा उससे होनेवाले नुकसान से संबंधित जानकारी प्रदान करता है।

124. डिजिटल पुस्तकालय क्या होते हैं?

नई सदी में सभी क्षेत्रों में हो रहे परिवर्तनों से पुस्तकालय भी अछूता नहीं है। वस्तुतः डिजिटल पुस्तकालय (चित्र-116 एवं 117), पुस्तकालय के पुराने अर्थों में मात्र पुस्तकों का संग्रह नहीं अपितु मल्टीमीडिया प्रणालियों के नेटवर्क का नाम है। किसी भी डिजिटल पुस्तकालय में एक मीडिया सर्वर (आपस में संबद्ध वर्कस्टेशंस का समूह) होता है, जो उच्च गतिवाले नेटवर्क से जुड़ा रहता है। एक ओर जहाँ परंपरागत पुस्तकालय में आनेवालों को विभिन्न स्रोतों से भौतिक सामग्री उपलब्ध कराई जाती है,

वहीं डिजिटल लाइब्रेरी बहुत से कंप्यूटरों के समूह में सहेजकर रखी गई सूचनाओं का भंडार है, जिसका उपयोग डिजिटल रूप में विश्व के किसी भी कोने में बैठकर एक ही संग्रह भंडार के रूप में कंप्यूटर पर किया जा सकता है।

चित्र–116 : डिजिटल पुस्तकालय

चित्र–117 : डिजिटल पुस्तकालय

वर्तमान परिप्रेक्ष्य में वित्तीय संसाधनों की कमी को देखते हुए किसी भी पुस्तकालय के लिए विभिन्न विषयों की समस्त पुस्तकें और पत्र–पत्रिकाएँ मँगवाना संभव नहीं है।

एक अनुमान के अनुसार संपूर्ण विश्व में विज्ञान और प्रौद्योगिकी की ही लगभग पचास हजार से अधिक पत्र-पत्रिकाएँ छपती हैं। सूचनाओं का विस्फोट किसी एक विषय तक सीमित नहीं है। इन सूचनाओं को जनमानस तक पहुँचाने में डिजिटल पुस्तकालय का नेटवर्क बहुत सहायक हो सकता है।

परंपरागत पुस्तकालयों में भौतिक रूप से एकत्र की जानीवाली सूचनाओं के मुकाबले इससे अधिक सूचनाएँ प्राप्त हो सकती हैं।

अधिक उपयोग और ठीक से रखरखाव की सुविधाओं के अभाव में तेजी से खराब हो रही दुर्लभ पुस्तकों और पांडुलिपियों का संरक्षण डिजिटल पुस्तकालयों द्वारा आसानी से किया जा रहा है। लोकल एरिया नेटवर्क का इस्तेमाल करके कई स्थानों से सूचनाएँ एक साथ प्राप्त की जा सकती हैं। इससे डाउनलोड करने और छपाई की सुविधा, पुस्तकों के प्रकाशन और नए संस्करण निकालने में लगनेवाली लागत और श्रमशक्ति की बचत होती है। डिजिटल दस्तावेजों को सहेजकर रखने के लिए आवश्यक जगह की बचत तथा धरोहर के संरक्षण का एक अच्छा उपाय हो सकता है।

125. बायोमेट्रिक्स तकनीक क्या होती है?

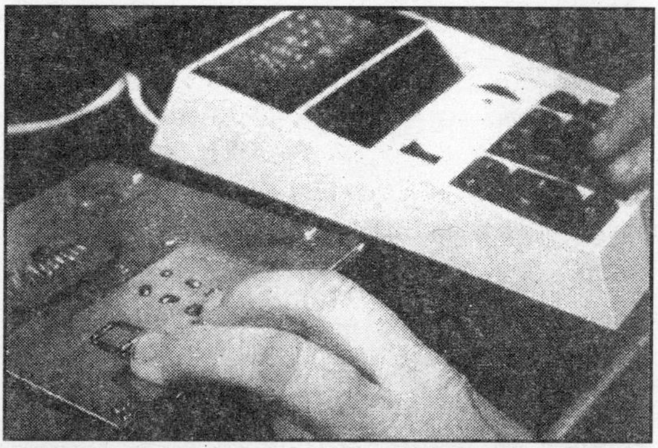

चित्र-118 : बायोमेट्रिक्स

वस्तुतः बायोमेट्रिक्स ग्रीक भाषा के दो शब्दों 'बायोस तथा मैट्रान' से मिलकर बना है जिसमें 'बायोस' का अर्थ 'जीवन' तथा 'मेट्रान' का अर्थ 'मापना' है। दूसरे शब्दों में कहें तो बायोमेट्रिक्स जीवन को मापने की एक विधि है। वैज्ञानिक भाषा में बायोमेट्रिक्स एक ऐसी विधा है, जिसमें किसी व्यक्ति विशेष के प्रमाणीकरण हेतु उसकी शरीर क्रियात्मक तथा व्यवहारात्मक विशेषताओं को मूल्यांकित किया जाता है। शरीर क्रियात्मक विशेषताओं में हाथ की अँगुलियों के निशान, हाथ का दबाव, आँख की रेटिना तथा आइरिस की बनावट, चेहरे की बनावट, स्वर उच्चारण पैटर्न आदि सम्मिलित हैं, जबकि व्यावहारिक विशेषताओं में हस्ताक्षर, गेट एवं टाइपिंग पैटर्न आदि समाहित होते हैं।

ऐतिहासिक तौर पर बायोमेट्रिक्स का सर्वप्रथम उपयोग चीन में 14वीं सदी के अंत में किया गया, पाश्चात्य देशों में बायोमेट्रिक्स का प्रयोग 18वीं सदी में 'एंथ्रोपोमैट्रिक सिस्टम' के रूप में फ्रांस में आरंभ हुआ था।

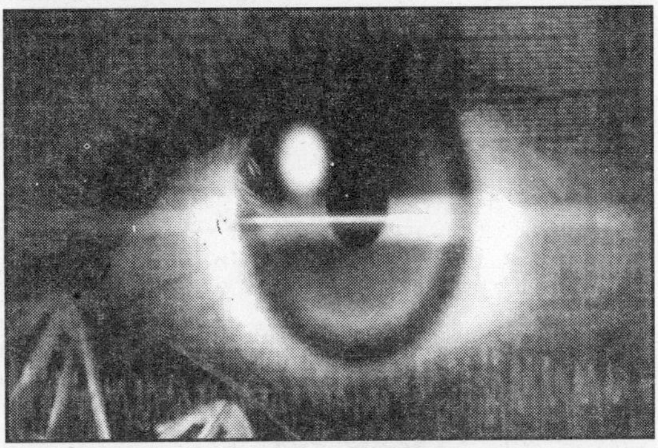

चित्र–119 : बायोमेट्रिक्स

आज बायोमेट्रिक्स का क्षेत्र बहुत व्यापक बन चुका है, जो साधारण फिंगरप्रिंटिंग से आगे बढ़कर कई शारीरिक तथा व्यावहारिक मापन के स्तर तक पहुँच चुका है। वर्तमान में बायोमेट्रिक्स का प्रयोग न केवल पहचान तक सीमित रहकर सुरक्षा तंत्र (सिक्योरिटी सिस्टम) तथा उससे कहीं आगे किया जाता है। बायोमेट्रिक्स के अंतर्गत मानव को 'पासवर्ड' के रूप में प्रयोग किया जाता है, जिस प्रकार किसी कंप्यूटर में कार्य करने से पूर्व अपना पासवर्ड डालना पड़ता है, उसी प्रकार बायोमेट्रिक्स में मनुष्य की शारीरिक तथा व्यावहारिक विशेषताओं का प्रयोग प्रामाणिक पासवर्ड के रूप में किया जाता है, जिससे उसकी किसी सामग्री का दुरुपयोग न होने पाए ।

बायोमेट्रिक्स की कार्यप्रणाली में बायोमेट्रिक परफॉरमेंस को मुख्यतः 'फाल्स एक्सेप्ट रेट' (एफ.ए.आर.), 'फाल्स नॉन–मैच' या 'रिजेक्ट रेट' (एफ.आर.आर.) तथा 'फेल्योर टू इनरोल रेट' (एफ. टी.आई.) के रूप में व्यक्त किया जा सकता है। बायोमेट्रिक तकनीक के अंतर्गत 'बायोमेट्रिक स्कैनर', 'बायोमेट्रिक हैंड रिकाग्नीशन सिस्टम' तथा 'बायोमेट्रिक रेटिना स्कैनर' आदि उपकरण सम्मिलित होते हैं। बायोमेट्रिक तकनीक द्वारा कंप्यूटरों की सुरक्षा तथा उसके

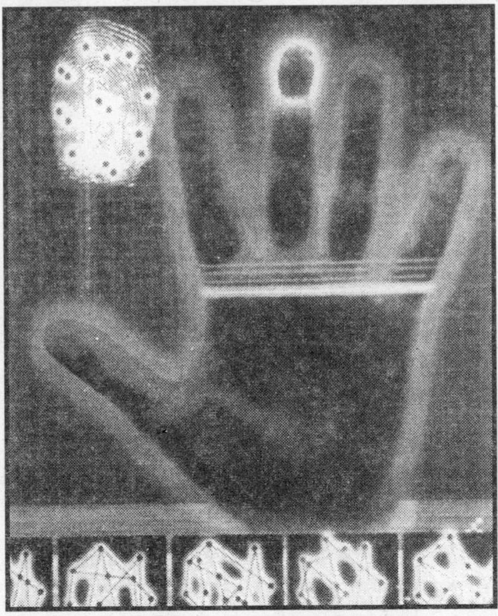

चित्र–119 (अ) : बायोमेट्रिक्स

प्रयोग का प्रमाणीकरण सुरक्षित किया जाता है।

इस प्रकार बायोमेट्रिक्स तकनीक हमें अपनी आइडेंटिटी की पुष्टि करने के लिए प्रयुक्त की गई विधियों, यथा—यूजर नेम, पासवर्ड, सिग्नेचर्स, चाबियाँ, ए.टी.एम. या क्रेडिट कार्ड से मुक्ति दिलाने में सक्षम है (चित्र-118, 119 एवं 119(अ))।

बायोमेट्रिक्स यह सुनिश्चित करती है कि हम अधिक आसानी से हमारे अंगों के उपयोग, यथा—हाथ, आँखें, मुँह की बनावट, फिंगरप्रिंट्स आदि की सहायता से अपनी पहचान स्थापित कर सकते हैं। इसके अलावा यह तकनीक अधिक प्रभावकारी भी हैं, जैसे—हमारे कार्डों, चाबियों या हस्ताक्षर की तो नकल की जा सकती है एवं हमारी सामग्रियों का दुरुपयोग भी हो सकता है, किंतु बायोमेट्रिक्स तकनीक हमें इस दुरुपयोग से ऐसे सुरक्षा प्रदान करती है कि इसके अंतर्गत प्रयुक्त होनेवाली शारीरिक तथा व्यावहारिक विशेषताओं की नकल संभव नहीं है। इस तकनीक से साइबर अपराध रोकने में भी सहायता मिलती है।

126. क्या होती है रेडियो सर्जरी?

वर्तमान समय में मस्तिष्क के ट्यूमर तथा विभिन्न प्रकार के कैंसर एवं स्नायु विकार के विकिरण (रेडिएशन) के माध्यम से उचित इलाज का आधुनिक तरीका रेडियो सर्जरी (चित्र-120) है।

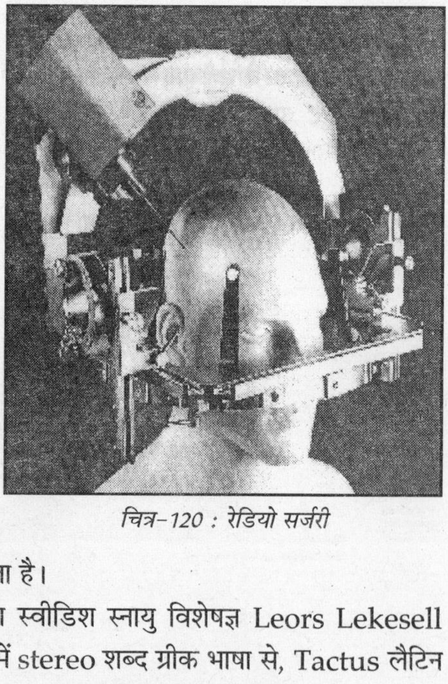

चित्र-120 : रेडियो सर्जरी

वस्तुतः रेडियो सर्जरी एक ऐसी प्रक्रिया है, जिसमें रेडिएशन के प्रयोग से मस्तिष्क और शरीर के विभिन्न अंगों के रोगों की विशेष और गहन संरचना को अंश बनाकर स्टीरियोटैक्टिक (Stereotactic) माध्यम का उपयोग करके उनका पता लगाया जाता है तथा उनका निवारण होता है।

रेडियो सर्जरी का सर्वप्रथम प्रयोग स्वीडिश स्नायु विशेषज्ञ Leors Lekesell stereotaxy के रूप में किया था। इसमें stereo शब्द ग्रीक भाषा से, Tactus लैटिन भाषा से लिया गया है, जिनका अर्थ क्रमशः थ्री डाइमेंशन तथा स्पर्श है।

ये तकनीक एक प्रकार का इलाज है, जो स्टीरियोटैक्टिक पद्धति द्वारा मस्तिष्क के अंदर की संरचना को बिना कंप्यूटर स्क्रीन पर दिखाकर नियंत्रित करता है। स्टीरियोटैक्टिक सर्जरी में प्राय: गामा विकिरण या एक्स-रे का प्रयोग किया जाता है।

रेडियो सर्जरी अनेक प्रकार के ट्यूमर का इलाज एक से पाँच दिन के अंदर कर सकती है। इस प्रक्रिया में एनिस्थीसिया, संक्रमण एवं ब्लीडिंग का कोई डर नहीं रहता है। उपचार के पश्चात् किसी भी प्रकार की जटिलता तथा साइडइफेक्ट का भी कोई डर नहीं रहता है। यह पद्धति अन्य सर्जरी की पद्धतियों की अपेक्षा आर्थिक दृष्टि से भी उपादेय है।

127. इ-लर्निंग से कैसे होती है पढ़ाई?

सूचना क्रांति के मौजूदा दौर में हम तेजी से एक नए शिक्षा तंत्र की ओर बढ़ रहे हैं, जिसमें पारंपरिक शिक्षा प्रणाली का स्थान 'इलेक्ट्रॉनिक शिक्षा' (इ-लर्निंग) ले रही है।

इंटरनेट की क्रांति के मौजूदा दौर में इ-लर्निंग का प्रभाव तेजी से प्रचलन में है। इ-शिक्षा पत्राचार के माध्यम से घर बैठे अध्ययन करने का आधुनिक रूप है। इस प्रणाली में कागजों पर पाठ्यक्रम सामग्री को कंप्यूटर के डाटाबेस, स्लाइड शो या इसी तरह के किसी फॉर्मेट में संगृहीत कर लिया जाता है। इ-शिक्षा के लिए कंप्यूटर आधारित प्रशिक्षण सामग्री सीडी रोम, ऑडियो अथवा वीडियो टेप के माध्यम से उपलब्ध कराई जाती है (चित्र-121)।

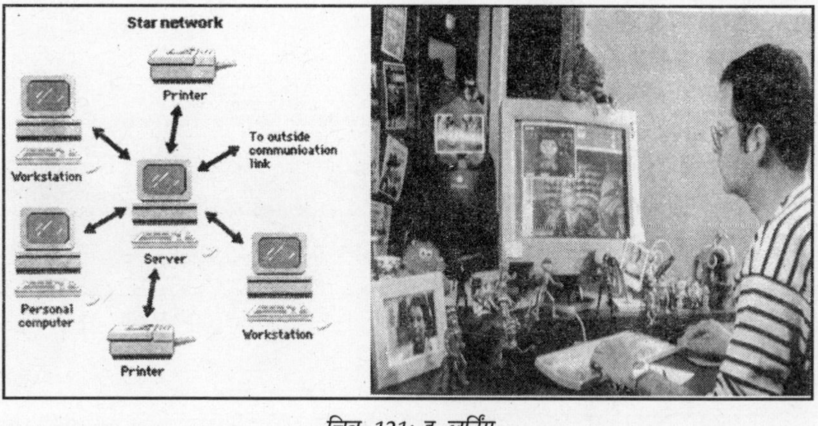

चित्र-121: इ-लर्निंग

आधुनिक काल में लोगों की प्रवृत्ति इस शिक्षा की ओर अधिक हो रही है और वे इसको अधिक सुविधाजनक मान रहे हैं। अब कोई कोर्स करने के लिए या परीक्षा पास करने के लिए कोर्स या परीक्षा आयोजित करनेवाली संस्था में जाकर प्रवेश लेने की आवश्यकता नहीं है। विश्व के लगभग किसी भी संस्थान के किसी भी कोर्स को इंटरनेट के द्वारा घर बैठे पूरा किया जा सकता है।

विश्व के प्रमुख संस्थानों ने अपने यहाँ संचालित पाठ्यक्रमों को दुनिया भर के विद्यालयों के लिए उपलब्ध कराने के लिए कोर्स संबंधित सारी सामग्री इंटरनेट पर डाल दी है। कई संस्थान तो इसके लिए फीस भी नहीं लेते हैं। अमरीकी कंपनियों ने ऑनलाइन ट्रेनिंग से संबंधित समस्याओं के हल के लिए कई सॉफ्टवेयर विकसित किए हैं। इसी प्रकार नेशनल इंस्टीट्यूट ऑफ इंफॉर्मेशन एंड टेक्नोलॉजी (एन.आई.आई.टी.) द्वारा भी इ-लर्निंग प्रोग्राम शुरू किए जा चुके हैं।

इ-शिक्षा का असीमित संख्या में लोग एक साथ उपयोग आसानी से कर सकते हैं, इसमें अपडेट में भी समय नहीं लगता है और सूचनाएँ पूरे विश्व में तेजी से फैल जाती हैं। इसमें आपकी जिज्ञासाओं का समाधान प्रश्नों या खुले चर्चा सूत्रों के माध्यम से किया जा सकता है। अन्य पद्धतियों की तुलना में इ-शिक्षा का शिक्षण और प्रशिक्षण अधिक व्यापक और सुविधाजनक है। इ-शिक्षा हेतु कंप्यूटर एक्सेस प्वाइंट के माध्यम से किसी भी समय किसी भी स्थान पर शिक्षा ली जा सकती है। इसमें केवल एक सदस्य के फीस भरने से ही परिवार के शेष सदस्य भी इसका लाभ उठा सकते हैं।

128. वाक्भ्रंश क्या है?

मस्तिष्क का हमारे शरीर में अत्यधिक महत्त्व है। हमारे जीवन के समस्त महत्त्वपूर्ण कार्यों का संचालन मस्तिष्क ही करता है। इस छोटे से भाग में ऐसे अनेक स्थल हैं, जिनके द्वारा बोलने, सुनने, लिखने, समझने, गाने एवं गणित के प्रश्न हल करने आदि कार्यों का संपादन होता है।

वाक्भ्रंश (एफेसिया), जो अधिकतर स्तंभन पक्षाघात (पैरालिसिस) के कारण उत्पन्न होता है, आजकल बहुत देखने में आता है (चित्र-122)। इस रोग में रोगी की वाक्शक्ति एवं भाषा का उपयोग करने की क्षमता आंशिक या पूर्ण रूप से समाप्त हो जाती है।

इसमें रोगी में शारीरिक शक्ति कम हो जाती है। परिणामत: उसका दायाँ पार्श्व विशेषतया हाथ एवं पैर बेकार हो जाते हैं। दूसरी ओर, बोलने तथा भाषा संबंधी क्षति के कारण उसकी मानसिक एवं शारीरिक क्षमता में बहुत गिरावट आ जाती है। प्राय: इन सभी

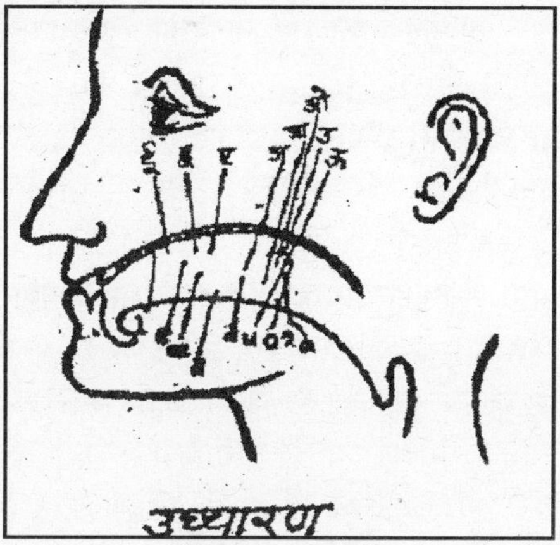

चित्र-122 : वाक्भ्रंश

रोगियों के वाक्भ्रंश के दो स्वरूप पाए जाते हैं। पहला बोध संबंधी वाक्भ्रंश और दूसरा है चेष्टा संबंधी वाक्भ्रंश। बोध संबंधी वाक्भ्रंश में रोगी को भाषा सुनकर समझने में एवं लिखी या छपी इबारत को देखकर समझने में कठिनाई होती है। चेष्टा संबंधी वाक्भ्रंश में मुँह से शब्दों का उच्चारण करने, उन्हें वाक्यों के रूप में बदलने एवं शब्दों या वाक्यों को लिखने में कठिनाई होती है।

वाणी संबंधी कठिनाइयों के अलावा कुछ अन्य लक्षण भी इन रोगियों में प्रकट होते हैं। रोगी शारीरिक स्पंदनों को भली प्रकार परस्पर संबद्ध नहीं कर पाता, जैसे—ताला खोलना, माचिस जलाकर किसी वस्तु को सुलगाना आदि। इस प्रकार की कठिनाई को चेष्टारोध (एप्राक्सिया) कहते हैं। इसमें प्रायः हाथ से किसी प्रकार का कार्य करने की शक्ति घट जाती है या नष्ट हो जाती है।

दूसरे प्रकार की कठिनाई को प्रतिरोध (एग्नॉसिया) कहते हैं। इसमें सुनी या देखी हुई वस्तु में भ्रम पैदा हो जाना, ठीक से सुन व देख न पाना, वस्तु को न पहचान पाना, आकारों और रंगों में भेद न कर पाना आदि होते हैं।

वाक्भ्रंश रोग के पश्चात् कुछ समय के अंतराल बाद ये शक्तियाँ या तो धीरे-धीरे स्वतः आने लगती हैं या वाक् चिकित्सक द्वारा दिए गए विशेष ढंग के प्रशिक्षण से रोगी में वाणी और भाषा का पुनः संघटन किया जा सकता है।

वाक् एवं भाषा चिकित्सक ऐसे रोगियों के साथ बड़ी नरमी और मधुरता से बातचीत करना आरंभ करता है। रोगी के परिवार के लोगों को वह इस बात का पूरा ज्ञान करा देता है कि रोगी के साथ वे सभी बहुत अच्छा व्यवहार करें और उसके साथ खुलकर बातचीत करें। स्वजनों का स्नेहपूर्ण व्यवहार रोगी की वाक्शक्ति को वापस लाने में सहायक होता है।

129. हरित रसायन क्या होते हैं?

यद्यपि रसायन विज्ञान की उपादेयता हमारे दैनिक जीवन में अनगिनत हैं, साथ ही साथ इस विज्ञान के दुष्प्रभाव भी बहुत हो रहे हैं, जो कि चिंता के विषय बनते जा रहे हैं।

वस्तुतः हरित रसायन विज्ञान, रसायन विज्ञान की एक नई शाखा न होकर चिंता और चिंतन की प्रक्रिया है, प्रविधि है। इसमें उन समस्त उपकरणों, तकनीकों और प्रविधियों को केंद्रित करके बेहतर प्रयोग, प्रभाव पर विचार किया जाता है, जो रसायनज्ञों तथा रसायन अभियंताओं को उनके समस्त शोधकार्यों एवं विकास, पर्यावरण-स्नेही और अधिक प्रभावी, टिकाऊ उत्पादों तथा प्रक्रियाओं के उत्पादन हेतु अभिमुख करते हैं। इन हरित रसायनों के प्रयोग से रसायनों से होनेवाले हानिकारक प्रभावों को कम किया जा सकता है, अर्थात् हरित रसायन विज्ञान के अंतर्गत उन तकनीकों एवं विधाओं के विकास पर जोर दिया जाता है, जो पर्यावरण और मानव स्वास्थ्य के दृष्टिकोण से अधिक से अधिक सुरक्षित एवं हितकारी हो।

हरित रसायन विज्ञान के दैनिक जीवन में कई उपयोग हैं, जिनके बारे में संक्षिप्त विवरण निम्नवत् हैं—

1. कपड़ों की ड्राइक्लिनिंग में प्रयुक्त प्रदूषणकारी रसायन परक्लोरो-इथिलीन के स्थान पर द्रवित कार्बन डाइऑक्साइड एवं पृष्ठ सक्रियक का प्रयोग, जो पर्यावरण स्नेही है।
2. कागज निर्माण में पर्यावरण स्नेही क्लोरीन डाइऑक्साइड का प्रयोग
3. वाटर फिल्टर के निर्माण में
4. औषधि निर्माण में जैविक विधियों से उत्पादन
5. ब्यूटी पार्लर में हानिकारक रसायनों के विकल्प रूप में
6. लैपटॉप निर्माण
7. स्नेहक (लुब्रिकेंट) और प्लास्टिसाइजर के उत्पादन में
8. कीमोथेरैपी में
9. अपशिष्ट जल के शोधन में
10 धारणीय कृषि में
11. क्लीन व्हाइट चॉक के निर्माण में
12. ग्रामीण क्षेत्रों के अस्पतालों में ऑक्सीजन आपूर्ति
13. बायोडीजल उत्पादन
14. हरित ब्रोमीन तथा अकार्बनिक रसायनों का उत्पादन
15. कार्बनिक एवं विषम चक्रीय यौगिकों का संश्लेषण
16. शिक्षा के क्षेत्र में ।

कालांतर में स्वच्छ पर्यावरण एवं सुखद जीवन हेतु हरित रसायन के क्षेत्र में अन्वेषण की विपुल संभावनाएँ हैं।

130. क्या होता है नैनो और नैनो विज्ञान?

यूनानी भाषा में नैनो का अर्थ बौना (dwarf) होता है। नैनो एक मीटर का अरबवाँ हिस्सा (10^{9}m) होता है। नैनो प्रणाली में अणुओं और परमाणुओं के स्तर पर कार्य किया जाता है। नैनोमीटर पैमाना नैनो संसार की वस्तुओं के मापने के लिए उपयोग किया जाता है। सूक्ष्मता के स्तर इस प्रकार हैं—

1 डेसीमीटर (dm) = 10^{-1} मीटर

1 सेंटीमीटर (cm) = 10^{-2} मीटर

1 मिलीमीटर (mm) = 10^{-3} मीटर

1 माइक्रोमीटर (μm) = 10^{-6} मीटर

1 नैनोमीटर (nm) = 10^{-9} मीटर

1 पिकोमीटर (pm) = 10^{-12} मीटर

1 फेक्टोमीटर (fm) = 10^{-15} मीटर

1 एटोमीटर (am) = 10^{-18} मीटर

मनुष्य के बाल का व्यास 20,000 नैनोमीटर होता है। उदहारण के तौर पर भारत की जनसंख्या 130 करोड़ है। प्रत्येक भारतीय, मैं या आप भारत की जनसंख्या की तुलना में नैनो हैं (चित्र–123)।

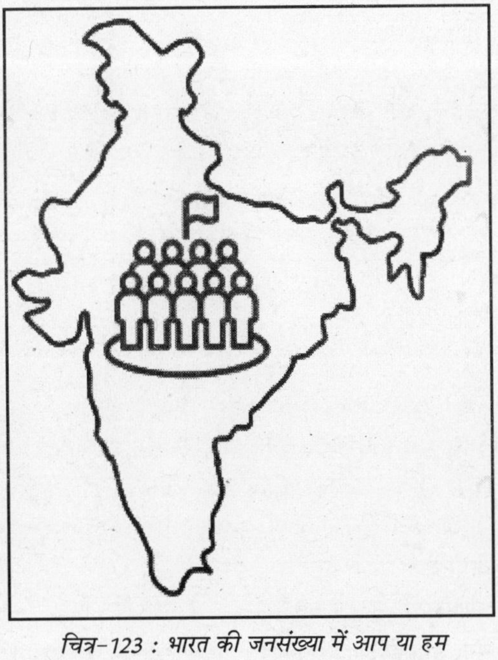

चित्र–123 : भारत की जनसंख्या में आप या हम

अब, हम लोग नैनोमीटर के आकार को विपरीत दृष्टिकोण से देखें, अगर कोई 10 हाइड्रोजन परमाणु को एक कतार में एक-दूसरे से सटाकर सजाए तो परिणामी लंबाई लगभग एक नैनोमीटर के आसपास होगी (चित्र–124)। एक डी.एन.ए. की चौड़ाई 2.5 नैनोमीटर, प्रोटीन व विषाणु का व्यास लगभग 10 नैनोमीटर अथवा उससे कम होता है (चित्र–125)।

वस्तुतः नैनो विज्ञान अणुओं और परमाणुओं एवं 1-100 नैनोमीटर के कणों के परिचालन से संबंधित ज्ञान एवं इनके विशेष गुणों का उचित उपयोग करने का विज्ञान है। नैनो विज्ञान का क्षेत्र बहुत ही व्यापक है और यह भौतिकी, रसायन, जैविकी, औषधि, यांत्रिकी एवं अन्य वैज्ञानिक धाराओं के बीच की दीवारों को कम करने एवं प्रकृति की गहराइयों पर उचित प्रकाश डालने में सहायक होगा।

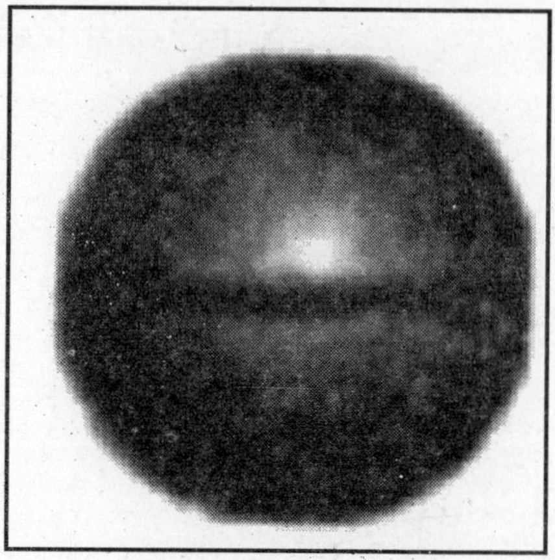

चित्र-124 : हाइड्रोजन परमाणु

नैनो विज्ञान जीवन के प्रत्येक पहलू को प्रभावित करने में सक्षम है। नैनो प्रौद्योगिकी घटकों और उपकरणों आदि को सूक्ष्म रूप प्रदान करने में बहुत अहम भूमिका निभाती है। इसका प्रभाव क्षेत्र बहुत व्यापक है। नैनो विज्ञान की व्यापकता एवं विभिन्न क्षेत्रों में होनेवाले प्रभाव को देखते हुए इसकी अनेक शाखाएँ बन गई हैं। इस क्षेत्र में विकास कें साथ-साथ नई शाखाओं का उद्भव भी निरंतर हो रहा है। नैनो विज्ञान के तहत अनेक नए विषयों का समावेश हुआ है, यथा— नैनो प्रौद्योगिकी, नैनो कंप्यूटिंग, नैनो जीव-विज्ञान, नैनो कण, नैनो ट्यूब (नलिका), नैनो पदार्थ, नैनो कंपोजिट, नैनो इलेक्ट्रॉनिक्स, नैनो प्रणालियाँ, नैनो यंत्र, नैनो रोबोट तथा नैनो उपग्रह आदि। नैनो विज्ञान का प्रसार तथा इससे होनेवाली क्रांति वर्तमान शताब्दी में सबसे महत्त्वपूर्ण साबित होगी।

चित्र-125 : डी.एन.ए.

131. नैनो टेक्नोलॉजी और इसकी बहुक्षेत्रीय उपयोगिता क्या है?

नैनो टेक्नोलॉजी में नैनोमीटर के पैमाने (10^{-9} मीटर, यानी 1 मीटर का अरबवाँ भाग) पर प्रणालियों का अध्ययन तथा डिजाइन तैयार किया जाता है, अर्थात् परमाणुओं और अणुओं के स्तर पर कार्य किया जाता है। वस्तुतः इस शब्द से ऐसी युक्ति का बोध होता है, जिसमें बहुत सूक्ष्म लंबाई नापने के लिए नैनो के बराबर के यंत्रों का उपयोग होता है। 'नैनो टेक्नोलॉजी या नैनो प्रौद्योगिकी' शब्द का प्रयोग प्रथम बार जापान के टोक्यो विश्वविद्यालय के प्रो. नारियो तानिगुची ने किया।

वैज्ञानिकों का मानना है कि पदार्थों के स्थूल गुण-धर्म का पारमाणविक गुण-धर्म में रूपांतरण (ट्रांजिशन) नैनोमीटर स्तर पर ही होता है। इस सूक्ष्म स्तर पर परमाणु मिलकर गुच्छों (क्लस्टर) का निर्माण करते हैं। ऐसे गुच्छों को नैनो कण, क्वांटम डॉट, क्यू कण या कृत्रिम परमाणुओं आदि की संज्ञा दी जाती है।

नैनो टेक्नोलॉजी की अनेकानेक क्षेत्रों में उपयोगिता है, यथा—

- इस प्रौद्योगिकी द्वारा खेल के क्षेत्र में ऐसी गेंदें तैयार की जा सकती हैं, जो बहुत समय तक इस्तेमाल के बाद भी टप्पा खाने के अपने गुण को बरकरार रखती हैं।
- जापान एवं जर्मनी के वैज्ञानिकों ने स्नानघर एवं रसोईघर के लिए ऐसी टाइलें तैयार की हैं, जिन पर धूल, चिकनाई, गंदगी आदि नहीं बैठ पाती हैं।
- नैनो सिरामिक तथा नैनो पॉलिमरों से बने पदार्थों से वाहनों के लिए ऐसे टायरों का निर्माण किया जाना संभव होगा, जो उपयोग करने पर भी बहुत कम घिसेंगे।
- इस प्रौद्योगिकी के उपयोग से ऐसे कपड़े बनाए जा सकते हैं, जिन्हें धोने की आवश्यकता नहीं पड़ेगी, चाहे उन पर कोई भी दाग लग जाए धूल, निशान आदि टिक नहीं सकेंगे।
- इससे बहुत ही हलके एवं मजबूत नैनो-सम्मिश्र पदार्थों का निर्माण किया जा सकेगा, जो वाहनों के आकार एवं वजन को कम कर सकेंगे तथा ईंधन की खपत को कम करने में सहायक होंगे।
- नैनो सिल्वर कणों का मोजों में प्रयोग करने पर उनसे कभी, दुर्गंध नहीं आएगी।
- नैनो आकार के टाइटेनियम ऑक्साइड का प्रयोग सौंदर्य प्रसाधनों, क्रीम तथा

लोशन बनाने में भी किया जाता है, जो अधिक टिकाऊ होते हैं।

- नैनो टेक्नोलॉजी का प्रयोग वैमानिक एवं अंतरिक्ष वाहनों, गैस टरबाइन तथा सूक्ष्म इंजनों में भी होता है।

नैनो टेक्नोलॉजी की उपयोगिता के मुख्य क्षेत्र

(i) चिकित्सा एवं स्वास्थ्य : इस प्रौद्योगिकी से रोगों के निदान एवं उपचार में सुधार की विपुल संभावनाएँ हैं।

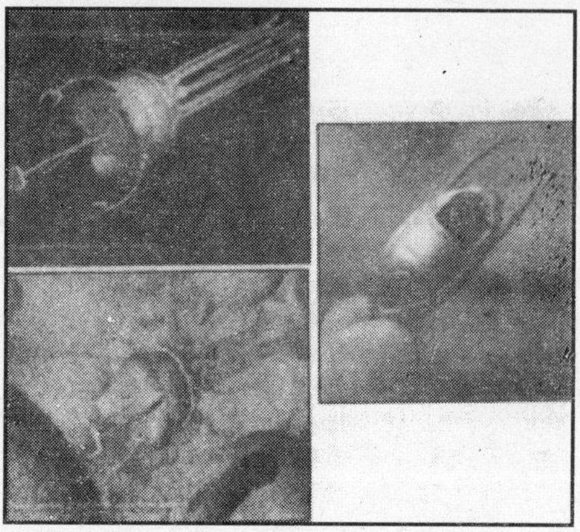

चित्र-126 : धमनी काठिन्य निदान

नैनो मेडिसिन में रोगों की जाँच, रोकथाम और उपचार के लिए नैनो आकार के उपकरणों/औजारों का उपयोग किया जाता है, जिनके द्वारा रोग के जटिल और सामान्य लक्षणों को भी बहुत गहराई से समझा जा सकता है। स्वास्थ्य सुरक्षा में नैनो प्रौद्योगिकी का उपयोग रोगों के शीघ्र निदान, दवा प्रस्थापन (Delivery of drugs) तथा उन्नत रोपण (Improved Implants) में प्राय: किया जाता है। इस प्रौद्योगिकी का श्वास, नेत्र, कैंसर निदान, वायरस की पहचान, तंत्रिकीय रोगोपचार, जोड़ों के दर्द, हड्डी रोग, हीमोफिलिया, पथरी, रोबोटिक चिकित्सा में बहुत सफलता से उपयोग हो रहा है (चित्र-126)।

(ii) ऊर्जा के क्षेत्र में नैनो प्रौद्योगिकी : इस प्रौद्योगिकी का ऊर्जा उत्पादन, भंडारण एवं शक्ति उत्पन्न करने की क्षमता में बहुत योगदान है। नैनो आकार के क्रिस्टेलाइट पर आधारित उत्प्रेरक का विकास किया गया है, जो वाहनों से होनेवाले प्रदूषण में कमी लाने में सहायक होंगे। नैनो फिल्टर की सहायता से नाभिकीय ऊर्जा संयंत्रों में प्रयुक्त ईंधन का संसाधन, शुद्धीकरण एवं अपशिष्ट प्रबंधन अधिक उत्कृष्टता से संभव है। हाइड्रोजन, जो कि ऊर्जा का प्रदूषण रहित अक्षय स्रोत है, को अतिनिम्न और उच्च तापमान पर रोकने में तथा सौर सेल की दक्षता में सुधार हेतु नैनो प्रौद्योगिकी का महत्त्वपूर्ण योगदान है (चित्र-126 अ)। इस प्रौद्योगिकी का नवीकरणीय ऊर्जा स्रोत के विकास में भी अहम भूमिका है।

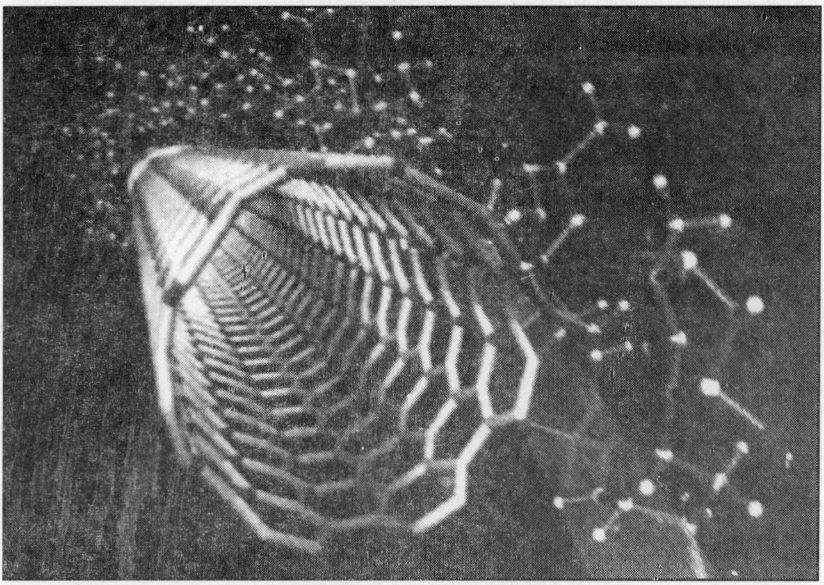

चित्र-126 (अ) : ऊर्जा क्षेत्र में नैनो

(iii) स्वच्छ पेयजल आपूर्ति में यह प्रौद्योगिकी बहुत अच्छी साबित हुई है। कार्बन नैनो नलिकाएँ तथा नैनो झिल्लियाँ अपशिष्ट जल उपचार में अन्य विधियों की अपेक्षा हर दृष्टि से उपादेय हैं। वर्तमान में हो रहे नैनो मेंब्रेन पदार्थों के निर्माण पर शोध परिणाम पेयजल समस्या के निवारण में प्रभावी कदम होंगे।

(iv) कृषि के क्षेत्र में इस प्रौद्योगिकी का उपयोग पादप सुरक्षा, मिट्टी की उर्वरता आकलन, खाद्य पदार्थों की पैकिंग में सफलता से हो रहा है।

(v) पर्यावरण संरक्षण में जल शुद्धीकरण के अतिरिक्त वायु प्रदूषण को रोकने में भी नैनो निस्यंदकों का उपयोग घरों में वायु शोधन के लिए किया जा सकता है। नैनो संवेदकों के विकास से कम सांद्रण पर उत्सर्जित आविषालु गैसों का रिसाव ज्ञात किया जा सकता है। इस प्रौद्योगिकी से अपशिष्ट ठोस उत्पादन को कम किया जा सकता है तथा बिल्डिंग में ऐसी खिड़कियाँ विकसित की जा सकती हैं, जो आवश्यकतानुसार प्रकाश और ऊर्जा को रोक सकें एवं ऊर्जा क्षमता को बढ़ा सकें।

(vi) **रक्षा क्षेत्र :** नैनो टेक्नोलॉजी रक्षा क्षेत्र में निम्नांकित परिवर्तन ला सकती है, यथा—

आयुध सैनिकों के लिए युद्धक,
सूचना प्रौद्योगिकी की प्रधानता,

सामूहिक विनाश के हथियार,

हलके आयुध हथियार (ए/सी, गन, टैंक) आदि,

छद्मावरण (प्रति उपाय, अत्यंत गुप्त कार्य)

आजकल विषैले नैनो पदार्थ खाद्य, श्वास तथा त्वचा के द्वारा शरीर में पहुँचकर शरीर में अनेक व्याधियाँ उत्पन्न करते हैं। इसी प्रकार नैनो बम, जो खतरनाक जीवाणुओं से परिपूर्ण होता है, समूचे समुदाय या देश का विनाश कर सकता है।

सैनिक जो कपड़े पहनता है, उसको नैनो पदार्थ द्वारा उन्नत बना सकते हैं, जिसमें गरमी व सर्दी से उसकी सुरक्षा हो सके। इसके अतिरिक्त विशिष्ट प्रयोजन हेतु उपकरण को बुलेट से सुरक्षित भी बनाया जा सकता है।

(vii) नैनो प्रौद्योगिकी सूचना, संचार एवं इलेक्ट्रॉनिकी के क्षेत्र में भी बहुत उपयोगी है। नैनो प्रौद्योगिकी की सहायता से द्रुत गति से काम करनेवाले कंप्यूटर भी बनाए जा सकते हैं।

132. कोलेस्टेरॉल उपयोगी कैसे?

प्रायः कहा जाता है कि कोलेस्टेरॉल शरीर के लिए हानिकारक होता है, परंतु कोलेस्टेरॉल सचमुच में शरीर के लिए कई प्रकार से उपयोगी भी है। शरीर का निर्माण करनेवाली हर कोशिका की चारदीवारी (सैलमेंबरेन) उसके बिना बन ही नहीं सकती है। कोलेस्टेरॉल से बने माइलिन के आवरण से ही तंत्रिकाओं को इंसुलेशन मिलती है। स्त्री–पुरुष में यौन हारमोन और कार्टिसाल हारमोन के निर्माण में भी कोलेस्टेरॉल जरूरी है। वस्तुतः यह जिगर में बननेवाले पाचक पित्त (बाइलजूस) का भी महत्त्वपूर्ण घटक है (चित्र–127)।

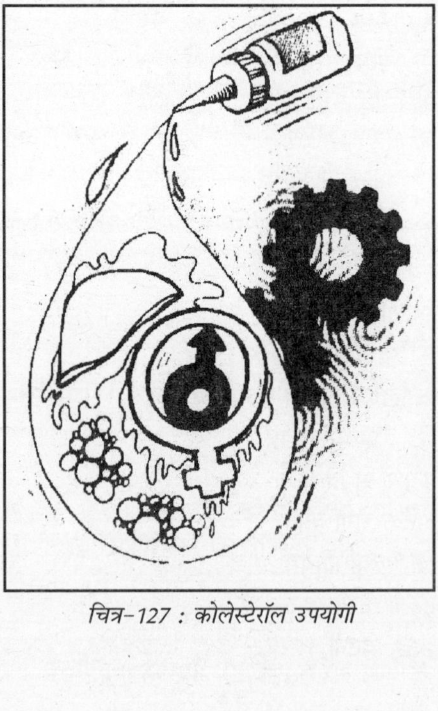

चित्र–127 : कोलेस्टेरॉल उपयोगी

133. एल्यूमिनियम के बरतन कितने नुकसानदायक होते हैं?

चित्र-128 : एल्यूमिनियम विषाक्तता

सफेद रंग की एल्यूमिनियम धातु का सर्वाधिक प्रयोग दैनिक व्यवहार में आनेवाले बरतनों को बनाने में होता है। इससे हवाई जहाज भी बनाए जाते हैं। इसके अतिरिक्त निम्न-मध्यमवर्गीय परिवारों के रसोईघरों तथा चाय की छोटी दुकानों से लेकर बड़े-बड़े होटलों तथा कैटरिंग हाउस में खाने-पकाने के लिए एल्यूमिनियम के बरतन ही प्रयोग किए जाते हैं (चित्र-128)।

वस्तुतः ये बरतन हलके, सस्ते, जंगरहित तथा प्रचुरता में उपलब्ध हैं। यह एक बहुत ही क्रियाशील धातु है। यह हवा में विद्यमान ऑक्सीज़न से शीघ्र तथा आसानी से संयोग करके एल्यूमिनियम ऑक्साइड में ऑक्सीकृत हो जाती है, जो अत्यधिक पतली परत के रूप में बरतन की सतह पर जम जाती है तथा सफेद होने के कारण नजर भी नहीं आती है।

पानी में काई और फफूँदी का लगना भी पानी में एल्यूमिनियम की उपस्थिति के कारण होता है। पानी में एल्यूमिनियम की अधिकता हो जाने पर नदियों, झीलों, तालाबों तथा अन्य जलाशयों में विशेषतः मछलियों के जीवन पर इसका भयंकर दुष्प्रभाव पड़ता है। शोध परिणामों के अनुसार यदि पानी में 0.2 मिग्रा. प्रतिलीटर से अधिक एल्यूमिनियम की मात्रा हो जाए और उसका पीएच मान 4.4 से 5.9 के बीच में हो तो यह मछलियों के लिए विष का कार्य करता है।

एल्यूमिनियम की सफेद परत जब खट्टे या अम्लीय, लवणयुक्त, क्षारीय आदि खाद्य पदार्थों से क्रिया करके उसमें तुरंत घुलकर भोजन के साथ हमारे शरीर में पहुँच जाती है तो अनेक रोगों को जन्म देती है। आधुनिक अनुसंधानों द्वारा यह प्रमाणित किया जा चुका है कि एल्यूमिनियम खाद्य पदार्थों में विद्यमान पोषकतत्त्वों, जैसे—विटामिंस, लवण आदि से क्रिया करके उनके पोषक गुणों को निष्क्रिय बना देता है। एल्यूमिनियम के बरतनों में दही, छाछ, चटनी, सिरका, नीबू, फलों का रस, टमाटर, इमली, चाय आदि नहीं डालनी चाहिए।

वैज्ञानिकों ने ज्ञात किया है कि चाय में एल्यूमिनियम की काफी मात्रा घुल सकती है। फ्लोराइडयुक्त पानी को एल्यूमिनियम के बरतन में उबालने पर पानी में काफी मात्रा में एल्यूमिनियम उपस्थित रहता है। उस पानी को जिसमें फ्लोराइड की मात्रा एक भाग प्रति दस लाख भाग होती है, एल्यूमिनियम के बरतन में उबालने से उसमें 220 भाग प्रति दस लाख भाग तक एल्यूमिनियम घुल जाता है।

चिकित्सकों के अनुसार उच्च एल्यूमिनियमयुक्त भोजन खाने अथवा ऐसे बरतनों में चाय व अन्य पेय पदार्थों के सेवन से मस्तिष्क की कोशिकाओं पर हानिकारक प्रभाव देखे गए हैं। इससे होनेवाले डमेंटिया (मनोभ्रंश) रोग में कालांतर में मनुष्य अपनी स्मरण शक्ति खो देता है तथा उसके सोचने की शक्ति क्षीण हो जाती है। हमारे देश के झुग्गी-झोंपड़ियों में रहनेवाले लोग एल्यूमिनियम के बरतनों में ही खाते-पकाते हैं, अतः उनका मानसिक विकास कम देखा गया है। यह ऐलुमिनियम का तंत्रिआविषी, यानी Neurotoxic प्रभाव है।

134. उबलते पानी की अपेक्षा भाप से अधिक जलन क्यों?

चित्र-129 : उबलते पानी की अपेक्षा भाप से जलन

आपने देखा होगा जब पानी को गरम करते हैं तो गरमी या ऊष्मा पानी में संगृहीत होने लगती है। पानी प्रतिग्राम लगभग एक सौ कैलोरी ऊष्मा संगृहीत होने पर उबलने लगता है, जबकि प्रतिग्राम वाष्प में लगभग 540 कैलोरी ऊष्मा संगृहीत होती है। आप जानते ही हैं कि एक ग्राम द्रव को जब वाष्प अवस्था में परिवर्तित करना होता है तो ताप में परिवर्तन के बिना एक निश्चित मात्रा में ऊष्मा की आवश्यकता होती है। यह ऊष्मा वाष्पन की ऊष्मा कहलाती है, अर्थात् जब एक ग्राम उबलता

पानी शरीर की त्वचा आदि के संपर्क में आता है तो वह त्वचा में 100 कैलोरी ऊष्मा स्थानांतरित करता है, परंतु एक ग्राम वाष्प त्वचा के संपर्क में आने पर 540 कैलारी ऊष्मा स्थानांतरित करती है। इस कारण उबलते पानी की अपेक्षा वाष्प द्वारा अधिक ऊष्मा स्थानांतरित करने पर जलन अधिक होती है (चित्र-129)।

135. छिपकलियाँ दीवारों से क्यों नहीं गिरती हैं?

चित्र-130 : छिपकलियों का दीवार पर चढ़ना

आप लोगों को छिपकलियों को दीवारों पर तेजी से चिपककर चलते देखकर आश्चर्य तो होता होगा कि वे गिरती क्यों नहीं है? वस्तुत: आपने ध्यान दिया होगा कि छिपकलियों के पैर छोटे-छोटे तथा शरीर पतला-लंबा बेलनाकार जैसा होता है। इनके पैरों की बनावट कुछ ऐसी होती है कि जब वे दीवार के संपर्क में आते हैं तो पैर और दीवार के बीच निर्वात उत्पन्न हो जाता है। इधर बाहर की हवा का दबाव भी पैरों पर पड़ता है। इस दबाव और निर्वात के कारण छिपकलियाँ दीवारों पर चिपककर चलती रहती हैं (चित्र-130)। कभी-कभी ये दीवारों से गिरती भी देखी जाती हैं। ऐसा उनके दीवार और पैर के बीच निर्वात समाप्त होने पर होता है। ऐसा कभी-कभी ही होता है।

136. कभी-कभी बिजली का पंखा चलाने पर उलटा क्यों घूमता है?

कभी-कभी आपने पंखा चलाने पर उसको उलटा भी घूमते देखा होगा। पंखा उलटा चलता हुआ दिखाई देने के लिए पंखे की गति और प्रकाश की तीव्रता उत्तरदायी होते हैं। उलटे पंखे की तरह चलते हुए ताँगे आदि के पहिए भी कभी-कभी उलटे चलते दिखाई देते हैं, परंतु ऐसा होता नहीं है। यह हमारी आँखों का मात्र भ्रम होता है।

जब पंखे की गति की तुलना में तेज प्रकाश की टिमटिमाहट अधिक होती है तो पंखा उलटा चलता दिखाई देता है (चित्र-131)। इतना ही नहीं, जब पंखे की गति और प्रकाश की टिमटिमाहट में समानता होती है तो पंखे की पँखुड़ियाँ स्थिर-सी मालूम पड़ती हैं और यही टिमटिमाहट पंखे की गति से कम होती है तो पंखा अपनी वास्तविक गति से भी कम घूमता मालूम पड़ता है। इस कारण पंखे के उलटे घूमने का दृष्टि भ्रम उसकी गति और प्रकाश की टिमटिमाहट के असंतुलन के कारण होता है।

चित्र-131 : पंखा उलटा घूमना

137. सब्जियाँ उबालने पर नरम क्यों हो जाती हैं?

कच्ची सब्जियाँ पकी सब्जियों की तुलना में कठोर या सख्त होती हैं, क्योंकि कच्ची और बिना पकी सब्जियों की कोशिकाएँ आपस में बहुत कसकर जुड़ी होती हैं। इनकी कोशिकाओं की मोटी भित्तियाँ पास की कोशिका से पेक्टिन नामक कार्बोहाइड्रेट पदार्थ से चिपकी होती हैं। पेक्टिन कोशिका की भित्ति के साथ मिलकर एकाकार-सा हो जाता है, क्योंकि कोशिका भित्ति के साथ इसकी और सेलूलोज की अच्छी पकड़ हो जाती है।

चित्र-132 : सब्जियाँ उबालने पर नरम होना

जब हम कच्ची सब्जियों को उबालते या पकाते हैं तो सब्जी की कोशिकाओं को जोड़नेवाला पेक्टिन अलग हो जाता है, अत: कोशिकाएँ स्वतंत्र हो जाती हैं, इसलिए उबालने पर कच्ची सब्जियाँ नरम हो जाती हैं (चित्र-132)। वैसे कुछ सब्जियाँ (जैसे आलू) तो उबालने पर अधिक नरम हो जाती हैं। आलू के उबालने पर उसकी कोशिकाएँ अलग होने के साथ फट भी जाती हैं, जिनसे

उनके अंदर का स्टार्च बाहर आ जाता है। यह स्टार्च पानी को अवशोषित कर फूल जाता है। इस कारण आलू सामान्य से अधिक मुलायम हो जाते हैं।

138. जम्हाई आने पर मुँह क्यों खुलता है?

प्राय: जब हम परिश्रम करते हैं और थक जाते हैं या ऐसे ही बैठे रहते हैं तो हमें थकान सी होने लगती है। ऐसा होने पर हमारे शरीर में ऑक्सीजन की मात्रा कम होने लगती है। ऑक्सीजन की इस कमी को पूरा करने हेतु हमें लंबी साँस लेनी पड़ती है। इसी क्रिया पूर्ति के लिए जम्हाई आती है (चित्र-133)।

चित्र-133 : जम्हाई आने पर मुँह खुलना

वैसे लंबी साँसें नाक द्वारा भी ली जा सकती हैं, परंतु ऑक्सीजन की शीघ्र पूर्ति के लिए अनायास ही जम्हाई आने पर मुँह खुल जाता है और जैसे ही ऑक्सीजन की पूर्ति हो जाती है, मुँह बंद हो जाता है तथा सामान्य तरीके से नाक द्वारा साँस लेना चलता रहता है, अत: ऑक्सीजन की शीघ्र पूर्ति हेतु बड़ी साँस लेने के लिए बड़े द्वार की आवश्यकता होती है। इसी की पूर्ति के लिए जम्हाई लेते समय मुँह खुल जाता है।

139. जुकाम होने पर नाक से गंध का अनुभव क्यों नहीं होता है?

जैसा कि विदित ही है किसी भी प्रकार की गंध को पहचानने का कार्य हमारी नाक द्वारा किया जाता है, यद्यपि मनुष्य में सूँघने की शक्ति अन्य जानवरों की अपेक्षा कम होती है, तथापि अपने जीवन के लिए आवश्यक अनेक प्रकार की गंधों को वह अनुभव कर लेता है। इस क्रिया के लिए हमारी नाक में घ्राण तंत्रिकाओं होती हैं, जिनके द्वारा गंध की सूचनाएँ हमारे मस्तिष्क तक पहुँचती रहती हैं और हमें गंधों की जानकारी मिलती रहती है।

चित्र-134 : जुकाम होने पर नाक से गंध का अनुभव

जुकाम हो जाने पर हमारी नाक के गंध को मस्तिष्क तक पहुँचानेवाली घ्राण तंत्रिकाओं के सिरे अथवा रास्ते श्लेष्मा के कारण बंद या अवरुद्ध हो जाते हैं, जिससे विभिन्न गंधों की जानकारी मस्तिष्क तक नहीं पहुँच पाती है। इसी कारण हमें गंधों का अनुभव नहीं होता है (चित्र-134)। जुकाम ठीक हो जाने पर जब घ्राण तंत्रिकाएँ से श्लेष्मा हटकर सामान्य स्थिति हो जाती है तो हमें विभिन्न गंध विषयक जानकारी पुनः मिलनी प्रारंभ हो जाती है।

140. धातुओं की अपेक्षा मिट्टी के बरतनों में पानी अधिक ठंडा क्यों होता है?

धातु के बरतनों में रंध्र नहीं होते हैं, जबकि मिट्टी के बरतनों में छोटे-छोटे छिद्र, जिन्हें रंध्र कहते हैं, होते हैं। इन रंध्रों से मिट्टी के बरतनों में भरा पानी रिस-रिसकर बरतनों की सतह पर आता रहता है और वाष्पीकृत होता रहता है। इस वाष्पीकरण की क्रिया के लिए ऊष्मा की आवश्यकता होती है। इसकी पूर्ति वाष्पीकरण के आसपास की वस्तुओं से होती है। जब मिट्टी के बरतनों से वाष्पीकरण होता है तो वाष्पीकरण के लिए ऊष्मा की पूर्ति बरतन में भरे पानी के ताप

चित्र-135 : मिट्टी के बरतनों में पानी का अधिक ठंडा होना

की ऊष्मा से होती है। इस क्रिया में पानी के ताप में कमी आने लगती है और वह धातु के बरतनों में भरे हुए पानी की तुलना में अधिक ठंडा हो जाता है (चित्र-135)।

141. खून का रंग लाल ही क्यों?

खून, रक्त या ब्लड जीवन के लिए बहुत उपयोगी है। यह शरीर के हर भाग को ऑक्सीजन पहुँचाने के कार्य से लेकर रोगों से सुरक्षा दिलाए रहने की भूमिका निभाता है। शरीर के सभी कार्यों के संचालन में लाल खून का प्रमुख स्थान है। सामान्य व्यक्ति के शरीर में खून की तीन-चार किलो मात्रा परिभ्रमण करती रहती है और इसी पर जीवन-लीला निर्भर करती है। तो आइए, इस खून की संरचना को जानें।

चित्र-136 : खून का रंग लाल

हमारे खून की रचना दो तरल और ठोस भागों पर निर्भर करती है। द्रव भाग प्लाज्मा कहलाता है, जबकि ठोस भाग में सफेद रक्त कण, लाल रक्त कण और प्लेटलेट्स होते हैं। प्लाज्मा पीले रंग का गाढ़ा द्रव होता है, जिसमें प्रोटीन, एंटीबॉडी, फाइब्रिनोजन, वसा, कार्बोहाइड्रेट आदि मिले रहते हैं। शरीर की बढ़ोतरी के लिए प्रोटीन, विषैले पदार्थों को समाप्त करने के लिए एंटीबॉडी, कट जाने या चोट लगने पर बहते खून को जमाकर रोकने के लिए फाइब्रिनोजन की पूर्ति खून के इसी भाग से होती है। सफेद रक्त कण रोगाणुओं से लड़ाई लड़कर उन्हें परास्त करके हमें रोगी नहीं होने देते हैं। प्लेटलेट्स खून के बहाव को रोकने में सहायक होते हैं।

हमें खून या रक्त लाल इसलिए दिखाई देता है कि उसमें पाए जानेवाले लाल रक्त कणों की संख्या बहुत अधिक होती है। यदि खून में एक सफेद रक्त कण है तो लाल रक्त कण 700 होते हैं। लाल रक्त कणों का लाल रंग हीमोग्लोबिन नामक रंजक के कारण होता है, जो लौह एवं प्रोटीन से मिलकर बना होता है। लाल रक्त कणों में पाए जानेवाले इसी रंजक के कारण खून का रंग लाल होता है।

142. हमारे शरीर में नाभि क्यों होती है?

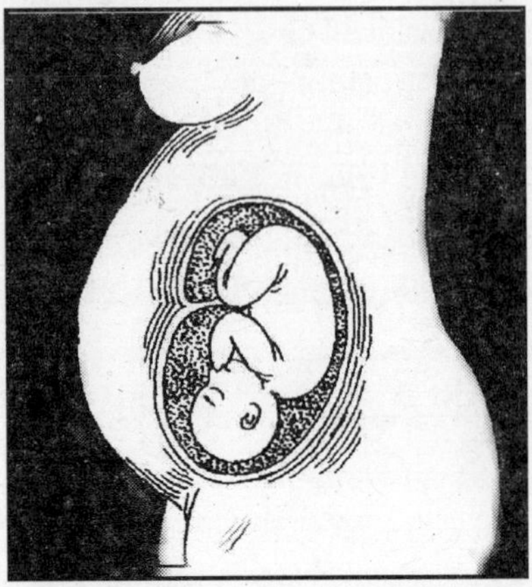

चित्र-137 : नाभि

आपको मालूम ही है कि बच्चा पैदा होने से पूर्व अपनी माँ के पेट में गर्भाशय में पलता है और वहाँ उसे अपनी वृद्धि के लिए भोजन, ऑक्सीजन आदि की भी जरूरत होती है। वस्तुतः गर्भावस्था में बच्चा इन आवश्यकताओं की पूर्ति केवल अपनी माँ से ही कर सकता है। माँ के पेट में बच्चा एक थैलीनुमा प्लेसेंटा में बंद होता है और इससे एक नली द्वारा जुड़ा रहता है। इसी नली द्वारा बच्चा अपनी माँ से पचा हुआ भोजन और ऑक्सीजन आदि लेता है। बच्चे के विकसित शरीर में बननेवाले व्यर्थ पदार्थ आदि भी इसी नली के द्वारा माँ के शरीर में भेजे जाते रहते हैं। इस तरह माँ के पेट में बच्चा पूरी तरह माँ के ही भोजन, हवा, पानी आदि पर आश्रित रहता है। इनकी पूर्ति के लिए यह नली बच्चे के पेट से जुड़ी होती है। बच्चे के पैदा होने के बाद नाल या नली की आवश्यकता नहीं रहती, क्योंकि अब बच्चा पूरी तरह विकसित हो चुका होता है और अपना भोजन स्वयं ले और पचा सकता है, इसलिए इस नाल को काटकर बच्चे को माँ के साथ प्लेसेंटा से अलग कर देते हैं। धीरे-धीरे कटी नाल बच्चे के पेट से जुड़े रहने के बजाय हटकर अलग हो जाती है और अपने जुड़े रहने का स्थान नाभि (Navel) के रूप में छोड़ जाती है (चित्र-137)। इस तरह नाभि भोजन आदि के लिए नाल द्वारा माँ के पेट में होने पर जुड़े रहने के स्मृति चिह्न की तरह बनी रह जाती है।

143. इलेक्ट्रॉनिक घड़ियाँ कैसे कार्य करती हैं?

घड़ियों को भी चलते रहने के लिए अन्य मशीनों की तरह ऊर्जा की आवश्यकता होती है। इलेक्ट्रॉनिक घड़ियाँ विद्युत् रासायनिक सेलों की सहायता से चलती हैं। यही इनकी ऊर्जा के स्रोत होते हैं। इलेक्ट्रॉनिक घड़ियों में क्रिस्टलीय दोलित्र होता है, इसके साथ द्विआधारी विभाजकों की शृंखला जुड़ी होती है। इससे लगातार सेकंड के स्पंद उत्पन्न होते रहते हैं जिनसे लगातार मिनट तथा घंटों के स्पंद पैदा होते हैं। यही हमें डिजिटल डिस्प्ले, अर्थात् अंक पटल पर दिखाई देते हैं (चित्र-138)।

प्रारंभ में घड़ी के अंकों को चमकदार दिखाई देने के लिए एल.ई.डी. का प्रयोग किया जाता था। इसमें से सेलों की बिजली की खपत अधिक होने से सेल जल्दी समाप्त हो जाते थे और जल्दी-जल्दी बदलने पड़ते थे। इस कारण अब लिक्विड क्रिस्टल डिस्प्ले का उपयोग किया जाता है, जिनमें बैटरी की खपत कम होने से बैटरी या सेल बहुत अधिक समय तक चलते रहते हैं। इस तरह इलेक्ट्रॉनिक घड़ियाँ विद्युत् रासायनिक सेलों की सहायता से लगातार उत्पन्न किए गए सेकंड के स्पंदनों की सहायता से कार्य करती हैं।

चित्र-138 : इलेक्ट्रॉनिक घड़ियाँ

144. सूर्योदय एवं सूर्यास्त के समय सूर्य लाल रंग का क्यों होता है?

वस्तुतः सूर्य से आनेवाला प्रकाश तो सफेद रंग का ही होता है, चाहे वह प्रातः उग रहा हो या सायं के समय अस्त हो रहा हो, फिर भी सूर्य सुबह और सायं लाल रंग का ही दिखाई देता है। सूर्य से आनेवाला सफेद प्रकाश अकेला न होकर सात रंगों के मिश्रण से बना होता है। ये सात रंग होते हैं—बैंगनी, जामुनी, नीला, हरा, पीला, नारंगी और लाल।

चित्र-139 : सूर्योदय एवं सूर्यास्त के समय सूर्य का लाल रंग

अपनी धुरी पर घूमती हुई पृथ्वी पर प्रातः और सायंकाल सूर्य की जो किरणें आती हैं, वे दोपहर को आनेवाले प्रकाश की तुलना में वायुमंडल में लगभग 40-50 गुना अधिक रास्ता तय करके आती हैं। इस वायुमंडल में नाना प्रकार के धूल, धुएँ

एवं भाप आदि के कण बिखरे होते हैं। जब सूर्य का प्रकाश इनसे टकराकर पृथ्वी तक का रास्ता तय करता है तो सूर्य के सात रंगों में से हरा, जामुनी, नीला और बैंगनी रंग का प्रकाश इन कणों से परावर्तित हो जाता है और पृथ्वी तक बहुत कम पहुँच पाता है। शेष बचे हुए रंगों में से पीला, नारंगी और लाल रंग ही पृथ्वी पर हमारी आँखों तक पहुँच पाते हैं, इनमें भी लाल रंग की मात्रा सर्वाधिक होती है, इसलिए प्रातः और सायंकाल, अर्थात् सूर्योदय और सूर्यास्त के समय हमें सूर्य लाल रंग का ही दिखाई देता है (चित्र-139)।

145. ऑपरेशन थिएटर में चिकित्सक टीम द्वारा हरे एप्रन का प्रयोग क्यों किया जाता है?

सामान्यतः डॉक्टर एवं नर्सिंग स्टाफ द्वारा अपने कार्यस्थल पर सफेद रंग की एप्रन पहनी जाती है, क्योंकि सफेद रंग से रोगी/मरीज को शांत तथा सुहावना वातावरण लगता है, जो कि मरीज के लिए आवश्यक होता है, परंतु जब डॉक्टर और नर्सिंग स्टाफ ऑपरेशन थिएटर में शल्य चिकित्सा/ऑपरेशन करते हैं तो वे सफेद के स्थान पर हरे रंग की एप्रन पहनते हैं। इसका कारण यह है कि अगर वे सफेद रंग की एप्रन पहनते हैं तो ऑपरेशन के समय खून के छिटककर पड़ने से पड़े धब्बे सफेद रंग पर बहुत स्पष्ट और साफ-साफ दिखाई देने लगेंगे। इन धब्बों को देखने से मरीज, डॉक्टर और उनके संबंधियों आदि पर निश्चय ही बुरा असर पड़ेगा।

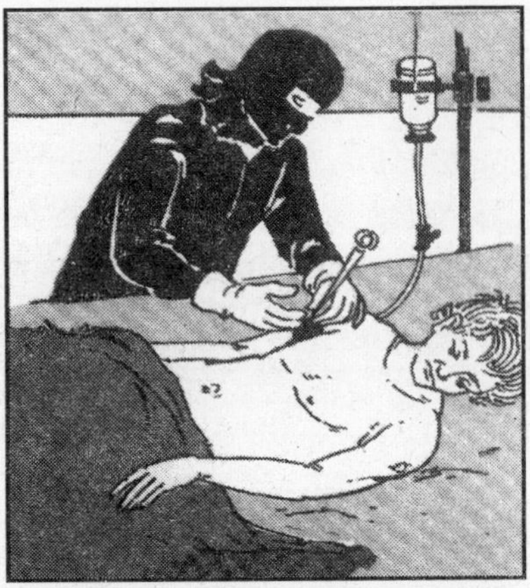

चित्र-140 : ऑपरेशन थियटर के कपड़े

इस स्थिति से बचने के लिए ऑपरेशन के लिए ऐसे रंग की आवश्यकता सोची गई, जो सुहाना भी हो और खून के छींटों को अपने में छिपा भी सकता हो, अतः अन्य रंगों (काले व लाल) की अपेक्षा हरे रंग को चुना गया, जो आँखों को भी अच्छा लगता है और खून के धब्बे भी इसमें छिप जाते हैं। इस कारण ऑपरेशन थिएटर में डॉक्टर एवं उनकी टीम हरे रंग की एप्रन पहनते हैं (चित्र 140)।

146. डॉक्टर एंटीबायोटिक दवाओं के साथ विटामिन की दवा क्यों देते हैं?

चित्र-141 : एंटीबायोटिक दवाओं के साथ विटामिन

वस्तुतः विटामिन हमारे स्वास्थ्य के लिए बहुत आवश्यक होते हैं। हमारे शरीर की अनेक गतिविधियाँ इनके द्वारा ही संचालित होती हैं। प्रायः हमारा शरीर आवश्यकता के अनुसार इनकी रचना करता रहता है और हम स्वस्थ रहते हैं। एंटीबायोटिक दवाएँ तेज रसायन होते हैं, इनसे बीमारी पैदा करनेवाले जीवाणु आदि मर जाते हैं और हमें रोगों से छुटकारा मिलता है, लेकिन इन एंटीबायोटिक दवाओं से रोगकारक जीवाणुओं के साथ-साथ हमारे शरीर में वे लाभकारी जीवाणु, जो विटामिनों के निर्माण में सहायक होते हैं, भी मर जाते हैं। इससे शरीर में विटाामिनों की कमी हो जाती है और हम कमजोर होने लगते हैं।

यदि हम इस कमी को दूर नहीं करेंगे तो स्वस्थ होने में हमें अधिक समय लग सकता है और रोग को दूर करने में समय लग सकता है, अतः पूरी तरह से स्वस्थ होने और फिर से जीवाणु द्वारा विटामिन बनाने में समर्थ होने तक हमें किसी अन्य माध्यम से विटाामिनों की आवश्यकता होती है। यही कारण है कि डॉक्टर एंटीबायोटिक दवाओं के साथ विटाामिन की गोलियाँ लेने हेतु कहते हैं, जिससे रोगी कमजोर न हो और शीघ्र ठीक हो सके (चित्र-141)।

147. बादलों में चमकनेवाली बिजली टेढ़ी-मेढ़ी क्यों होती है?

आपने देखा होगा कि बादलों में चमकनेवाली बिजली किसी बिजलीघर से न आकर वायुमंडल में उत्पन्न हुई उच्च तीव्रता की विद्युत् के विसर्जन से बनती है। बादलों में ठंडी संघनित पानी की वाष्प होती है, जब इसका टकराव उठ रही गरम हवा से होता

है तो एक घर्षण पैदा होता है, जिससे वहाँ धन आवेशित विद्युत् का भंडार होने लगता है। इसके कारण धरती के निकट इसके विपरीत ऋणात्मक आवेश बनने प्रारंभ होते हैं। यह आवेश बादलों के शिखर से उनके नीचे आधार तक एक-एक स्टेप के तरीके से बनते हैं। जब आवेशित बादलों की तीव्रता एक सीमा से अधिक हो जाती है तो एक विद्युत् आवेश उत्पन्न होता है। यह आवेश उच्च विभव और निम्न विभव के बीच होता है, इसलिए इन आवेशों की अचानक एक श्रृंखला बन जाती है, जो बादलों के आधार तक पहुँचती है, इसीलिए इसे श्रृंखला आवेश कहा जाता है।

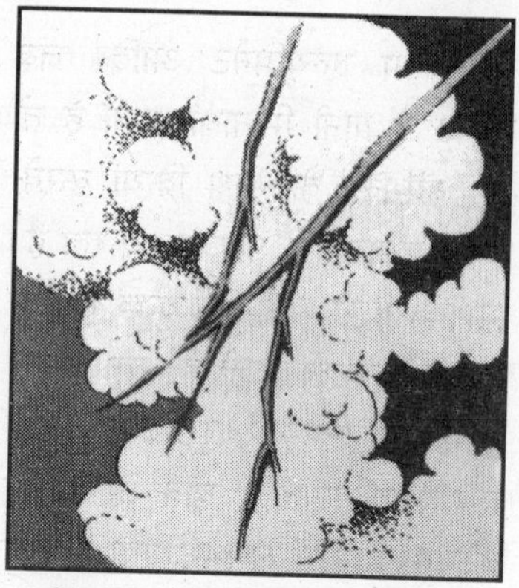

चित्र-142 : बादलों में चमकनेवाली बिजली टेढ़ी-मेढ़ी

अब यह आवेश धरती के पास बने विपरीत आवेश की ओर विसर्जित होता है। इस स्थिति में धरती से बादलों की ओर उन्हीं अनिश्चित रास्तों से इलेक्ट्रॉनों की उलटी धारा बहती है। उच्च वोल्टता की इस धारा की तीव्र गति के कारण चमक उत्पन्न होती है, इसी को 'बिजली चमकना' कहते हैं, क्योंकि बिजली की धारा का बहाव अचानक अनिश्चित मार्गों से होता है, इसीलिए बादलों में चमकनेवाली बिजली सीधी रेखा के बजाय टेढ़ी-मेढ़ी दिखाई देती है (चित्र-142)।

148. राख डिटर्जेंट की तरह कैसे काम करती है?

राख हमें लकड़ी या कोयला आदि के जलाने से प्राप्त होती है। इसमें क्षारीय अवशेषों के अलावा सिलिका आदि की अशुद्धियाँ पाई जाती हैं। सफाई के पाउडरों में कार्बोनेट आदि सफाई—कारक पदार्थ होते हैं। ठीक इसी तरह राख में पाए जानेवाली क्षारीय यौगिकों में भी कार्बोनेट होते हैं, अत: जब राख से बरतन माँजे जाते हैं तो इनसे बरतनों पर लगी चिकनाई और मैल हटने लगती है। राख में पाए जानेवाले सिलिका से बरतनों पर चिपकी गंदगी राख से बरतन रगड़ने के कारण छूट

चित्र-143 : राख का डिटर्जेंट की तरह कार्य

जाती है और कुछ चमक आ जाती है। इस तरह राख में पाए जानेवाले क्षारीय अवशेषों और सिलिका की अशुद्धियों के कारण राख से बरतनों की सफाई डिटर्जेंट पाउडरों की भाँति कार्य करती है और बरतन साफ होकर चमकने लगते हैं (चित्र–143)।

149. सर्दियों में हाथ-पैर और चेहरा क्यों फटता है?

हमारी त्वचा नमी के कारण मुलायम रहती है। त्वचा की भीतरी परत में स्वेट ग्लैंड होते हैं। इनसे निकलनेवाले एक प्रकार के तरल के कारण यह नमी बनी रहती है, लेकिन जब बाहर की हवा बहुत खुश्क हो जाती है, जैसा कि सर्दियों में होता है तो त्वचा की नमी समाप्त होने लगती है और स्वयं त्वचा भी शुष्क हो जाती है। इस समय त्वचा अपनी लोच भी खो बैठती है। इसके परिणामस्वरूप त्वचा में दरारें आदि पड़ना प्रारंभ हो जाती हैं (चित्र–144)।

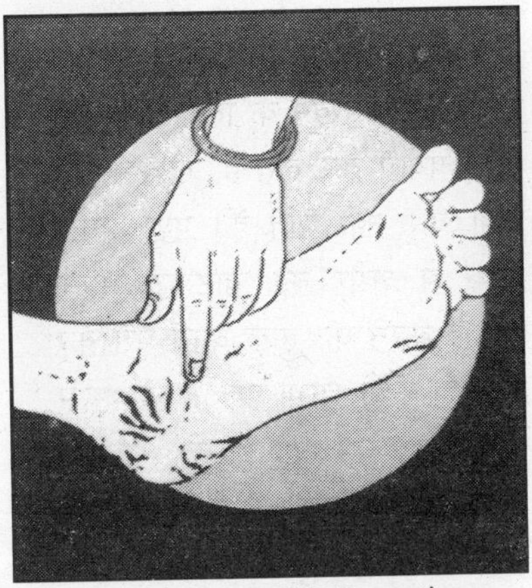

चित्र–144 : सर्दियों में हाथ–पैर और चेहरे का फटना

यद्यपि सर्दियों में ऐसा पूरे शरीर पर होता है, लेकिन शरीर के वे भाग जो खुले रहते हैं अथवा जहाँ की त्वचा बहुत पतली होती है, जैसे कि हाथ–पैर और चेहरा आदि की त्वचा अधिक प्रभावित होने से फटी अथवा चटकी-चटकी नजर आने लगती है। इसे रोकने के लिए ऐसा कोई भी तेल, चिकनाई या कोल्डक्रीम आदि त्वचा पर लगाना ठीक रहता है, जो त्वचा से नमी को उड़ने से रोक सके, अतः हवा के बहुत अधिक शुष्क हो जाने पर सर्दियों में हाथ–पैर और चेहरा आदि फटने लगते हैं।

150. ओले क्यों गिरते हैं?

आपने देखा ही होगा कि कभी अचानक बादल बहुत जोर–जोर से घड़घड़ाते हैं, तेज बिजली कौंधती है और ओलों की बरसात होनी शुरू हो जाती है। इससे खेतों में खड़ी फसलों आदि का नुकसान तो होता ही है साथ ही जान–माल की भी हानि हो जाती है। अब प्रश्न होता है कि ओले क्या हैं और क्यों गिरते हैं? तो आइए, इन्हें जानें।

बरसात की बूँदें जब वायुमंडल से होकर धरती की ओर आ रही होती हैं तो

चित्र-145 : ओलों का गिरना

कभी-कभी उन्हें बहुत ठंडे क्षेत्र से गुजरना पड़ता है, जब ऐसा होता है तो बूँदें पानी के बजाय बर्फ में बदल जाती हैं। वायुमंडल में हवा की धाराएँ भी बहती रहती हैं। कभी-कभी तेज हवा की धाराएँ इन जमी बूँदों को पुन: वायुमंडल में इधर-उधर उड़ा ले जाती हैं। यदि वहाँ पहले से ही बादल बरसनेवाले होने लगते हैं तो इन जमी बूँदों पर अन्य बूँदें भी जमना प्रारंभ कर देती हैं। इस तरह इन पर बर्फ जमते-जमते अब इनका आकार और भार बढ़ने लगता है, जब इनका भार ऊपर उठानेवाली हवा के दबाव की तुलना में अधिक हो जाता है तो ये वायुमंडल में और अधिक समय उठ न पाने की बजाय धरती की ओर बरसना प्रारंभ कर देते हैं और हम कहने लगते हैं कि ओले गिर रहे हैं (चित्र-145)।

151. हमें बुखार क्यों आता है?

चित्र-146 : बुखार आना

मनुष्य नियततापी प्राणी है, अत: स्वस्थ मनुष्य के शरीर का तापमान 98.4^0 फारेनहाइट अथवा 37^0 सेंटीग्रड पर नियत रहता है। शरीर में अनेक प्रकार की रासायनिक क्रियाएँ होती रहती हैं, जिनसे ऊष्मा ऊर्जा उत्पन्न होती रहती है। इसका नियंत्रण मस्तिष्क एवं शरीर की त्वचा द्वारा किया जाता रहता है। इसके परिणास्वरूप स्वस्थ मनुष्य का तापमान 98.40 फारेनहाइट बना रहता है, लेकिन जब शरीर पर कुछ विशेष तरह के कीटाणुओं के आक्रमण करने पर कोशिकाओं में

हलचल मच जाती है तो उनमें पायरोजन बन जाता है। इससे तापमान नियंत्रण प्रणाली गड़बड़ा जाती है और शरीर का तापमान स्थिर रहने के बजाय बढ़ने लगता है। इसी बढ़ते तापमान को प्राय: बुखार या ज्वर कहा जाता है (चित्र-146)।

बीमारी के कीटाणुओं को मारने में बुखार सहायक होता है, क्योंकि इसके आने पर शरीर में कुछ विशेष प्रकार की क्रियाएँ होने लगती हैं। इससे शरीर में उपयोगी हारमोन एवं एंजाइम बनकर रोगकारी कीटाणु को नष्ट करते हैं। बुखार के अधिक समय तक बने रहने पर तुरंत इलाज करवाना चाहिए।

152. दूध से दही कैसे बनता है?

चित्र-147 : दूध से दही बनाना

दूध ऐसा पौष्टिक आहार है, जिसमें स्वास्थ्य के लिए आवश्यक लगभग सभी पोषक तत्त्व उपस्थित होते हैं, तभी तो जब बच्चा पैदा होता है तो सबसे पहले आहार के रूप में वह माँ का दूध ही पीना प्रारंभ करता है, जब दूध में जामन मिलाया जाता है तो वह दही में बदल जाता है। ऐसा होने का कारण यह है कि दूध में अन्य पदार्थों के साथ-साथ केसीन नामक प्रोटीन भी होता है, जब दूध को जमाया जाता है तो उसमें पहले से जमे हुए दही का थोड़ा-सा जामन डाला जाता है। इस जामन से दूध में लैक्टिक एसिड (लैक्टोबैसिलस) बैक्टीरिया सक्रिय हो जाते हैं और दूध की केसीन प्रोटीन के साथ क्रिया करने लगती है और धीरे-धीरे दूध जमकर दही का रूप ले लेता है (चित्र-147)। इस तरह दूध का जमकर दही होना एक प्रकार से लैक्टिक एसिड बैक्टीरिया और केसीन प्रोटीन के बीच होनेवाली जमन क्रिया का ही परिणाम होता है।

153. मुँहासे चेहरे पर ही क्यों होते हैं?

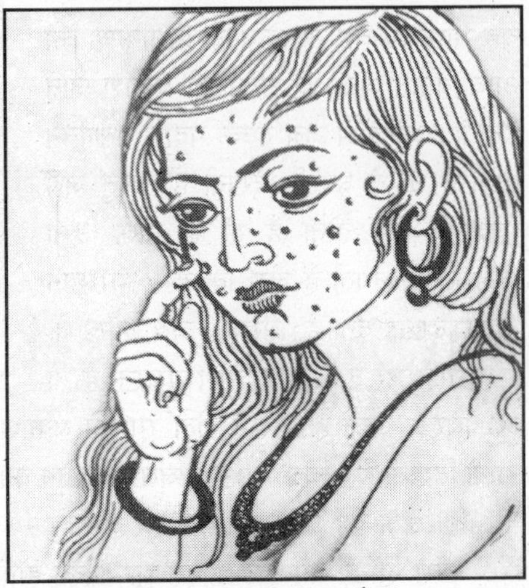

चित्र–148 : चेहरे पर मुँहासे

हमारा अच्छा–भला खूबसूरत चेहरा मुँहासे निकलने पर बहुत खराब लगने लगता है। वस्तुतः मुँहासे केवल चेहरे पर ही निकलते हैं, शरीर के अन्य भागों पर नहीं आते हैं। इसे जानने से पहले यह जानना जरूरी है कि मुँहासे क्या होते हैं?

मुँहासे लालिमा लिये उठी हुई त्वचा के ऐसे धब्बे होते हैं, जिनके अंदर पीप भरा होता है। प्रायः धब्बेदार मुँहासे युवाओं में देखे जाते हैं। इनके होने का कारण यह है कि जब त्वचा में कोई विसंगति आ जाती है तो वह मुँहासों को जन्म देती है (चित्र–148)। जब यौवन अवस्था आती है तो त्वचा में ग्रंथियों से एक तरह का तैलीय पदार्थ अधिक मात्रा में बनने लगता है। इसे 'सेबम' कहते हैं। इस तैलीय पदार्थ की अधिक मात्रा बनने पर त्वचा की सतह के रंध्र, जिनसे सेबम निकलता है, एकदम बंद हो जाते हैं। इसके परिणामस्वरूप इनके अंदर आ रहे बाल मर जाते हैं। इससे त्वचा के नीचे के ऊतक लाल रंग के होकर फूल जाते हैं और मुँहासे का रूप धारण करते हैं।

इसके अतिरिक्त जीवाणुओं आदि के द्वारा संक्रमण के कारण भी मुँहासे हो जाते हैं। 'एकने बैसिलस' नामक जीवाणु चुनचुनाहट देनेवाले पदार्थ पैदा करते हैं, जो तैलीय पदार्थ से लालिमा और पीप उत्पन्न करते हैं। इस तरह त्वचा को खुराक तो कम मिलती ही है, साथ–ही–साथ त्वचा पर गंदगी बढ़ जाती है और मुँहासे पनप जाते हैं। इन परिस्थितियों के लिए चेहरे की संवेदनशील त्वचा आसानी से पकड़ में आ जाती है, अतः मुँहासे मुख्यतः चेहरे पर ही निकलते हैं।

मुँहासे से बचने के लिए चेहरे को साबुन से दिन में कई बार साफ करके सूखे–साफ तौलिए से रगड़कर सफाई करनी चाहिए, जिससे त्वचा पर से मृत त्वचा कोशिकाओं को हटाकर त्वचा को साफ रखा जा सके और मुँहासों का प्रकोप न हो सके।

154. पेंट ब्रुश के बाल पानी में अलग और पानी के बाहर एक साथ क्यों हो जाते हैं?

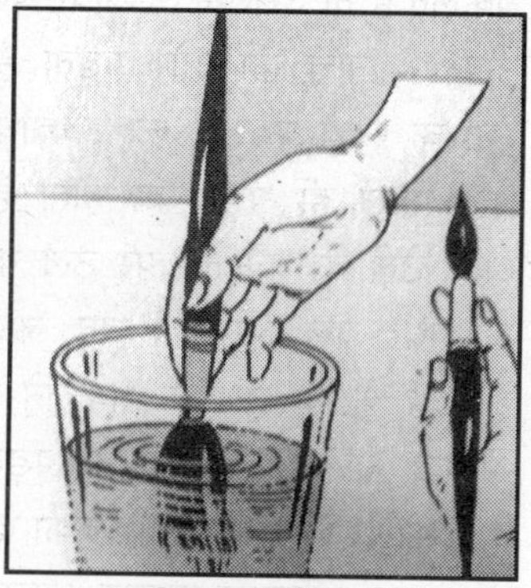

चित्र–149 पेंट ब्रुश

चित्रकारी आदि के ब्रुश में जो बाल उगे होते हैं, उनका घनत्व पानी के घनत्व के बराबर होता है, इसलिए जब ऐसे ब्रुश को पानी में डुबोया जाता है तो पानी के उत्प्लावन बल के कारण ब्रुश के बाल पानी में ऊपर की ओर उठ जाते हैं और अलग-अलग हो जाते हैं, परंतु जब इस ब्रुश को पानी से बाहर निकाला जाता है तो पानी का उत्प्लावक बल तो समाप्त हो जाता है और पानी के अणुओं तथा ब्रुश के बालों के बीच चिपकनेवाला आसंजक बल कार्य करने लगता है, इसलिए पानी से बाहर लाने पर ब्रुश के बाल इसी आसंजक बल के कारण आपस में मिलकर एक साथ हो जाते हैं (चित्र–149)।

155. स्टेनलेस स्टील के बरतनों को गरम करने पर उनकी सतह पर रंगीन धब्बे क्यों हो जाते हैं?

चित्र–150 : स्टेनलेस स्टील के बरतनों को गरम करने पर उनकी सतह पर रंगीन धब्बे

आपको मालूम है स्टेनलेस स्टील को जंग लगने से बचाने के लिए मिश्र धातुओं से बनाया जाता है। इसमें लोहे के अतिरिक्त कुछ अन्य धातुओं की भी थोड़ी मात्रा मिलाई जाती है। इनमें क्रोमियम, निकिल तथा मॉलिब्डेनम प्रमुख होते हैं, जब स्टेनलेस स्टील के बरतनों आदि को हवा में गरम करते हैं तो स्टील के घटक धातुओं के ऑक्साइडों की एक बहुत पतली-सी परत उन पर बन जाती है, जो प्रकाश के हस्तक्षेप से अलग-अलग रंग उत्पन्न कर देती है, परंतु इस तरह

बननेवाले रंग इस बात पर निर्भर करते हैं कि ऑक्साइडों की परत कितनी मोटी बनी है और धातु को कितने तापमान तक गरम किया गया है। प्राय: यदि 145^0 सेंटीग्रेड तक गरम किया गया है तो पीले रंग के धब्बे बनते हैं। ठीक इसी प्रकार 350^0 सेंटीग्रेड पर हरे रंग के, 230^0 सेंटीग्रेड पर भूरे रंग के, 260^0 सेंटीग्रेड पर गुलाबी रंग के और 300^0 सेंटीग्रेड पर नीले रंग के धब्बे पड़ते हैं। इस प्रकार स्टेनलेस स्टील को गरम करने पर उसकी सतह पर पड़नेवाले रंगीन धब्बे उसमें मिले घटक धातुओं एवं तत्त्वों के ऑक्साइड की परत एवं गरम करनेवाले तापमान के अनुसार हरे, पीले, भूरे, नीले या गुलाबी होते हैं (चित्र-150)।

156. मरने के बाद नेत्रदान पर रक्तदान क्यों नहीं?

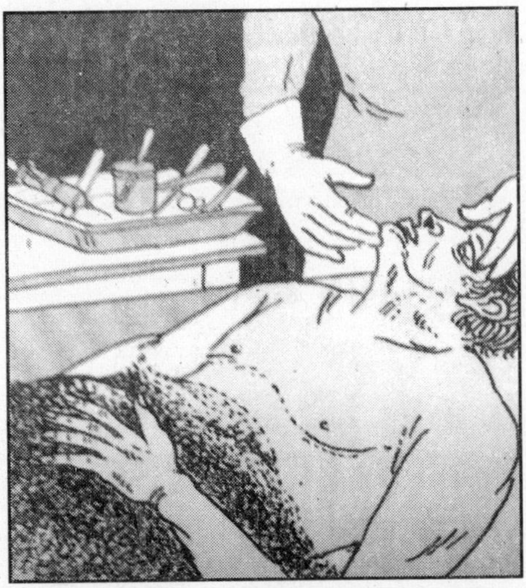

चित्र-151 : मरने के बाद नेत्रदान

जब हमारे शरीर को जीवनरक्षक ऑक्सीजन और पोषण मिलना बंद हो जाता है तो मृत्यु हो जाती है। मृत्यु के बाद शरीर के ऊतकों में सुधारहीन परिवर्तन आने लगते हैं। शरीर की कोशिकाओं में उपस्थित हानिकारक एंजाइमों एवं जीवाणुओं तथा रोगाणुओं के कारण और रक्त-संचार तथा ऑक्सीजन मिलना बंद हो जाने से शरीर की सभी गतिविधियाँ रुक जाती हैं और शरीर में सड़ने-गलने की क्रियाएँ प्रारंभ हो जाती हैं।

जहाँ तक नेत्रदान का विषय है, जीवित व्यक्ति यदि आँखें दान करे तो उसे अपनी दृष्टि की स्थायी हानि हो जाती है, अत: यह संभव नहीं है। मृत्युपरांत नेत्रदान संभव है, क्योंकि मृत्यु के बाद आँखों में सड़न आदि की क्रिया तुरंत प्रारंभ न होकर कुछ समय पश्चात् होती है, अत: इसी सुरक्षित समय में मरने के बाद दान की गई आँखें निकाली जाती हैं और तुरंत सुरक्षित अवस्था में या तो जरूरतमंदों को लगा दी जाती हैं अथवा शीत भंडार में रखकर कुछ समय बाद उपयोग में लाई जाती हैं। इस क्रिया में निकाली गई आँखों में कोई हानि नहीं होती और वे लगनेवाले व्यक्ति में ठीक से कार्य करती हैं। इन्हीं कारणों से मृत्यु के बाद

नेत्रदान किया जा सकता है (चित्र–151)।

रक्त या खून शरीर में पोषकों को पहुँचानेवाला माध्यम होने से जीवाणुओं आदि से जल्दी संदूषित हो जाता है। मरने पर हृदय बंद हो जाने से रक्त संचार रुक जाता है, अत: रक्त को यदि शरीर से किसी बाहरी पंप से निकाला भी जाए तो उसके दूषित होने की संभावना बढ़ जाती है, अत: मरे हुए व्यक्ति के दूषित रक्त को जीवित व्यक्ति में उपयोग नहीं किया जा सकता है। इसके अतिरिक्त, जो लोग रक्तदान करते हैं, उनमें रक्त का निर्माण थोड़े ही समय में आसानी से हो जाता है, अत: मरे हुए व्यक्ति का रक्त लेने की आवश्यकता ही नहीं है और जीवित व्यक्ति को रक्तदान करने में कोई हानि भी नहीं होती है।

157. पेट्रोल इंजन की गाड़ी डीजल से क्यों नहीं चलती है?

वस्तुत: पेट्रोल तथा डीजल से चलनेवाले इंजन दोनों ही अंतर्दहन इंजन होते हैं, परंतु डीजल और पेट्रोल ईंधन के अनुसार, इनकी डिजाइनों में अंतर होता है। इंजन का डिजाइन उसमें इस्तेमाल होनेवाले ईंधन के अनुसार बनाया जाता है। हर ईंधन का ज्वलनबिंदु अलग होता है, जैसे—पेट्रोल कम ज्वलन बिंदु पर, अर्थात् कम तापमान पर ज्वलनशील हो जाता है, जबकि डीजल का ज्वलन बिंदु अधिक होने से वह अधिक तापमान पर ज्वलित होता है। पेट्रोल के इंजन में पेट्रोल को स्पार्क प्लग से ज्वलित किया जाता है, जबकि डीजल इंजन में स्पार्क प्लग नहीं होता है। इसमें ज्वलन संपीडन के द्वारा प्राप्त किया जाता है। इंजन में ईंधन के ज्वलित होने से पहले उसे हवा के साथ मिश्रित होना होता है। प्रत्येक ईंधन के लिए ईंधन और हवा के मिश्रण का ज्वलन एक विशेष अनुपात होता है। यदि ईंधन और हवा उस अनुपात तक न मिल पाएँ तो उनमें ज्वलन ठीक से नहीं होता है। इस कारण अगर पेट्रोल इंजन में डीजल का ईंधन भरकर चलाना चाहेंगे तो वह नहीं चलेगा। यही कारण है कि पेट्रोल इंजन की गाड़ी को डीजल तेल से नहीं चलाया जा सकता है (चित्र–152)।

चित्र–152 : पेट्रोल इंजन

158. लंबी दूरी तक बिजली पहुँचाने में ए.सी. बिजली का उपयोग क्यों होता है?

चित्र-153 : लंबी दूरी तक बिजली

ए.सी. (प्रत्यावर्ती धारा Alternating current) ऐसी विद्युत् धारा है, जिसके वोल्टेज को संप्रेषित करने के लिए आसानी से घटाया या बढ़ाया जा सकता है। यदि 4,00,000 वोल्ट पर ए.सी. आ रही है और उसे घरों में उपयोग के लिए भेजना है तो इसे सुरक्षित 220 वोल्ट में परिवर्तित किया जा सकता है। इसके लिए वोल्टेज गिरानेवाले ट्रांसफार्मर की आवश्यकता होती है। इस गुणता के अलावा लंबी दूरी तक संप्रेषित करने में ए.सी. बिजली की हानि उच्च वोल्टता पर बहुत कम होती है। इन दो लाभकारी गुणों के कारण लंबी दूरी तक बिजली पहुँचाने के लिए ए.सी. बिजली का ही उपयोग किया जाता है (चित्र-153)।

159. टी.वी. के एंटीना बनाने में एल्यूमिनियम का ही उपयोग क्यों?

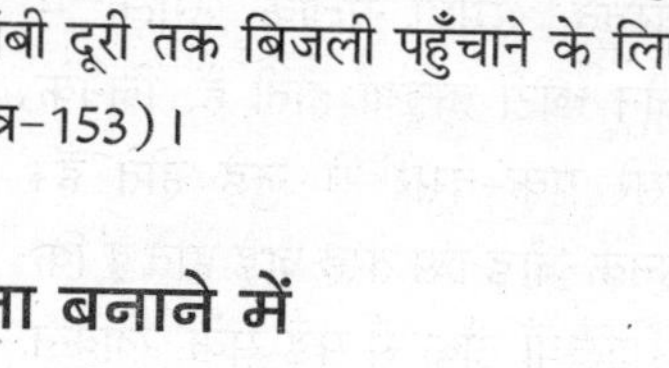

चित्र-154 : एल्यूमिनियम के टी.वी. एंटीना

सामान्यतया ऐसी कोई भी धातु, जो विद्युत् चालकता के लिए उत्तम हो टी.वी. का एंटीना बनाने के लिए उपयोग में लाई जा सकती है। इस काम के लिए कई धातुओं का उपयोग किया जा सकता है, परंतु एल्यूमिनियम को ही इस कार्य के लिए चुने जाने में अन्य धातुओं की तुलना में एल्यूमिनियम में पाई जानेवाली विशेषताएँ ही मुख्य कारण हैं। एल्यूमिनियम हलका होते हुए भी मजबूत होता है और एंटीना बनाने के लिए इसे पाइपों अथवा तश्तरियों आदि में ढाला जा सकता है। इतना ही नहीं, एल्यूमिनियम पर जंग

आदि भी नहीं लगता है। जंग लगने से एंटीना को नुकसान हो सकता है और टी.वी. केंद्र आदि से आनेवाले संकेतों को ग्रहण करने में कठिनाई आ सकती है। यह दोष ऐल्यूमिनियम में नहीं है। इसके अलावा ऐलुमिनियम, ताँबा और पीतल, जैसी धातु, मिश्र धातु की तुलना में बहुत सस्ता होता है, अतः इससे बने एंटीना जनसाधारण की पहुँच में रहते हैं। इन्हीं कारणों से टी.वी. के एंटीना अन्य धातुओं की अपेक्षा एल्यूमिनियम के ही बनाए जाते हैं (चित्र-154)।

160. पानी गरम करने पर उबलता है और दूध क्यों उफनता है?

चित्र-155 : पानी गरम करने पर उबलता है और दूध उफनता है

पानी को गरम करने पर बरतन की तली पर जो भाप के बुलबुले बनते हैं, उन्हें ऊपर आने के लिए पानी में कोई रुकावट नहीं होती है, अतः पानी उबलने लगता है, परंतु दूध में वसा और प्रोटीन के साथ दूध की शर्करा, जिसे लैक्टोज कहते हैं, भी बहुत छोटी-छोटी बुँदकियों के रूप में निलंबित होती है, अतः जब दूध को गरम किया जाता है तो वसा, प्रोटीन और शर्करा की बुँदकियाँ ऊपर की ओर आने लगती हैं और लगभग 50^0 सेंटीग्रेड पर क्रीम की मोटी परत ऊपर सतह पर बना लेती हैं, अतः जब दूध उबाल पर आता है तो बरतन की तली पर बननेवाले भाप के बुलबुले ऊपर आते हुए क्रीम की परत को ऊपर की ओर धकेलते हैं, जबकि क्रीम वहीं रहना चाहती है, अतः दूध में भाप के बुलबुलों और क्रीम के बीच परस्पर संघर्ष के परिणामस्वरूप दूध उफनकर बाहर निकलने लगता है (चित्र-155)।

161. वृक्षों का तना बेलनाकर क्यों होता है?

चित्र–156 : वृक्षों का तना बेलनाकार

वस्तुतः अधिकतर वृक्षों का तना बेलनाकार होता है, परंतु सभी वृक्ष बेलनाकार नहीं होते हैं। घास जैसे पौधे का तना तिकोना होता है तो तुलसी एवं अन्य पौधों का चौकोर होता है। हम जानते हैं कि पौधे बहुत छोटी–छोटी कोशिकाओं के बने होते हैं। ये कोशिकाएँ आपस में सर्पिल कुंडलीदार या गोलाकार आकार में जुड़ी होती हैं। पौधे की आकृति कुछ अंश तक कोशिकाओं की आकृति पर और कुछ–कुछ इन कोशिकाओं के क्रम–विन्यास पर निर्भर करती है। पौधों के तनों में संचार ऊतक होते हैं, जो जाइलम और फ्लोयम की सँकरी रज्जुओं से युक्त होते हैं। तने के बीच केंद्र में भीतर की ओर जाइलम काष्ठीय बेलन के भीतर निर्मित होते हैं, जो पुराने होने पर मृत हो जाते हैं और तने के मध्य को काष्ठीय बना देते हैं। इसके चारों ओर बेलनाकार आकार में फ्लोयम बढ़ते हैं और कोशिका भित्ति निर्मित करते हैं, क्योंकि तना परत–दर–परत बाहर की ओर त्रिज्यीय रूप में बढ़ता है, अतः तने की आकृति बेलनाकार रूप ही धारण करती है (चित्र–156)।

162. ट्यूबलाइट की चोक से कभी-कभी भुनभुनाहट की आवाज क्यों आती है?

प्रायः आपने देखा होगा कि शांतिपूर्वक जलती ट्यूबलाइट की चोक से जब आवाज आने लगती है तो उसका शोर हलका होने पर भी प्रकाश में बैठने का मजा ही किरकिरा करने लगता है। इस आवाज को जानने के लिए हमें चोक की बनावट का ज्ञान भी होना जरूरी होता है। चोक में लोहे की पतली लेमिनेटेड प्लेटें होती हैं, जो दोनों ओर से विद्युत् रोधी (इंसुलेटिड) होती हैं। इनको मिलाकर एक बंडल बनाया जाता है, जिस पर तार की फाइल लिपटी होती है। प्रायः चोक से ए.सी. विद्युत् गुजारने

पर किसी प्रकार की आवाज नहीं होती है, परंतु कभी-कभी जब प्लेटें ढ़ीली बँधी होती हैं अथवा प्लेटों के बीच का इंसुलेशन सूख जाता है तो भुनभुनाहट जैसी आवाजें आने लगती है (चित्र-157)। यह आवाज विशेषत: उस समय आना प्रारंभ करती है, जब प्लेटों में से गुजर रही ए.सी. विद्युत् की आवृत्ति (फ्रीक्वेंसी) ढीली प्लेटों के कंपन की सामान्य आवृत्ति के साथ मेल खाती है। प्लेटों के अनुनाद से आवाज उत्पन्न होती है। यही आवाज हमें भुनभुनाहट के रूप में सुनाई देती है।

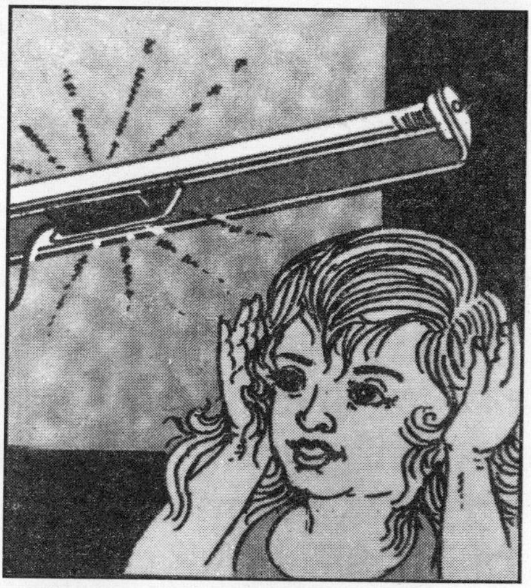

चित्र-157 : ट्यूबलाइट की चोक से कभी-कभी भुनभुनाहट की आवाज

163. कॉस्मेटिक सर्जरी की अपेक्षा साइकिक सर्जरी क्यों श्रेष्ठ है?

हम सभी को सुंदर और आकर्षक दिखने की चाह होती है। इसके लिए व्यक्ति क्या नहीं करते हैं। फेशियल, पेडीक्योर, मेनीक्योर और न जाने कितने तरीकों से जिस्म को सजाने-सँवारने में लगे रहते हैं। यहाँ तो ठीक है, लेकिन अत्यधिक आकर्षक, सुंदर, स्मार्ट, कामोत्तेजक दिखने की चाह में लोग कॉस्मेटिक सर्जरी अथवा शल्य चिकित्सा की शरण भी ले लेते हैं। इसमें प्राय: महिलाओं का अधिक रुझान होता है, परंतु आपने सोचा है क्या कॉस्मेटिक सर्जरी द्वारा ही संपूर्ण सौंदर्य की प्राप्ति संभव है ? संभवत: नहीं (चित्र-158)।

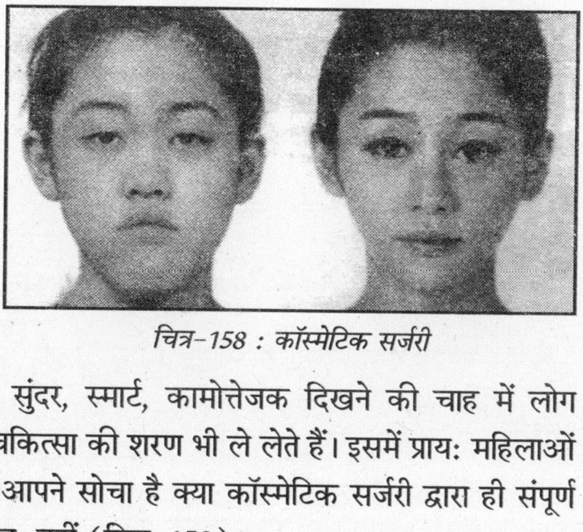

चित्र-158 : कॉस्मेटिक सर्जरी

मन के सौंदर्य के बिना तन का सौंदर्य निरर्थक है। हाँ, मन के सौंदर्य के द्वारा तन के सौंदर्य की सृष्टि संभव है, इसमें कोई संदेह नहीं है। वस्तुत: उपचार की दो पद्धतियाँ हैं। पहली पद्धति वस्तुपरक उपचार तथा दूसरी पद्धति है आत्मपरक उपचार। जब उपचार कार्य संपन्न करने के लिए भौतिक संसाधनों का प्रयोग किया जाता है तो यह उपचार वस्तुपरक उपचार कहलाता है, जैसे—सिरदर्द को दूर करने पर दवा आदि लेना अथवा शारीरिक आकर्षकता हेतु सर्जरी आदि करवाना। इसके विपरीत जब उपचार की प्रक्रिया में मानसिक संसाधनों अथवा शक्ति का प्रयोग किया जाता है तो वह आत्मपरक उपचार या 'साइकिक सर्जरी' होता है। वस्तुतः यही साइकिक सर्जरी का मूल सिद्धांत है।

आत्मपरक सर्जरी या उपचार न केवल हमारे शरीर अपितु मन पर प्रभाव डालती है और मन के माध्यम से ही शरीर पर काम करती है, हमारी चेतना के स्तर में भी वृद्धि करती है। इस पद्धति द्वारा मन में स्वास्थ्य के प्रति सकारात्मक भाव उत्पन्न करके उपचार में सहायता ली जाती है। मन की शक्ति द्वारा किसी भी क्षेत्र में सफलता प्राप्त करना अथवा व्याधियों का उपचार करना आध्यात्मिक उपचार या साधना की श्रेणी में आता है। इसका सबसे बड़ा लाभ यह है कि इससे उपचार तथा अपेक्षित सफलता के साथ-साथ जीवन में संतुलन उत्पन्न हो जाता है। शरीर और मन पर नियंत्रण द्वारा अपने 'स्व' में स्थित हो जाएँगे और 'स्व' में स्थित होना ही संपूर्ण स्वस्थ जीवन है, इस कारण कॉस्मेटिक की अपेक्षा साइकिक सर्जरी श्रेष्ठ है।

164. क्या होती है थिन फिल्म प्रौद्योगिकी?

आप जानते ही हैं कि प्रकृति में रंगों का खेल एक आकर्षक परिघटना है, जो हम सबको अच्छी लगती है। आपने तितली के सुंदर पंखों के पैटर्न तथा गुंजन पक्षी (हमिंग बर्ड), जैसे पक्षियों के पंखों पर चकाचौंध करनेवाली रंगों की बहार भी देखी ही होगी। इन पक्षियों में जैव-प्रकाशीय संरचनाओं (बायोऑप्टिकल स्ट्रक्चर्स) से प्रेरणा लेते हुए वैज्ञानिकों ने 'थिन-फिल्म प्रौद्योगिकी' विकसित की है, जो हमारे दैनिक जीवन के हर पहलू को बदल रही है—चश्मे से लेकर अंतरिक्ष प्रौद्योगिकी तक जिसका विस्तार देखने को मिलता है।

क्या हैं थिन-फिल्म?

तनु-फिल्म यानी थिन-फिल्म को किसी पदार्थ की ऐसी परत के रूप में परिभाषित किया जाता है, जिसकी मोटाई नैनोमीटर के कुछ अंशों से लेकर कई माइक्रोमीटर यानी माइक्रॉन तक होती है। अनुप्रयोग विशेष के अनुसार, थिन-फिल्मों की एकल परत या

बहु-परतों को अवस्तर (सबस्ट्रेट) के ऊपर परत-दर-परत लगाया जाता है। थिन-फिल्में सूक्ष्म स्तर पर वही काम करती हैं, जो स्थूल पदार्थ स्थूल स्तर पर करते हैं।

थिन-फिल्मों का निर्माण किसी आधार पदार्थ, जिसे अवस्तर कहते हैं, पर पराशुद्ध यानी अल्ट्रा-प्युअर पदार्थों के परमाणु-दर-परमाणु निक्षेपण (डीपॉजिशन) की विधियों द्वारा किया जाता है।

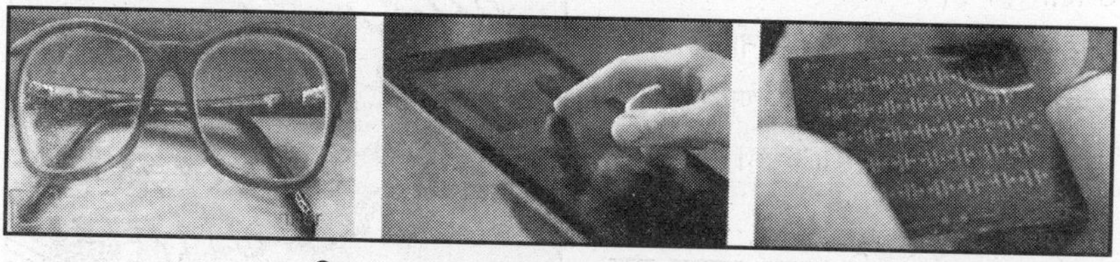

चित्र-159(अ) : थिन-फिल्मों से बनी वस्तुएँ

थिन-फिल्मों से बनी अनेक वस्तुएँ हम इस्तेमाल करते हैं या फिर ये हमारे आस-पास होती हैं। इसका एक सामान्य उदाहरण चश्मा है, जिसके लेंसों पर थिन-फिल्म चढ़ी होती है, जो इसे सुरक्षा प्रदान करती है। अन्य उदाहरण है, यथा—स्मार्ट फोनों के टच पैनल, कैमरे के लेंसों पर चढ़ी सुरक्षा परतें, वाहनों के लैंपों पर चढ़ी डीफ्रॉस्टर एवं एंटी-कंडेनसेशन परतें, चमकते छोटे आभूषण (ट्रिंकिट्स), घरों की जगमगाती सजावट की चीजें और प्रति-जीवाणुक यानी एंटी-बैक्टीरियल परत युक्त खाद्य-पैकेजिंग आदि (चित्र-159(अ) एवं 159(ब))।

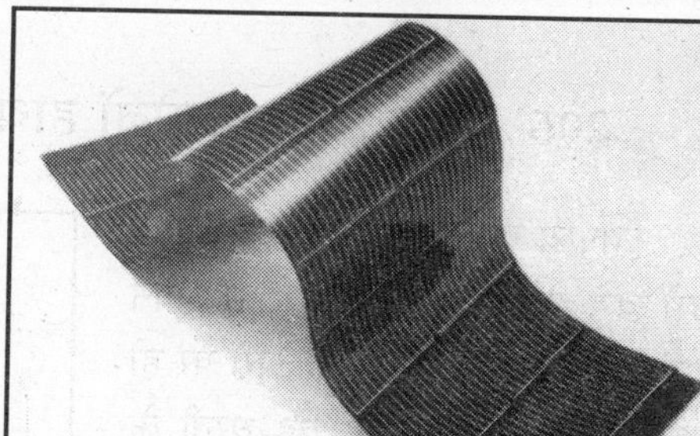

चित्र-159(ब): थिन-फिल्मों से बने उपकरण

थिन-फिल्मों वाले जैव-चिकित्सकीय उपकरण अपेक्षाकृत अधिक दक्षता के और मजबूत होते हैं। दूरसंचार व्युक्तियों में थिन-फिल्मों की कोटिंग का बहुत फायदा हुआ है। ये थिन-फिल्में उत्पादों को निम्न प्रतिरोधकता, ई.एम.आई. शील्डिंग तथा टिकाऊपन प्रदान कर सकती हैं। इसके अतिरिक्त सौर सेल प्रौद्योगिकी सौर ऊर्जा के अवशोषण एवं रूपांतरण की पद्धतियों में निरंतर सुधार ला रही है। इनकी अंतरिक्ष प्रौद्योगिकी में बहुत महत्त्वपूर्ण भूमिका है, क्योंकि अंतरिक्ष यान अपनी ऊर्जा की आवश्यकताओं के लिए इन सौर पैनलों पर बहुत अधिक निर्भर रहते हैं।

165. कुओं का पानी गरमियों में ठंडा एवं सर्दी में गरम क्यों होता है?

चित्र-160 : कुओं का पानी गरमियों में डंडा एवं सर्दी में गरम

कुओं का पानी न गरम होता है न ठंडा, वह तो अपने एक निश्चित तापमान के आसपास ही बना रहता है। सामान्यत: यह तापमान 22-25^0 सेंटीग्रेड के आसपास होता है। हम जानते हैं कि कुओं का पानी जमीन में पानी के स्तर के अनुसार 20-30 मीटर गहराई के आसपास तक होता है। हमारी धरती एक अच्छे ऊष्मारोधी का कार्य करती है, अत: उस पर बाहर की गरमी-सर्दी का कोई विशेष असर नहीं होता है, इसलिए कुओं में पानी का तापमान लगभग स्थिर रहता है।

प्राय: मौसम के अनुसार बाहर का तापमान बदलता रहता है। सर्दियों में यह घटकर 4-5^0 सेंटीग्रेड तक आ जाता है, अत: हमें कड़ाके की सर्दी लगती है, परंतु कुओं में पानी का तापमान वही 22-25^0 सेंटीग्रेड के बीच ही रहता है, इसलिए सर्दियों में कुओं का पानी गरम लगता है। जब गरमी आती है तो बाहर का तापमान 40-45^0 सेंटीग्रेड तक चला जाता है, अत: हम भीषण गरमी का अनुभव करते हैं, लेकिन इस समय भी कुओं के भीतर पानी का तापमान 22-25^0 सेंटीग्रेड ही रहता है, इसलिए गरमियों में कुओं का पानी हमें ठंडा लगता है, अत: कुओं का पानी स्थिर तापमान पर होने के कारण हमें बाहर के तापमान में परिवर्तन के अनुसार ठंडा या गरम लगता है (चित्र-160)।

166. गैस लाइटर के आखिरी सिरे को हाथों से छुआकर चलाने पर करेंट क्यों लगता है?

गैस के इलेक्ट्रॉनिक लाइटरों में उच्च वोल्टता की बिजली से स्पार्क, अर्थात् चिनगारी उत्पन्न की जाती है। गैस लाइटर में एक दाब विद्युत् क्रिस्टल होता है, जिसे दबाने से

चित्र–161 : गैस लाइटर चलाने पर करंट

बिजली पैदा होती है, जब लाइटर के बटन को दबाया जाता है तो उससे क्रिस्टल दबता है और उससे बिजली का वोल्टेज पैदा होता है। यह वोल्टेज स्टार्टर में लगे एक इलेक्ट्रॉनिक सर्किट के द्वारा बढ़ाया जाता है और इसे स्टार्टर के सिरे पर लगे दो इलेक्ट्रोड के बीच के अंतर से कुदाया जाता है, जिससे लाइटर में शक्तिशाली चिनगारी उत्पन्न हो जाती है। इसी चिनगारी को गैस चूल्हे में गैस को जलाने के लिए प्रयोग किया जाता है। अब ऐसे गैस लाइटर के आखिरी सिरे को हाथ या शरीर के किसी भी भाग पर रखकर चलाएँगे तो स्पार्क की जगह बिजली लाइटर के शरीर से छू रहे स्थान के द्वारा गुजरेगी और परिणामस्वरूप बिजली का झटका लगेगा। इसी कारण गैस लाइटर के आखिरी सिरे को हाथों आदि से छुआकर चलाने पर बिजली के करेंट का झटका लगता है (चित्र–161)।

167. कागज को सीधी रेखा में फाड़ने हेतु उसी स्थान पर मोड़कर प्रेस क्यों किया जाता है?

चित्र–162 : कागज के मोड़ पर प्रेस करना

हम जानते हैं कि कागज एक प्रकार से सेल्यूलोज होता है, जो मूल रूप से पेड़-पौधों की कोशिका भित्तियों में पाया जाता है। इसी सेल्यूलोज के रेशों को सड़ा-गलाकर और कुछ रासायनिक क्रियाओं से उपचारित कर उन्हें कागज की लुगदी में बदला जाता है। इस लुगदी को पानी आदि की क्रिया से परस्पर जोड़ते हुए कागज की शीटों का निर्माण किया जाता है। इस तरह हम कह सकते हैं कि कागज सेल्यूलोज के रेशों को परस्पर जोड़ने से तैयार होता है।

जब कागज को फाड़ते हैं तो यही जुड़े हुए

रेशे टूटते हैं, क्योंकि कागज में यह रेशे यूँ ही बेतरतीब जुड़े होते हैं और एक-दूसरे से चिपके रहते हैं, अतः कागज को यदि ऐसे ही फाड़ा जाए तो ये रेशे किसी भी दिशा में टूट सकते हैं, जिससे कागज सीधा न फटकर टेढ़ा-मेढ़ा फट सकता है। जब हम कागज को फाड़नेवाले स्थान पर मोड़कर प्रेस कर देते हैं तो कागज के रेशे उस स्थान पर समान रूप से कमजोर हो जाते हैं और जब उसे खोलकर फाड़ने हेतु खींचते हैं तो कागज कमजोर हुए रेशों के सहारे सीधी रेखा में आसानी से फट जाता है। इस कारण कागज को सीधी रेखा में फाड़ने के लिए उसे मोड़कर प्रेस किया जाता है (चित्र-162)।

168. गंदे कपड़ों को साफ करते समय पत्थर या फर्श पर क्यों पीटा जाता है?

प्रायः हमारे कपड़े धूल-मिट्टी तथा कई प्रकार की चिकनाई आदि से गंदे हो जाते हैं। इस गंदगी को हटाने के लिए हमें पानी के अलावा साबुन आदि का प्रयोग भी करना पड़ता है। साबुन आदि कपड़ों से चिपकी गंदगी को तो अपने में घोलकर पानी के साथ कपड़े से हटाने में सहायता करते हैं, परंतु गंदगी के जो अंश कपड़े के रेशों के अंदर प्रवेश कर जाते हैं, वे वहीं फँसे रह जाते हैं, इसलिए जब हम कपड़ों को किसी पत्थर या फर्श पर पीटते हैं तो फँसे हुए, ये धूल आदि मैल के कण बाहर आने लगते हैं, जिससे उन्हें आसानी से कपड़ों से धोकर हटाया जा सकता है, इसीलिए कपड़ों को साफ करते समय उन्हें फर्श या पत्थर पर फटकारा या पीटा जाता है (चित्र-163)।

चित्र-163 : गंदे कपड़ों को साफ करना

169. चोट आदि के कुछ घाव ठीक होने के बाद निशान क्यों छोड़ते हैं?

चित्र–164 : घाव होने के बाद निशान

घाव आदि होने पर त्वचा विखंडित हो जाती है। यदि त्वचा का केवल ऊपरी भाग खराब होता है तो ठीक होने पर कोई निशान नहीं पड़ता है, लेकिन यदि घाव गहरा है तो निशान पड़ता है। त्वचा की अधोत्वचा, अर्थात् त्वचा के भीतरी भाग में कोलैजन तंतु होते हैं। ये तंतु एक विशेष क्रम में जुड़े रहते हैं। जब घाव गहरा होता है तो ये तंतु बिखर जाते हैं और घाव ठीक होने पर इनका पुनः उसी क्रम में व्यवस्थित हो पाना संभव नहीं होता है, इसलिए त्वचा का पहलेवाला रूप नहीं आ पाता है और घाव के स्थान पर निशान पड़ जाते हैं (चित्र–164), जबकि ऊपरी भाग की त्वचा खराब होने पर कोलैजन तंतुओं को कोई क्षति नहीं पहुँचती है और उनसे पुनः पहले जैसी त्वचा आ जाती है। इस कारण चोट आदि के घाव ठीक होने पर घाव के निशान त्वचा पर नहीं पड़ते हैं।

170. धक्का लगाने पर मोटरगाड़ियाँ कैसे स्टार्ट हो जाती हैं?

चित्र–165 : मोटरगाड़ी को धक्का लगाना

प्रायः मोटरवाहनों को स्टार्ट करने के लिए एक स्विच दबाया जाता है, जिससे बिजली की मोटर चलती है। इसे ही स्टार्टर मोटर भी कहते हैं। इससे इंजन का क्रैंक चलता है और इस तरह इंजन चलने के लिए दहनचक्र प्रारंभ हो जाता है और मोटरवाहनों का इंजन चलने लगता है। कभी–कभी वाहन इंजन स्टार्ट नहीं हो पाता है, क्योंकि या तो उसकी स्टार्टर मोटर काम नहीं करती अथवा उसकी बैटरी डाउन हो जाती है या इंजन के पिस्टन अपनी चरम स्थिति में पहुँच जाते हैं।

इस स्थिति में इंजन को तब स्टार्ट किया जा सकता है, यदि उसकी क्रैंक को किसी तरह घुमाया जा सके। यह कार्य वाहन को गियर में डालकर वाहन को धक्का देने से पूरा किया जा सकता है। धक्का देने से वाहन के पहिए चलते हैं (चित्र-165)। इससे गियर के माध्यम से इंजन का क्रैंक शाफ्ट घूमने लगता है, जो इंजन को स्टार्ट कर देता है। यदि बिना गियर में डाले वाहन को धक्का देंगे तो इंजन कभी स्टार्ट नहीं होगा, क्योंकि उस स्थिति में वाहन के पहिए तो घूमेंगे, लेकिन इंजन का क्रैंक शाफ्ट नहीं घूमेगा, जो इंजन के स्टार्ट करने हेतु आवश्यक होता है। इन्हीं कारणों से धक्का लगाने पर मोटरगाड़ियाँ स्टार्ट हो जाती हैं।

171. बुखार आने पर स्वाद में परिवर्तन क्यों होता है?

चित्र-166 : बुखार आने पर स्वाद परिवर्तन

हमारी जीभ पर स्वाद कलिकाओं के नीचे स्वाद तंत्रिकाएँ स्थित होती हैं, जो बहुत संवेदनशील होती हैं। इन्हीं के माध्यम से भोजन के स्वादों की जानकारी मस्तिष्क को मिलती है और हम भोजन के विविध स्वादों का आनंद ले लेते हैं, परंतु ये संवेदनशील स्वाद तंत्रिकाएँ हमारे शरीर के सामान्य तापमान पर ठीक से कार्य करती हैं। जब शरीर का तापमान सामान्य से कम अथवा अधिक हो जाता है तो इनकी संवेदनशीलता कम हो जाती है। इससे वे स्वाद के बारे में सही जानकारी मस्तिष्क को नहीं पहुँचा पाती हैं, जिसके परिणामस्वरूप बुखार आने पर हमको भोजन का स्वाद अच्छा नहीं लगता है (चित्र-166)।

172. ब्लड बैंक में रक्त अधिक दिनों तक कैसे रखा जाता है?

आपको मालूम ही है कि हमारे रक्त का लाल रंग लाल कोशिकाओं के कारण होता है। ये लाल कोशिकाएँ अपना कार्य करते-करते लगभग 120 दिन में मर जाती हैं। इन्हें बदलने के लिए अस्थि मज्जा में नई कोशिकाएँ बनती रहती हैं और रक्त में लाल कोशिकाओं की क्षतिपूर्ति होती रहती है, लेकिन जब रक्त को ब्लड बैंक में भंडारित किया

चित्र–167 : रक्त बैंक में रक्त

जाता है तो रक्त की जीवन क्रियाएँ रुक जाती हैं, इसीलिए रक्त बहुत दिनों तक रखा जा सकता है।

चोट आदि के कारण बाहर आनेवाला रक्त शीघ्र जम जाता है, इसलिए जब रक्तदाता का रक्त निकाला जाता है तो इसे एक विशेष प्रकार के निजर्मीकृत किए हुए थैले में निकालते हैं। इस थैले में साइट्रेट साल्ट जैसे रक्त को न जमानेवाले यौगिक होते हैं। इसके अतिरिक्त थैले में कुछ एडिनीन और डेक्सट्रोस भी होता है, इसमें डेक्सट्रोस साधारण शर्करा होती है। इनसे रक्त की कोशिकाएँ भंडारण के समय पोषण पाती रहती हैं, वैसे रक्त निकालने के बाद जल्दी-से-जल्दी $4-6^0$ सेंटीग्रेड तापमान पर फ्रिज में रख दिया जाता है। इस तापमान पर एंजाइमों की क्रियाएँ नहीं हो पाती हैं, अतः रक्त को जमानेवाला कोई एंजाइम भी मौजूद हो तो भी रक्त जम नहीं पाता है और रक्त बहुत दिनों तक ब्लड बैंक में रखा जा सकता है (चित्र–167)।

173. फाउंटेन पेन में बाल पॉइंट पेन की स्याही क्यों नहीं चलती?

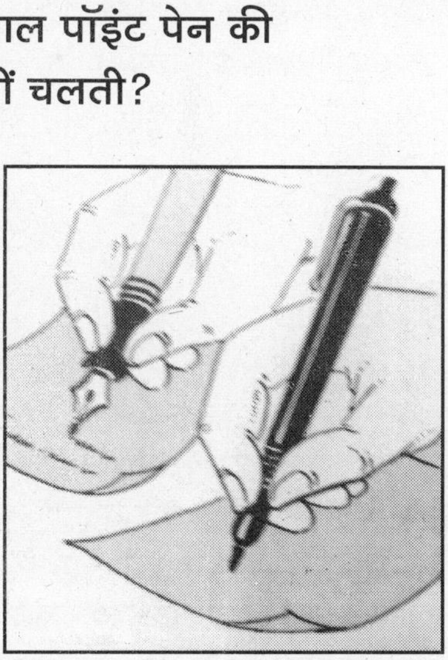
चित्र–168 : फाउंटेन पेन में बाल पॉइंट पेन की स्याही

हमारे लिखने के कलम इस प्रकार बने होते हैं कि उन्हें चलने के लिए अपनी रचना के अनुसार उपयुक्त स्याही की आवश्यकता होती है। बाल पॉइंट पेन में सिरे पर एक छोटी गोली, अर्थात् बाल होती है, जो घूमती है तो स्याही उसके साथ निकलकर कागज पर आती है और लिखना प्रारंभ करती है। इस कारण इसमें कुछ गाढ़ी स्याही आवश्यक होती है।

हमारे सामान्य फाउंटेन पेनों की निबों में कोशिकीय क्रिया के द्वारा स्याही आती है,

इसलिए उसके लिए पानी में घुली पतली स्याही आवश्यक होती है, अतः यदि बाल पॉइंट पेन में सामान्य पेन की स्याही का उपयोग किया जाएगा तो बाल पॉइंट की बाल ठीक प्रकार से नहीं चल सकेगी, क्योंकि साधारण पेन की स्याही वहाँ आकर सूखने लगेगी और बाल को जाम कर देगी। इसी कारण बाल पॉइंट पेन में फाउंटेन पेन की स्याही नहीं चलती है (चित्र-168)।

174. चोट लगने पर कभी-कभी सूजन क्यों आती है?

वैसे चोट कई तरह से लग सकती है। जब चोट से त्वचा फट जाती है तो उससे खून निकलने लगता है, लेकिन जब चोट लगने से त्वचा फटती नहीं है और चोट का आघात पर्याप्त होता है तो वह स्थान फूल जाता है। ऐसा इसलिए होता है क्योंकि ऐसी चोट में त्वचा के भीतर की खून की नलिकाएँ आदि फट जाती हैं और उनसे खून निकलता है, परंतु यह खून त्वचा कटी-फटी न होने से बाहर नहीं आ पाता है, वरन् त्वचा के नीचे इकट्ठा होने लगता है। इससे सूजन आने लगती है (चित्र-169) और चोट का स्थान फूलने लगता है।

चित्र-169 : चोट लगने पर सूजन आना

कभी-कभी ऊतकों को हानि पहुँचने से उनके द्वारा भी कुछ तरल पदार्थ बाहर आ जाते हैं। ऐसी स्थिति में खून तथा तरल पदार्थ दोनों मिलकर सूजन को और भी बढ़ा देते हैं। यह सूजन धीरे-धीरे खून की नलिकाओं की मरम्मत हो जाने और उनके द्वारा एकत्र हुए खून को वहाँ से ले जाने के बाद कम होने लगती है और चोट का स्थान सामान्य हो जाता है, अतः त्वचा के नीचे चोट के कारण एकत्र हुए खून के परिणामस्वरूप चोट लगनेवाली जगह फूल जाती है।

175. थकान होने पर हाथ-पैर दबाने से आराम क्यों मिलता है?

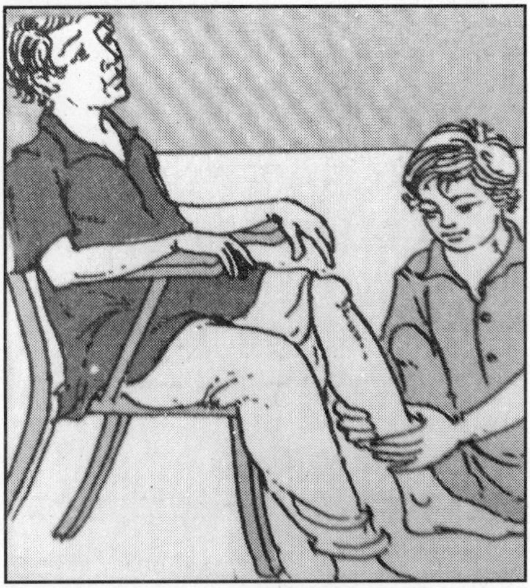

चित्र-170 : हाथ-पैर दबाने से आराम

प्रायः जब हम सामान्य क्षमता से अधिक परिश्रम करते हैं तो हमारी मांसपेशियाँ थकने लगती हैं और उनमें दर्द होने लगता है, ऐसा इसलिए होता है, क्योंकि अधिक काम करने पर काम करनेवाली पेशियों को मिलनेवाली सामान्य ऊर्जा कम पड़ जाती है। इसे पूरा करने के लिए पेशियाँ ग्लाइकोलिसिस का तरीका अपनाती हैं। इसमें शरीर की शर्करा लैक्टिक अम्ल में बदलने लगती है और जब इस अम्ल की मात्रा अधिक एकत्रित हो जाती है तो हमें थकान और दर्द का अनुभव होने लगता है, इसलिए जब थकी हुई पेशियों को दबाया या सहलाया जाता है तो रक्त का संचार बढ़ने लगता है। इससे एकत्रित लैक्टिक अम्ल तो हटने ही लगता है, साथ-ही-साथ थकी पेशियों को आवश्यक ऑक्सीजन भी मिल जाती है (चित्र-170)।

हाथ-पैर दबाने से तंत्रिकाओं के सिरे भी सक्रिय हो जाते हैं, जिससे मस्तिष्क की कोशिकाएँ कुछ दर्द निवारक रसायन छोड़ देती हैं, जो दर्द कम करने में सहायता करते हैं। इस कारण पेशियों को दबाने और सहलाने से हमें आराम मिलता है।

176. फिटकरी लगाने से रक्त क्यों बंद हो जाता है?

जब किसी रक्तनलिका के फट जाने पर रक्त रिसना प्रारंभ कर देता है तो वहाँ घाव आदि से रक्त बहना शुरू हो जाता है। यदि कटा हुआ भाग थोड़ा-सा है तो रक्त के जम जाने की स्वाभाविक क्रिया से वह स्थान भर जाता है और रक्त बहना बंद हो जाता है। रक्त में कुछ कारक ऐसे होते हैं, जिनके कारण घुली हुई प्रोटीन चटाई के समान बहुत पतले तंतुओं का जाल-सा बना देती है। यह जाल रक्त के जमने में सहायता करता है

और रक्त बहना रुक जाता है।

फिटकरी, पोटैशियम एल्यूमिनियम सल्फेट, एक तरह से मिश्रित लवण है। इसमें जो पोटैशियम होता है, वह रक्त जमने में शीघ्रता लाता है, जिससे रक्त बहना जल्दी बंद हो जाता है। इसके अतिरिक्त फिटकरी में संकोचक गुण भी होता है, जिसके कारण रक्त नलिकाएँ संकुचित हो जाती हैं। इससे कटी हुई नलिकाएँ संकुचन क्रिया के द्वारा रक्त का बहना बंद कर सकती हैं, अतः फिटकरी में रक्त को जमाने और रक्त नलिकाओं को संकुचित करने के गुण के कारण फिटकरी लगाने से रक्त बहना बंद हो जाता है (चित्र-171)।

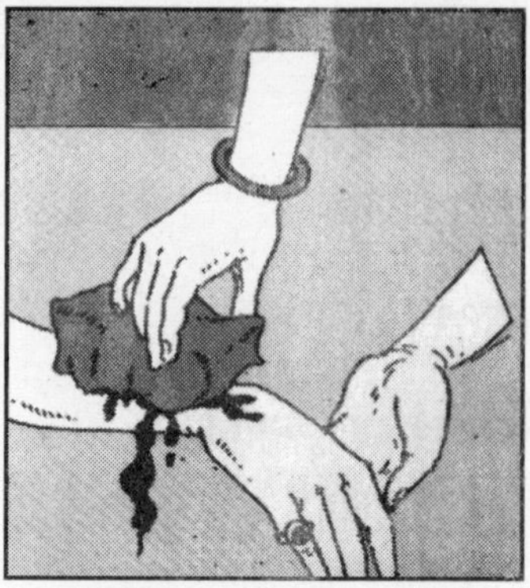

चित्र-171 : फिटकरी लगाने से रक्त का बंद होना

177. साइकिल का आगे का चिमटा घुमावदार क्यों होता है?

चित्र-172 : साइकिल का घुमावदार चिमटा

वस्तुतः साइकिल आमजन की सवारी है, इसलिए इसे चलाने में उन्हें भी कुछ आराम मिल सके तो विज्ञान की यह खोज सफल मानी जा सकती है। संभवतः इसी बात को ध्यान में रखकर इसके निर्माताओं ने साइकिल के आगे के चिमटे में हलका-सा मोड़ या घुमाव डाल दिया है। इस घुमाव का पहला लाभ यह है कि आगे का चिमटा घुमावदार होने से यह छोटे-मोटे गड्ढों आदि में साइकिल का पहिया आ जाने पर झटका रोधक का कार्य करता है। इससे साइकिल सवार झटका खाने के बजाय कुछ आराम का अनुभव करते हैं। इसके अलावा घुमावदार चिमटा होने से साइकिल सवार का भार, घर्षण तथा अन्य बल, जो इसके विरुद्ध कार्य कर रहे होते हैं, परस्पर प्रभाव डालते हैं। इन सभी बलों को इस घुमावदार चिमटे के द्वारा अगले पहिए के धरती से संपर्क के स्थान पर आसानी से पहुँचा दिया जाता है। इससे

पहिया धचके खाते समय इधर-उधर सरकने के बजाय अपने मार्ग पर स्थिर बना रहता है। इसके परिणामस्वरूप साइकिल चालक बिना किसी परेशानी के साइकिल का हैंडिल अपनी इच्छानुसार घुमाने का आराम उठा लेता है। इन्हीं लाभों के कारण साइकिल का आगे का चिमटा घुमावदार बना होता है (चित्र-172)।

178. डॉक्टरी थर्मामीटर के पारे को उतारते समय झटका क्यों दिया जाता है?

आप जानते ही हैं कि बुखार आदि आने पर शरीर का तापमान ज्ञात करने के लिए डॉक्टरी थर्मामीटर का प्रयोग किया जाता है। इस तरह के थर्मामीटर में एक चपटा बल्ब-सा होता है, जिसमें पारा भरा होता है (चित्र-173)। इस बल्ब के बाद एक संकुचित सँकरा रास्ता होता है, जो पतली नलिका से जुड़ा होता है। जब रोगी का तापमान नापते हैं तो रोगी के संपर्क में आने पर इस थर्मामीटर के बल्ब का पारा सँकरे रास्ते से रोगी के तापमान के अनुसार नलिका में ऊपर चढ़ने लगता है। जब पारा चढ़ना रुक जाता है तो थर्मामीटर के बल्ब को रोगी के संपर्क से हटा लेते हैं। ऐसा करने पर पारा नीचे आने के बजाय संकुचित सँकरे स्थान से दो भागों में बँटकर ऊपर का ऊपर और नीचे का नीचे रह जाता है। इससे रोगी का तापमान ज्ञात करने में आसानी रहती है, परंतु जब इस थर्मामीटर को दोबारा उपयोग में लाना होता है तो नलिका में भरा पारा उतारकर नीचे बल्ब में लाना आवश्यक होता है। इस समय कोई बल ऐसा नहीं होता, जिसके कारण पारा नलिका से नीचे बल्ब में उतर आए, इसलिए थर्मामीटर को एक झटका लगाया जाता है। इससे नलिका का पारा संकुचित सँकरे मार्ग से नीचे बल्ब में उतर आता है और साफ करने के बाद थर्मामीटर पुनः उपयोग के लिए तैयार हो जाता है। इस कारण नलिका के पारे को नीचे थर्मामीटर के बल्ब में उतारने हेतु झटका लगाया जाता है।

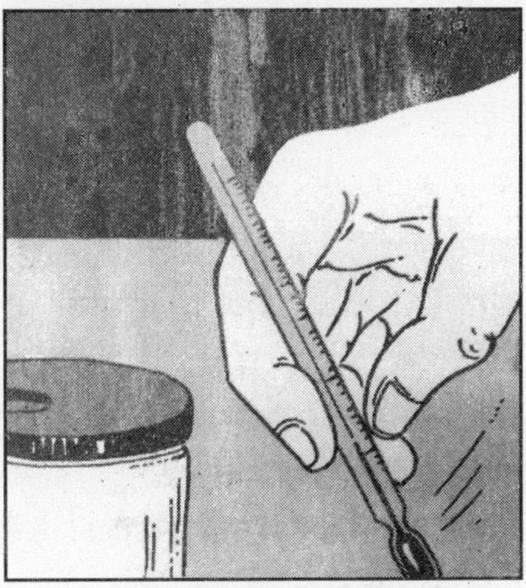

चित्र-173 : डॉक्टरी थर्मामीटर

179. फ्रिज में बर्फ जमाने का खाना ऊपरी भाग में क्यों होता है?

चित्र–174 : फ्रिज में बर्फ जमाने का भाग

ठंडी हवा भारी और गरम हवा हलकी होती है, इसलिए फ्रिज के ऊपरी हिस्से में ठंडक का खाना होने से फ्रिज के निचले हिस्से की गरम हवा ऊपर की ओर जाती है और ऊपर के ठंडे हिस्से की ठंडी हवा नीचे की ओर आती रहती है। इस प्रकार ठंडकवाला खाना ऊपर होने से समूचा फ्रिज अंदर से ठंडा हो जाता है, जो फ्रिज के हर हिस्से में सामान को ठंडक पहुँचाने के उपयुक्त रहता है। इसके अतिरिक्त ठंडक का खाना ऊपर होने से फ्रिज के चलाने में कम ऊर्जा तक ठंडक उत्पन्न करनेवाला रेफ्रीजरेंट, जो एक महँगा तरल पदार्थ होता है, कम लगता है। इस कारण फ्रिज में ठंडक पहुँचाने और बर्फ जमाने का खाना ऊपरी भाग में ही रखा जाता है (चित्र–174)।

180. क्या होते हैं अच्छी सेहत के अल्फाबेट्स?

वैसे तो वैज्ञानिक आविष्कारों ने मानव को अनगिनत सफलताएँ एवं सुविधाएँ प्रदान की हैं, परंतु जिस प्रकार एक सिक्के के दो पहलू होते हैं, आजकल के समय में विज्ञान कुछ क्षेत्रों में अभिशाप–सा भी प्रतीत होने लगा है। मानव की अत्यधिक व्यस्तता और भौतिकवादिता ने अच्छा शरीर, अच्छा भोजन, शांत मन एवं अच्छी सेहत इन सभी को दरकिनार कर दिया है। यदि हम वर्तमान समय में भी कुछ सरल, किंतु महत्त्वपूर्ण बातों को, जिन्हें अंग्रेजी के अल्फाबेट्स (Alphabets) के रूप में ध्यान दें तो हम सेहत को अच्छी रख सकते हैं तो आइए जानें इन अल्फाबेट्स को—

(क) **अवेयरनेस (सजगता) :** अपने सेहत को लेकर हमेशा जागरूक रहना चाहिए। अच्छी चीजों के साथ दिन की शुरुआत, खाने में शुद्ध एवं पौष्टिक

भोजन का चयन, उठते-बैठते के समय सही ढंग आदि। शनैः-शनैः वह जागरूकता जीवन के हर पक्ष में आने लगेगी और सेहत अच्छी बनेगी।

(ख) **ब्रीदिंग (श्वास-निःश्वास) :** यह आसान और बेहतरीन व्यायाम है। नाक से गहरी साँस लें, महसूस करें कि साँस फेफड़ों तक पूरी तहर पहुँच रही है, फिर धीरे-धीरे साँस छोड़ें। ऐसा जब समय मिले दिन में 5 बार जरूर करना चाहिए। आजकल की दौड़ती जिंदगी में शरीर को पर्याप्त ऑक्सीजन देने का यह सरल उपाय है।

(ग) **कार्डियो-हृदय संबंधी :** कार्डियो एक्सरसाइज जो शरीर को दिया जा सकता है, वह है प्रातःकालीन सैर (मार्निंग वॉक)। इससे हृदय को मजबूती मिलती है और शरीर की वसा भी कम होती है।

(घ) **डांस (तेजी से आना-जाना—To bobup and down) :** यदि आप मॉर्निंग वॉक नहीं कर सकते हैं तो यदि कम कर सकते हैं तो नृत्य अथवा तेजी से आना-जाना भी करके सेहत के साथ-साथ हृदय को ऊर्जा दे सकते हैं।

(ङ) **एस्टीम (सक्षमता) :** व्यक्ति को अपनी सक्षमता के बारे में जानना चाहिए तथा अधिक से अधिक सकारात्मक रहना चाहिए तथा स्वयं को स्व-अनुभूति भी होनी चाहिए। सकारात्मकता सक्षमता की कुंजी है।

(च) **फन (आनंद) :** आपको यह ज्ञात होना चाहिए कि दिमाग को सबसे अधिक प्रसन्नता या खुशी किससे मिलती है, यथा—स्पोर्ट्स, म्यूजिक, रीडिंग, रायटिंग, पेंटिंग इत्यादि। हर सप्ताह कुछ समय वह कार्य अवश्य करें, जिससे दिमाग को आनंद मिले। इससे जीवन में नई ऊर्जा बनी रहेगी।

(छ) **ग्रीन मेडिटेशन :** प्रातःकाल प्रकृति के सौंदर्यवाले दृश्यों—पार्क, पक्षियों की चहचहाहटवाले क्षेत्र, जल स्रोतों के निकट घूमना एवं शांति से वहाँ बैठकर चिंतन करना।

(ज) **हाइड्रेशन (जलयोजन) :** शरीर में हाइड्रेशन के अभाव में तनाव स्तर बहुत बढ़ जाता है, इससे व्यक्ति चिड़चिड़ा भी हो जाता है, इसलिए सिर्फ प्यास लगने पर ही नहीं अपितु काम के बीच में भी पानी पीते रहना चाहिए। दिनभर में कम से कम 8-10 ग्लास पानी का सेवन अवश्य करना चाहिए।

(झ) **इंट्रोस्पेक्शन (आत्म-चिंतन) :** व्यक्ति को अपने अंदर अवश्य झाँकने की प्रवृत्ति होनी चाहिए तथा सप्ताह में आयोज्य छोटे-छोटे लक्ष्यों को बनाकर पूरा करने की चेष्टा रखनी चाहिए। जीवन में खुद को व्यवस्थित रखना भी अच्छे स्वास्थ्य का हिस्सा होता है।

(ञ) **जॉब (कार्य) :** किसी भी जॉब या कार्य को पूरे उत्साह से करना चाहिए। अपने ही जॉब में पसंद आनेवाली चीजों की लिस्ट बनाकर उन पर केंद्रित (फोकस) करके भी हम स्वयं को प्रेरित कर सकते हैं।

(ट) **केराओके (संगीत) :** यह एक प्रकार का संगीत होता है। वस्तुतः अच्छे मनमोहक संगीत को सुनकर बीमारियों से लड़ने के लिए ऊर्जा मिलती है। संगीत थैरैपी के अच्छे प्रभाव देखे गए हैं।

(ठ) **लाफ्टर (हँसना) :** खुश रहने के तमाम संसाधन एक तरफ और हँसना इन समस्त संसाधनों के ऊपर अच्छे और स्वस्थ जीवन की महत्त्वपूर्ण थैरैपी है। व्यक्ति को लोगों के साथ दिन में कुछ समय हँसकर एवं मुसकराहट से बिताना चाहिए। इससे तनाव कम होता है।

(ड) **मेडिटेशन (ध्यान) :** भारतीय जीवन पद्धति में ध्यान को बहुत महत्त्व दिया गया है तथा इससे सकारात्मक ऊर्जा बहुत प्राप्त होती है। अच्छी सेहत के लिए सूर्योदय से पूर्व किया गया ध्यान बहुत लाभकारी होता है।

(ढ) **न्यूट्रिशन (पोषण) :** व्यस्त जीवन में केवल पौष्टिक भोजन का सेवन करके भी आसानी से स्वस्थ रहा जा सकता है। खाने में कम-से-कम तली-भुनी चीजों का इस्तेमाल करना चाहिए। सब्जियों, फल, नट्स का इस्तेमाल अधिक से अधिक करना श्रेष्ठ रहता है। अच्छे पोषण से हम कई रोगों से बच सकते हैं।

(ण) **ऑप्टिमम वेट (संतुलित वजन) :** अधिक वजन से भी कई रोग हो सकते हैं, अतः संतुलित भोजन, व्यायाम आदि से हम वजन को भी संतुलित रख सकते हैं।

(त) **पोश्चर (मुद्रा, आसन) :** अच्छी सेहत के लिए अच्छी बॉडी लैंग्वेज के साथ सही पोश्चर में उठना, बैठना, सोना आदि कार्य करने से हड्डी संबंधी रोगों से बचा जा सकता है।

(थ) **क्वेस्ट (तलाश, खोज, सिखना) :** हमें जीवन में ज्यादा-से-ज्यादा नई चीजें सीखने की लालसा होनी चाहिए, इस हेतु तलाश करके ज्ञान-जिज्ञासा को शांत करना चाहिए। इससे भी सकारात्मक ऊर्जा मिलती है।

(द) **रिलैक्सेशन (उचित विश्राम) :** अधिक समय तक काम करने पर व्यक्ति को थकान होती है, जिससे कार्य के प्रति उत्साह भी कम होने लगता है, अतः काम के पश्चात् पूरा आराम करना चाहिए।

(ध) **स्ट्रेपिंग (मांसपेशियों की सक्रियता) :** मांसपेशियों की सक्रियता शरीर में रक्त संचार हेतु बहुत आवश्यक है, एतदर्थ ऐसे कार्य करके सदैव

मांसपेशियों को सक्रिय रखना चाहिए।

(न) **टाइम मैनेजमेंट (समय प्रबंधन)** : जीवन में तनाव रहित रहने के लिए समय का प्रबंधन बहुत आवश्यक है। प्रत्येक कार्य की प्राथमिकता निर्धारित कर कार्य करने चाहिए।

(प) **अंडरस्टैंडिंग (समझदारी)** : जीवन के हर मामले में उसके विषय में समझदारी सबसे बड़ी चीज होती है। आसपास के लोग, कार्यस्थल और आपसी रिश्तों के साथ संतुलन बनाना अच्छी जीवनशैली का परिचायक है। किसी भी निर्णय पर पहुँचने से पहले अच्छे से विचार करने से तन और मन दोनों स्वस्थ रहते हैं।

(फ) **विजन (दूरदर्शिता)** : जीवन में हर बात पहले दिमाग में आती है, फिर वास्तविकता में परिवर्तित होती है, इसलिए प्रत्येक लक्ष्य को रूपायित जरूर करें, इससे मन में लक्ष्य को पूरा करने की चाहत बढ़ती है और तनाव हावी नहीं होता है।

(ब) **वेट ट्रेनिंग (संतुलित वजन के लिए प्रशिक्षण)** : वेट ट्रेनिंग से मांसपेशियों को ताकत मिलती है और जोड़ों में होनेवाली समस्या भी कम होती है। आयु बढ़ने पर यह अहम हो जाती है, इसे नजरअंदाज नहीं करना चाहिए तथा यदि संभव हो तो अच्छे प्रशिक्षक से प्रशिक्षण भी लेना चाहिए।

(भ) **एक्सकर्सन (सैर)** : सेहतमंद रहने हेतु अवकाश के दिनों में सैर पर भी जाना चाहिए, इससे नवीनता आती है। व्यक्ति को किसी अज्ञात व्यक्ति के प्रति घृणा का भाव Xenophobic भी नहीं रखना चाहिए।

(म) **योग** : योग से शारीरिक और मानसिक स्वास्थ्य बहुत अच्छा रहता है, इसलिए इसको एनर्जी बूस्टर मेडिसिन या ऊर्जा प्रेरक औषधि कहा गया है।

(य) **गहरी नींद** : यह तो आवाज है, जो प्रत्यक्षः गहरी नींद में लोग लेते हैं। पूरी नींद लेने से थकान, सिरदर्द, तनाव ये सभी समस्याएँ दूर रहती हैं।

इस प्रकार इन अल्फाबेट्स पर मनन करके व्यक्ति सेहत अच्छी रख सकता है।

181. क्या होता है इ-कचरा?

तीव्र आर्थिक विकास और शहरीकरण के कारण बिजली तथा इलेक्ट्रॉनिक उपकरणों का उत्पादन बहुत तेजी से बढ़ रहा है। इसी के साथ इनके अपशिष्ट भी बढ़ रहे हैं। यद्यपि इलेक्ट्रॉनिक कचरे की कोई सर्वमान्य परिभाषा नहीं है, परंतु आमतौर पर इसका मतलब उन सभी डाटा प्रोसेसिंग, दूरसंचार और मनोरंजन के विद्युतीय

उपकरणों से है, जिनका इस्तेमाल घर या दफ्तर में होता है। इ-कचरे में शामिल चीजों का दायरा बहुत बड़ा है। अनुपयोगी या खराब हो चुके कंप्यूटर, मोबाइल फोन, प्रिंटर्स, फोटोकॉपी मशीन, यू.पी.एस., एल.सी.डी./टेलीविजन, रेडियो/ट्रांजिस्टर, डिजिटल कैमरा, इलेक्ट्रिकल कंपोनेंट और बैटरी से चलनेवाले इलेक्ट्रॉनिक उपकरणों को इ-कचरा कहते हैं।

इ-कचरे (चित्र-175) में खतरनाक तथा गैर-खतरनाक श्रेणियों के अंतर्गत आनेवाले पदार्थ होते हैं। इनमें लौह और अलौह धातुओं, प्लास्टिक, काँच, लकड़ी और प्लाईवुड, मुद्रित सर्किट बोर्ड (पी.सी.बी.), रबर आदि होते हैं। इसके अतिरिक्त घरेलू बिजली के उपकरण, जैसे—वैक्यूम क्लीनर, घड़ियाँ, ग्राइंडर, फ्रिज, वॉशिंग मशीन, खाना पकाने के उपकरण, टी.वी., वीडियो कैमरा, सी.एफ.एल., उच्च तीव्रता के सोडियम लैंप, खिलौने, कंप्यूटर/वीडियो गेम, छोटी-छोटी गाड़ियाँ, रेडियोथैरेपी उपकरण, डायलिसिस उपकरण, स्मोक डिटेक्टर, थर्मोस्टेट आदि भी आते हैं।

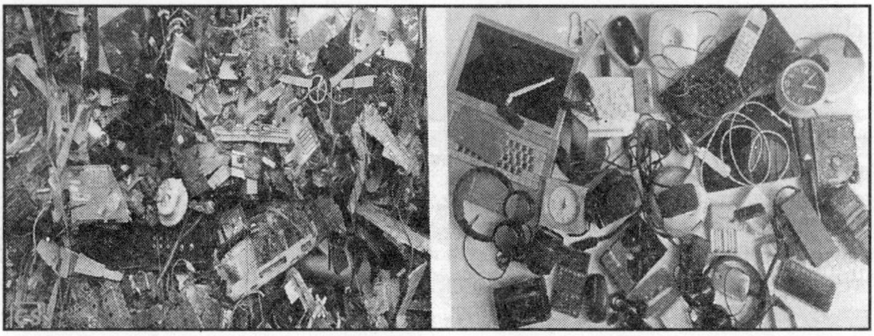

चित्र-175 : इ-कचरा

इ-कचरा मुख्यतः दो स्रोतों से आता है, जिनमें पहला इलेक्ट्रॉनिक कंपोनेंट के निर्माण से है, जैसे—पी.सी.बी., अर्धविद्युत् चालक, संधारित्र, कैथोड-रे-ट्यूब, पिक्चर ट्यूब, पी.वी.सी. या धातु की शीट और दूसरा अनुपयोगी इलेक्ट्रॉनिक उपकरणों के निस्तारण से। दोनों ही तरह के कचरे जैविक रूप से नष्ट नहीं होने योग्य (नॉन-बायोडिग्रेडेबल) होते हैं।

इलेक्ट्रॉनिक उपकरणों को बनाने में अधिकतर कैडमियम, निकिल, क्रोमियम, एंटीमनी, आर्सेनिक, बेरिलियम और मरकरी आदि का उपयोग किया जाता है। ये सभी स्वास्थ्य एवं पर्यावरण के लिए घातक हैं। एक कंप्यूटर में प्रायः 3.8 पौंड सीसा, फॉस्फोरस, कैडमियम व मरकरी जैसे घातक तत्त्व होते हैं, जो जलाए जाने पर सीधे वायुमंडल में घुलते हैं। भारत विश्व में पाँचवाँ ऐसा देश है, जहाँ सबसे अधिक इ-कचरा

(प्रतिवर्ष 18.5 लाख टन) उत्पन्न होता है।

इ-कचरे को असावधानी से फेंका जाता है तो यह शरीर के दिमाग, किडनी, यकृत, त्वचा रोग के अलावा कैंसर का भी कारण बन जाता है। तारों की पी.वी.सी. कोटिंग को जलाने पर विषैली डाइऑक्सिन निकलती है, जो प्रजनन, विकास तथा हारमोनल संतुलन को बिगाड़ती है। इसके अलावा उत्पन्न कार्बन मोनोऑक्साइड, कार्बन डाइऑक्साइड तथा क्लोरो फ्लोरो कार्बन पर्यावरण के लिए बहुत घातक हैं।

इ-कचरे का निपटान विश्वव्यापी समस्या है। इसका सुरक्षित उपचार और निस्तारण मुख्यत: 4 विधियों द्वारा किया जाता है—

लैंड फिलिंग (भूमि भराव) : इस विधि में इ-कचरे को समतल जमीन के अंदर गड्ढा खोदकर डालकर मिट्टी से दबा दिया जाता है, परंतु दीर्घकाल के बाद भी यह जोखिम को कम नहीं कर सकता है।

इंसीनरेशन (भस्मीकरण) : इस प्रक्रिया में कचरे को 900 से 1000^0 सेंटीग्रेड तापमान पर इंसीनरेटर के अंदर पूर्णत: बंद चैंबर में जलाया जाता है, जिसके कारण इ-कचरे की काफी मात्रा कम हो जाती है तथा उसमें उपस्थित रासायनिक पदार्थों की विषाक्तता भी कम हो जाती है, परंतु इससे पर्यावरण के दूषित होने की आशंका प्रबल होती है।

पुनर्चक्रण (रिसायक्लिंग) : इस प्रक्रिया में विभिन्न धातुओं एवं प्लास्टिक को तोड़कर अलग-अलग करके उसको पुन: उपयोग हेतु संरक्षित कर लिया जाता है।

पुन:प्राप्ति एवं पुन:प्रयोग : कचरा प्रबंधन पदानुक्रम में सबसे अच्छा प्रबंधन पद्धति पुन:प्रयोग है। इस प्रक्रिया में पुराने इलेक्ट्रॉनिक उपकरणों की मरम्मत करके, पुन: उपयोग करने हेतु बनाया जाता है, जैसे—कंप्यूटर, मोबाइल, लैपटॉप, इन्वर्टर, एल.सी.डी., यू.पी.एस., प्रिंटर आदि को पुन: प्रयोग किया जा सकता है तथा यह पर्यावरण स्नेही विकल्प है।

न केवल अंतरराष्ट्रीय स्तर पर वरन् हमारे देश में भी केंद्रीय प्रदूषण नियंत्रण बोर्ड ने इ-कचरे के समुचित निपटान एवं प्रबंधन हेतु नियम बनाए हैं। अब 1 मई, 2012 से ई-कचरा प्रबंधन के नए नियम को भी लागू किया गया है, जिसमें विनिर्माताओं के लिए निपटान प्रक्रियाओं का उल्लेख किया गया है।

अत: इ-कचरा प्रबंधन एक वैश्विक एवं जटिल समस्या है, परंतु इसमें जागरूक नागरिक एवं सरकार दोनों का समन्वय आवश्यक है।

182. रेलवे लाइनें पत्थर की गिट्टियों पर क्यों बिछाई जाती हैं?

आपने देखा ही होगा कि रेलवे लाइन एक तरह से पत्थर की रोड़ी या गिट्टियों की सड़क के ऊपर बिछाई जाती है। ऐसा करने का कारण यह है कि रेल की पटरी अंग्रेजी के T अक्षर के आकार की होती है। इसका चौड़ा हिस्सा नीचे की ओर रहता है, जिसके सहारे यह लकड़ी या सीमेंट के स्लीपरों पर समकोण अवस्था में कसी होती है। ये स्लीपरों पर कसी हुई रेल पटरियाँ पत्थर की रोड़ी की सड़क पर जड़ी रहती हैं, जब ट्रेन या रेलगाड़ी इन पटरियों पर दौड़ती है तो उन पर पड़नेवाला दबाव लगातार जल्दी-जल्दी बदलता रहता है। इस दबाव का अंतर इतना अधिक होता है कि यदि पत्थर की रोड़ियों के बजाय यह रेल पटरियाँ सामान्य पक्की सड़क पर होतीं तो वह चटक जाती और पूरा रेलमार्ग अव्यवस्थित हो जाता। पत्थर की रोड़ी से रेलवे लाइन को बदलते दबाव को सहने की लचक या लचीलापन मिलता है। इसके अतिरिक्त पत्थर की रोड़ी से गद्दीदार लचीलेपन के अलावा रेलवे लाइन के आसपास जल निकास आदि में भी सहायता मिलती है। इसी कारण रेलवे लाइनों को पत्थर की गिट्टियों पर बिछाया जाता है (चित्र-176)।

चित्र-176 : रेलवे लाइन पर पत्थर की गिट्टियाँ

183. सीमेंट के नए प्लास्टर पर पानी क्यों छिड़कते हैं?

सीमेंट पककर कठोर बनने में कुछ समय लेता है, इसीलिए जब नया प्लास्टर किया जाता है तो अगले दिन से उस पर लगभग एक सप्ताह तक पानी छिड़कते रहते हैं। सीमेंट के कठोर होने की क्रिया वस्तुतः एक रासायनिक क्रिया है, जो पानी के द्वारा पूरी होती है, इसलिए पानी छिड़का जाता है (चित्र-177)।

सीमेंट में कुछ सूखे तथा निर्जल यौगिक होते हैं, जैसे—कैल्सियम सिलिकेट और

कैल्सियम एल्यूमिनेट आदि। जब सीमेंट में पानी मिलाया जाता है तो यह यौगिकों के साथ क्रिया करके उनमें रासायनिक परिवर्तन करता है। इस क्रिया से सीमेंट में कुछ सुई के समान क्रिस्टल बनते हैं, जो आपस में गुंफित होकर प्लास्टर को कठोर व मजबूत बनाते हैं, चूँकि इस क्रिया को पूरी होने में लगभग एक सप्ताह का समय लगता है, इसलिए नए प्लास्टर पर 6-7 दिनों तक पानी छिड़कते रहते हैं। यदि इतनी अवधि तक प्लास्टर पर पानी न छिड़का जाए तो यह रासायनिक क्रिया पूरी न हो पाने से प्लास्टर कमजोर रह जाता है और जरा-सी ठेस लगने पर झड़ना प्रारंभ कर देता है। इसी कारण नए सीमेंट प्लास्टर को ठीक तरह से ठोस और मजबूत बनाने के लिए उस पर सात दिनों तक पानी छिड़का जाता है।

चित्र-177 : सीमेंट के प्लास्टर पर पानी का छिड़काव

184. सड़कें मोड़ों पर ढाल देकर क्यों बनाई जाती हैं?

सामान्यत: सीधी सड़कों पर दौड़ती मोटरगाड़ियाँ अपकेंद्री बल से मुक्त रहती हैं। जब वे तेज गति से दौड़ती हुई सड़क के मोड़ों पर मुड़ती हैं तो उनको अपकेंद्री बल का भी सामना करना पड़ता है। इस बल के कारण वे छिटककर सड़क के बाहर जाकर दुर्घटनाग्रस्त हो सकती हैं। इस कठिनाई से बचने के लिए अपकेंद्री बल का प्रभाव घटाना आवश्यक हो जाता है। ऐसा करने के लिए मोड़ों पर सड़क को बाहर से अंदर की ओर ढाल देकर बनाया

चित्र-178 : मोड़ों पर सड़क

जाता है। इससे परिणामी भार और अपकेंद्री बल वाहन या मोटरगाड़ी के ऊर्ध्वाधर समतल संतुलन से समाप्त हो जाता है और सवारियाँ तथा वाहन को किसी भी प्रकार के हिचकोले नहीं लगते हैं और दौड़ती मोटरगाड़ी सड़क से छिटकने से भी बच जाती है, इसीलिए सड़कें मोड़ों पर ढाल देकर बनाई जाती हैं (चित्र-178)।

185. हमें नींद में छींक क्यों नहीं आती है?

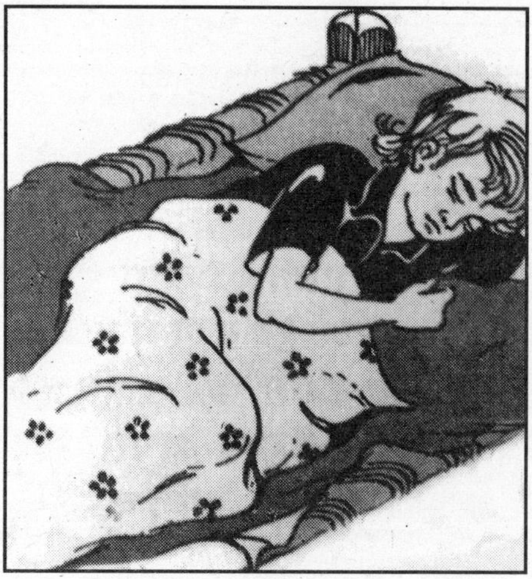

चित्र-179 : नींद में छींक

प्राय: आपने अनुभव किया होगा कि छींकें आने से पूर्व हमारी नाक में चुनचुनाहट-सी होती है, जो नाक में पहुँचनेवाली धूल, मिट्टी, धुआँ, परागकण एवं जुकाम के विषाणुओं आदि किसी कारण से हो सकती है। इससे हमारी पेशियों तथा तंतुपट में अचानक क्रिया होने लगती है। इसके परिणामस्वरूप हमारे फेफड़ों के चारों ओर की पेशियों तथा फेफड़े के नीचे की पेशीय झिल्ली या तंतुपट अचानक सिकुड़ने लगते हैं। इससे हमारे फेफड़े सामान्य क्रमबद्ध हवा फेंकने के बजाय बड़े जोर से अधिक हवा फेंकने लगते हैं। जब यह हवा हमारी गरदन में आहारनली से अधिक बल के साथ निकलती है तो हमें छींकें आने लगती हैं, लेकिन जब हम नींद में सो रहे होते हैं तो हमारी तंत्रिकाएँ कम सचेत होती हैं और पेशियाँ भी आराम कर रही होती हैं। इन्हें सचेत होकर सिकुड़ने में कुछ समय लगता है, अत: फेफड़ों की हवा को अचानक तेजी से नहीं फेंका जा सकता है। इस कारण हमें नींद में सोते समय छींकें नहीं आती हैं (चित्र-179)।

186. वायरस जीवित प्राणियों पर ही क्यों पनपते हैं?

वस्तुत: वायरस ऐसे जीव होते हैं, जो हमें आँख से दिखाई नहीं देते और अपने आकार-प्रकार में बहुत सरल होते हैं। इनकी सरलता का अंदाज इसी बात से लगाया जा

सकता है कि उन पर प्रोटीन का एक आवरण होता है, जिसमें आनुवंशिक पदार्थ डी.एन.ए. अथवा आर.एन.ए. की बहुत अल्प मात्रा होती है, अतः इनमें जीवन की विविध क्रियाओं के करने हेतु कोई भी सूचना अथवा व्यवस्था नहीं होती है। वे केवल पोषक की कोशिकाओं पर आक्रमण करके उसकी क्रियाओं का अपने लाभ के लिए उपयोग कर सकते हैं और जब पोषक इनके शोषण से मर जाता है तो वे अन्य जीवित पोषक की तलाश में निकल पड़ते हैं। इस तरह वायरस पूरी तरह परपोषी होने के कारण जीवित प्राणियों पर ही पनपते हैं (चित्र-180)।

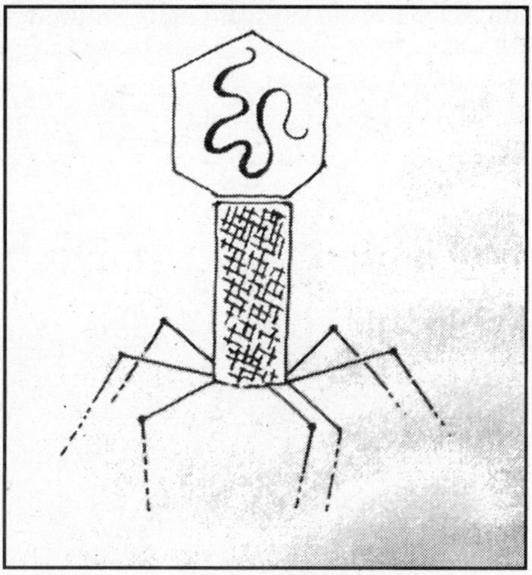

चित्र-180 : वायरस का जीवित प्राणियों पर पनपना

187. पके हुए केले फ्रिज में क्यों खराब होते हैं?

केला अधिकतर गरम देशों का फल है, इसलिए यह उपोष्ण जलवायु में ठीक रहता है। यह कम तापमान को सहन नहीं कर पाता है। इस पर अधिक ठंडक या बर्फ आदि का बुरा प्रभाव पड़ता है, इसीलिए जब हम पके हुए केलों को फ्रिज में रखते हैं तो उन पर ऑक्सीडेज नामक एंजाइम क्रिया करने लगते हैं और उन्हें काले रंग के साथ लिपलिपा-सा बना देते हैं। परिणामस्वरूप फ्रिज में पके केले जल्दी खराब हो जाते हैं, इसलिए फ्रिज में पके केले नहीं रखने चाहिए। आप फ्रिज में केवल कच्चे केले रख सकते हैं, लेकिन इस बात का ध्यान

चित्र-181 : पके हुए कैले फ्रिज में खराब

रखें कि जैसे ही कच्चे केले पकने लगें, उन्हें वहाँ से निकाल लेना चाहिए, अन्यथा वे भी खराब होने लगेंगे, अतः फ्रिज में पके केले अधिक ठंडक और ऑक्सीडेज एंजाइम की क्रिया के कारण खराब हो जाते हैं (चित्र-181)।

188. पशु अपना शरीर जीभ से क्यों चाटते रहते हैं?

वस्तुतः हम तो अपने शरीर को साफ-सुधरा रखने के लिए हाथ-पैरों का उपयोग कर लेते हैं, लेकिन पशु ऐसा कर नहीं पाते हैं। पशु अपनी जीभ से शरीर को चाटकर अपनी सफाई करने का कुछ कार्य पूरा कर लेते हैं। कभी-कभी पशुओं को शरीर पर कुछ चुनचुनाहट एवं खुजली आदि का आभास भी होता है। इसमें राहत के लिए पशु चाटना प्रारंभ करते हैं। पशुओं की लार में कुछ एंटीबाडी होती है, जो हानिकारक विषाणु और जीवाणुओं को अक्रिय कर देती है। पशुओं की लार के इस गुण के कारण पशुओं को अपने शरीर पर हुए घाव आदि को ठीक करने में सहायता मिलती है, इसलिए पशु अपने घावों को भी चाटते पाए जाते हैं (चित्र-182)।

चित्र-182 : पशुओं द्वारा जीभ से अपना शरीर चाटना

शरीर चाटने से पशुओं को अपने शरीर को ठंडा रखने में सहायता मिलती है। कुछ पशु हाँफ-हाँफकर और कुछ पसीना निकालकर गरमी शांत कर लेते हैं। तभी तो प्राकृतिक तौर पर मनुष्य पसीना निकालकर और कुत्ते हाँफकर अपने शरीर को ठंडा रखते देखे जाते हैं। यह क्रिया क्रतंकों, थैलीवाले पशुओं और बिल्लियों में प्रमुखता से देखी जाती है।

189. कुछ लोगों की आँखें नीली क्यों होती हैं?

भारत के मनुष्यों में प्रायः काली आँखें पाई जाती हैं, लेकिन कुछ लोगों की आँखें इससे भिन्न नीले आदि रंगों की होती हैं। मनुष्य की आँखों की कार्निया पारदर्शी

होती है और इसके पीछे आइरिस होती है। आँखों का रंग पेशीय परदे आइरिस में रंजक कोशिकाओं की परत के कारण होता है। यह साफ तसवीर के लिए जितने प्रकाश की आवश्यकता होती है, उतना ही प्रकाश जाने देती है। आँखों में जब रंजक पदार्थ मेलानिन होता है तो वे काली दिखती हैं, परंतु जब मेलानिन नहीं होता है तो वे ठीक उसी तरह नीली लगती हैं जैसे कि हमें आसमान नीला दिखाई देता है। वस्तुतः जब आँख के एक्वस ह्यूमर तरल से प्रकाश गुजरता है तो वह बिखर जाता है। इसमें नीले रंग का प्रकाश अधिक बिखरता है, जिसके कारण वे नीली दिखती हैं (चित्र-183)। जब मेलानिन की सांद्रता अधिक होती है तो वे भूरी लगती है और रंजक की अधिकता होने पर वे गहरे रंग की हो जाती हैं।

चित्र-183 : कुछ लोगों की आँखें नीली

वैसे आँखों का नीला, भूरा या काला होना पैतृक गुण भी होता है। कुछ में रंजक हलके और छितरे होते हैं तो आँखें नीली हो जाती हैं, जब यह गहरे और घने होते हैं तो वे भूरी या काली दिखाई देती हैं। कभी-कभी बच्चों की आँखें बचपन में नीली होती हैं, परंतु बड़े होने पर वे काली हो जाती हैं। इसका कारण यह होता है कि बच्चे के बड़े होने पर कभी-कभी उनकी आँख की आइरिस कोशिकाओं में रंजक की मात्रा एकत्रित होकर अधिक हो जाती है, जो उन्हें काला रंग प्रदान करती है। इस तरह आँखों का नीला रंग आँखों की आइरिस कोशिकाओं में रंजक की कम मात्रा के कारण होता है।

190. सफेद कपड़ों को धोने पर नील क्यों लगाया जाता है?

प्रायः जब कपड़ों को साबुन से धोते हैं तो उन पर साबुन का हलका-सा प्रभाव रह जाता है। यह प्रभाव कपड़ों को बार-बार धोने पर बढ़ता रहता है, जिसके फलस्वरूप वे कुछ पीलापन धारण कर लेते हैं। इस पीलेपन से सफेद कपड़े साफ होने पर भी अच्छे नहीं लगते हैं, अतः सफेद कपड़ों का पीलापन दूर करने के लिए नील का उपयोग किया जाता है। नील एक तरह का नीले रंग का रसायन होता है, जो कपड़ों पर चिपक जाता है और उनके पीलेपन को उभरने नहीं देता है। परिणामस्वरूप कपड़े पुनः सफेद होकर चमकने लगते हैं।

विज्ञान की जन उपयोगी खोजों के क्षेत्र में साबुन उद्योग में भी नई तकनीकें विकसित हुई हैं, अब कपड़ों में अलग से नील लगाने के बजाय साबुन में ही ऐसी व्यवस्था की गई है, जिससे कपड़ों पर साबुन लगाने के साथ ही नया नील भी लग जाता है और कपड़ों को पानी से धोने पर साबुन तो निकल जाता है पर नया नील कपड़ों पर रह जाता है (चित्र-184)। इसके लिए प्रदीप्त पदार्थयुक्त ऑप्टिकल सफेदीकारक का उपयोग किया जाता है। यह सफेदीकारक साबुन में ही मिले होते हैं। कपड़े धोने पर यह कपड़ों में अवशोषित हो जाते हैं। इसके कारण कपड़ों से सफेद प्रकाश की अधिक मात्रा परावर्तित होती है, जिसमें वे चमकदार सफेद दिखाई देने लगते हैं, अतः सफेद कपड़ों पर नील अथवा नया नील उनके पीलेपन को दूर कर उन्हें चमकदार एवं सफेद बनाने के लिए उपयोग किया जाता है।

चित्र-184 : सफेद कपड़ों में नील देना

191. ट्रैक्टर के पिछले पहिए बड़े क्यों होते हैं?

ट्रैक्टर ऐसा वाहन है, जिसे प्रायः विविध कृषि कार्यों में उपयोग किया जाता है। खेतों की मुलायम कीचड़ में कार्य करने पर यदि पहिए सामान्य आकार के होते तो धँस सकते थे, लेकिन ट्रैक्टर के पहिए बड़े होने से उनका आधार भी चौड़ा होता है, जिससे ट्रैक्टर का भार बड़े क्षेत्र पर बँट जाता है, अतः बड़े और चौड़े पहिए धँसने से बच जाते हैं। ट्रैक्टर को चलाते समय इधर-उधर मोड़ना भी पड़ता है, इसलिए आगे के पहिए छोटे होने से ट्रैक्टर को घुमाने

चित्र-185 : ट्रेक्टर के बड़े पिछले पहिए

आदि में आसानी होती है। इसके अतिरिक्त छोटे पहिए हलके होने से धँसने से बच जाते हैं, वैसे भी ट्रैक्टर का अधिकतर भार पिछले पहियों पर ही होता है, इसलिए ट्रैक्टर को अपने पीछे खेती-बाड़ी के अन्य यंत्र तथा हल आदि को खींचने में आसानी रहती है। इन्हीं कारणों से ट्रैक्टर के पीछे के पहिए बड़े आकार के होते हैं (चित्र-185)।

192. सेफ्टीरेजर के ब्लेड को क्यों नहीं पोंछा जाता है?

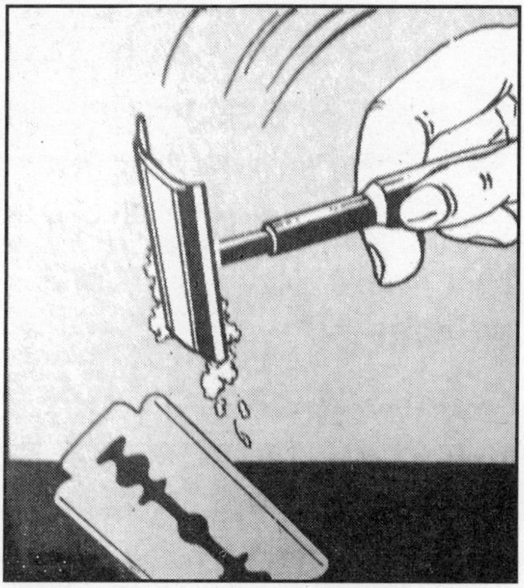

चित्र-186 : सेफ्टीरेजर के ब्लेड

पूर्व में सेफ्टीरेजर के ब्लेड कठोर कार्बन स्टील से बनाए जाया करते थे; लेकिन आज वे मुलायम स्टेनलेस स्टील से बनाए जाते हैं, तभी तो इन आधुनिक ब्लेडों की धारें बहुत कोमल होती हैं, अतः इनकी सुरक्षा के लिए और किसी प्रकार के नुकसान से बचाने हेतु, इन पर हानि प्रतिरोधी प्लास्टिक 'टेफलोन' की परत चढ़ाई जाती है। इससे ब्लेड और ब्लेड की धारों की ही सुरक्षा नहीं होती, वरन् बालों और ब्लेड की धार के बीच घर्षण भी पर्याप्त कम हो जाता है जिससे दाढ़ी बनाने में आराम मिलता है। अब यदि इतने आरामदायक कोमल ब्लेड को तौलिया आदि से पोंछा जाता है तो उसकी धार खराब हो सकती है, जिससे वह न आरामदायक रहेगा और न अच्छी तरह बाल काट सकेगा, इसीलिए आजकल ब्लेड को रेजर से बाहर निकालकर, पोंछकर सुखाने के बजाय उसे रेजर में लगे रहकर ही झटके देकर पानी झाड़कर सुरक्षित रखने की सलाह दी जाती है (चित्र-186)।

193. हाथ ठेले को धक्का देने के बजाय खींचकर चलाना क्यों आसान होता है?

किसी भी हाथ ठेले पर स्थिर अवस्था से चल अवस्था हेतु दो बल कार्य कर रहे होते हैं। इनके नाम है—क्षैतिज बल और ऊर्ध्वाधर बल। क्षैतिज बल से वस्तु या

ठेली धरती पर सरकने लगती है और ऊर्ध्वाधर बल से धरती से जुड़ी या सटी रहती है, जब हम हाथ ठेले को धकेलते हैं तो उस पर ऊर्ध्वाधर बल ऊपर से नीचे की ओर पड़ता है। ठेले के स्वयं के भार का ऊर्ध्वाधर बल पहले ही पड़ा रहा होता है, अतः ठेले के धकेलने पर ठेले का ऊर्ध्वाधर बल और भी बढ़ जाता है। इस कारण ठेले के धकेलने में अधिक क्षैतिज बल लगाना पड़ता है, इसीलिए हाथ ठेले को धक्का देने के बजाय खींचकर चलाना आसान होता है (चित्र–187)।

चित्र–187 : हाथ ठेले को खींचकर चलाना आसान

194. नवजात शिशु अपनी माँ को कैसे पहचानता है?

नवजात बच्चे की अपनी माँ से संपर्क उसके पैदा होने से पहले ही माँ के पेट में होना प्रारंभ हो जाता है, जब वह माँ के पेट में होता है तो वह माँ के हृदय की धड़कन और माँ की आवाज से परिचित होने लगता है, जैसे बच्चा पैदा होता है, माँ अपने बच्चे को पकड़ती है और हृदय से लगाती है। इससे बच्चे को केवल आराम ही नहीं मिलता; वरन् बच्चे को अपनी माँ से बहुत जल्दी

चित्र–188 : नवजात शिशु का अपनी माँ को पहचानना

संपर्क और संबंध स्थापित करने में सहायता मिलती है, वैसे भी माँ बच्चे को खिलाने-पिलाने, नहलाने-धुलाने आदि में अधिकतर उसके संपर्क में रहती है, जो माँ को पहचानने में सहायक होती है। इसके अतिरिक्त माँ के संपर्क में रहते-रहते बच्चा माँ के शरीर की गंध से परिचित हो जाता है, जो उसे अपनी माँ को पहचानने में महत्त्वपूर्ण भूमिका निभाती है, अत: इन्हीं कारणों से नवजात शिशु अपनी माँ को आसानी से पहचान लेता है, यद्यपि उसने अपनी माँ को पहले से नहीं देखा होता है (चित्र-188)।

195. उँगलियाँ खींचने पर चटकने की आवाज क्यों करती हैं?

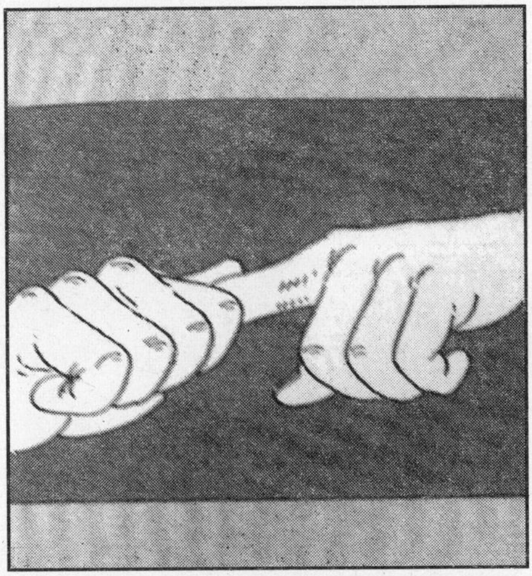

चित्र-189 : उँगलियाँ खींचने पर चटकने की आवाज

कभी-कभी हम थकान दूर करने के लिए जब हाथ की उँगलियों को खींचते हैं तो उनसे चटकने की आवाज आती है। वस्तुत: हमारी प्रत्येक उँगली में तीन छोटी हड्डियाँ होती हैं, जिनके सिरे एक-दूसरे से जुड़े होते हैं। इनके जोड़ इस तरह जुड़े होते हैं कि उँगलियाँ ठीक से मुड़ सकें, लेकिन आगे-पीछे खिसक न सकें। इसके लिए वे लंबे-लचीले पेशीय तंतुओं से जुड़ी होती हैं, जिन्हें कंडरा या टंडन कहते हैं। जब इन कंडराओं पर कोई दबाव या खिंचाव पड़ता है तो वे कुछ सरक सकते हैं। जब इस तरह के दबाव से वे सरकते हैं तो एक आवाज उत्पन्न होती है। इसे हीं चटकना कहा जाता है (चित्र-189)। एक बार ऐसी आवाज होने के बाद पुन: उँगली खींचने पर यह आवाज नहीं आती है, क्योंकि कंडराओं को अपने स्थान पर पहुँचकर पूर्व स्थिति में आने में कुछ समय लगता है, जब वे पूर्व स्थिति में आ जाते हैं तो उँगलियों को पुन: खींचने पर चटकने की आवाज उत्पन्न हो सकती है। इस कारण उँगलियों को खींचने पर उनके जोड़ों और कंडराओं के खिसकने के कारण चटकने की आवाज आती है।

196. हवाई यात्रा में फाउंटेन पेन बिना स्याही का क्यों रखा जाता है?

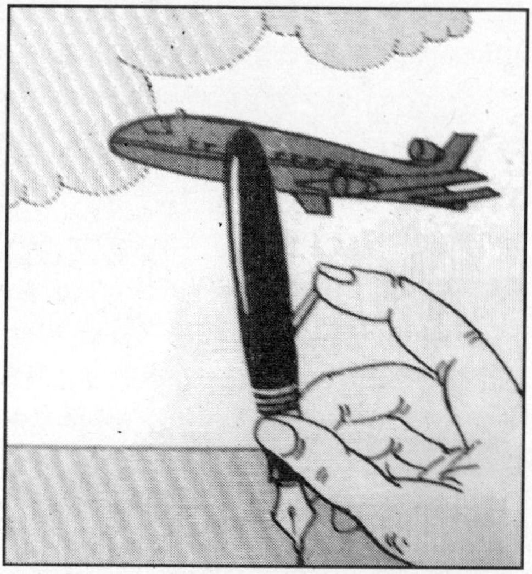

चित्र–190 : हवाई यात्रा में फाउंटेन पेन बिना स्याही

यद्यपि आजकल फाउंटेन पेन का प्रचलन बहुत ही कम है, फिर भी कुछ लोग अभी भी हैं, जो इसका उपयोग करते हैं। वस्तुतः फाउंटेन पेन में भरी हुई स्याही का दबाव और बाहर वायुमंडल में हवा का दबाव एक-दूसरे को संतुलित बनाए रखते हैं, परंतु जब हम धरती से ऊँचाई की ओर चढ़ने लगते हैं तो ऊँचाई के साथ हवा का दबाव कम होता जाता है, इसलिए जब हम हवाई जहाज में आकाश की ऊँचाइयों में उड़ रहे होते हैं तो वहाँ हवा का दबाव और भी कम हो जाता है। इस दबाव के कम होने से पेन में भरी हुई स्याही पेन में स्याही के अधिक दबाव के कारण अपने आप बाहर निकल आती है और कपड़ों को खराब कर देती है, इसलिए फाउंटेन पेन की स्याही को हवाईजहाज में चढ़ते समय खाली कर देने को कहा जाता है (चित्र-190)।

आजकल वैज्ञानिक खोजों के परिणामस्वरूप जहाजों में दबाव को संतुलित बनाए रखने की व्यवस्था भी होती है, इसलिए यह समस्या अधिक गंभीर तो नहीं होती, फिर भी दबाव में थोड़ा भी अंतर होने पर पेन से स्याही बाहर निकल आने की संभावना तो बनी रहती है।

197. हमें बरसात के दिनों में पेशाब अधिक क्यों आता है?

हमारे शरीर में बन रहे अवांछित पदार्थों को बाहर निकाले जाने हेतु जो व्यवस्थाएँ हैं, उनमें फेफड़े कार्बन डाइऑक्साइड को बाहर फेंकने का और त्वचा लवणों को पसीने

के साथ-साथ निकालने का तथा पेशाब तंत्र पेशाब के द्वारा नाइट्रोजनी अपशिष्टों को बाहर निकालने का कार्य करते हैं, जिसके कारण हम स्वस्थ रहते हैं। गरमियों में हमें पसीना बहुत आता है, अतः हम जो भी पानी पीते हैं, उसका एक बड़ा भाग इस पसीने के द्वारा शरीर से बाहर निकलता रहता है, परंतु बरसात और सर्दी के मौसम में हमें पसीना नहीं के बराबर आता है, इसलिए इस माध्यम से शरीर का पानी एवं अवांछित पदार्थ बहुत कम या नहीं के बराबर निकल पाते हैं, अतः इन्हें निकालने के दूसरे साधन यानी पेशाब तंत्र का कार्य भार बढ़ जाता है और हमें बरसात या सर्दी के दिनों में अधिक पेशाब आने लगता है (चित्र-191)।

चित्र-191 : बरसात के दिनों में पेशाब का अधिक आना

198. हमारे हाथ-पैर सुन्न क्यों पड़ जाते हैं?

जब हम हाथ अथवा पैर को किसी विशेष स्थिति में अधिक समय तक रखते हैं और यदि ऐसी स्थिति में वे किसी वस्तु को दबा भी रहे हों तो हाथ या पैर के वे हिस्से लगातार दबाव में रहने से सुन्न पड़ जाते हैं। वस्तुतः जब हम ऐसा करते हैं तो दबाव के कारण उस स्थान का रक्त संचार तथा उसकी गतिविधियों, विशेष तौर पर तंत्रिकाओं के कार्य में व्यवधान पड़ता है। इससे उस स्थान की संवेदनशीलता समाप्त हो जाती है और हमें वह स्थान सुन्न लगने लगता है। यह क्रिया थोड़े समय के लिए ही रहती है, जैसे ही हम

चित्र-192 : हाथ-पैर सुन्न पड़ना

हाथ या पैर की स्थिति बदलते हैं तो वहाँ रक्त का संचार पुनः प्रारंभ हो जाता है और धीरे-धीरे संवेदनशीलता वापस आ जाती है। इसी के साथ सुन्नता भी समाप्त हो जाती है। इस तरह शरीर के हाथ-पैरों को अधिक समय तक एक ही स्थिति में रखने पर उस स्थान का रक्त संचार तथा संवेदनशीलता प्रभावित हो जाने से हाथ-पैर या वह स्थान सुन्न हो जाते हैं (चित्र-192)।

199. गरम पेय में बिस्कुट शीघ्र मुलायम क्यों हो जाते हैं?

चित्र-193 : गरम पेय में बिस्कुट का मुलायम होना

जब किसी वस्तु के कण कमजोर आबंधों (बॉण्ड) से बँधे होते हैं तो वह भुरभुरे हो जाते हैं और नम होने पर मुलायम भी आसानी से हो जाते हैं। बिस्कुट भी कमजोर आबंधों से बँधे कणों से बने होते हैं। इनमें पानी आसानी से सोख लिया जाता है, क्योंकि वह कमजोर आबंधों को तोड़कर प्रवेश कर जाता है और उन्हें मुलायम बना देता है। जहाँ तक दूध का प्रश्न है, यह पानी, प्रोटीन एवं वसा जैसे पदार्थों से मिलकर बना होता है। इनमें प्रोटीन तथा वसा लसीले तथा चिपचिपे पदार्थ हैं, अतः जब बिस्कुटों को दूध में डुबोते हैं तो इसका पानी बिस्कुटों के कमजोर आबंधों को तोड़ने का कार्य करता है, जो बिस्कुट कणों को जोड़े रहते हैं। जब दूध को गरम करते हैं तो वसा तथा प्रोटीन तरल हो जाते हैं और दूध की लसलसाहट कम हो जाती है, जिससे यह बिस्कुटों में आसानी से प्रवेश कर जाता है, इसीलिए गरम दूध में बिस्कुट शीघ्र मुलायम हो जाते हैं (चित्र-193)। यद्यपि चाय की रासायनिक रचना दूध से भिन्न होती है, तथापि उसमें बिस्कुल डुबोने पर मुलायम हो जाते हैं।

200. सर्दियों में सुबह कार स्टार्ट करने में कठिनाई क्यों आती है?

चित्र–194 : सर्दियों में सुबह कार स्टार्ट करना

कार अथवा कोई भी मोटर वाहन इंजन की शक्ति से चलते हैं। ये इंजन अंतर्दहन इंजन होते हैं। इनमें ईंधन और हवा का मिश्रण एक विशेष दबाव तक दबाया, अर्थात् संपीडित किया जाता है और उसे दहन किया जाता है। इससे मिश्रण जलकर विस्फोट करता है, जिसके धक्के से पिस्टन चलता है और पिस्टन के चलने से शाफ्ट चलता है, जो वाहन के पहियों को चलाने के लिए बल देता है और वाहन चलने लगता है।

यद्यपि ईंधन और हवा के मिश्रण का दहन कई बातों पर निर्भर करता है, लेकिन इनमें मिश्रण का तापमान महत्त्वपूर्ण भूमिका निभाता है। सर्दियों में प्रातःकाल में इंजन के आसपास की हवा बहुत ठंडी होती है, अतः इस हवा से बना ईंधन हवा का मिश्रण भी ठंडा होता है। इसे दहन होने में सामान्य से कुछ अधिक समय लगता है, इसीलिए सर्दियों के दिनों में, जहाँ ठंडक अधिक होती है, कार स्टार्ट करने में समय अधिक लगता है। जहाँ हमेशा तापमान कम या सर्दी का मौसम बना रहता है, वहाँ सामान्य ईंधन काम नहीं करता है, बल्कि वहाँ के वाहनों के लिए कम तापमान पर दहन होनेवाला ईंधन उपयोग किया जाता है, तभी वहाँ के वाहन आसानी से चल पाते हैं (चित्र–194)।

201. कुछ बच्चे अपना अँगूठा क्यों चूसते हैं?

प्रायः आपने बहुत छोटे बच्चों कों अँगूठा चूसते देखा होगा। वस्तुतः अँगूठा चूसना बच्चों की स्वाभाविक आदत हो जाती है। सबसे पहले जन्मोपरांत वे माँ का दूध पीने के लिए माँ के स्तनों का पान करते हैं, उसके बाद उन्हें दूध पीने को बोतल मिल जाती

है, तब वे उसके निप्पल को चूसना प्रारंभ करते हैं। उसके बाद वे अपना अँगूठा चूसना प्रारंभ करके इसे आदत बना लेते हैं (चित्र-195)।

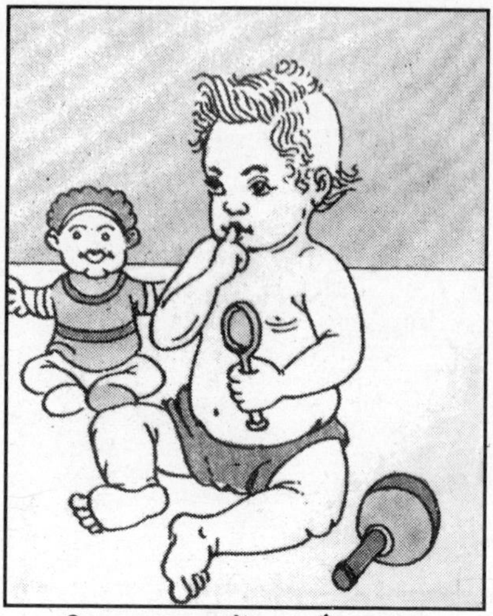

चित्र-195 : बच्चों द्वारा अँगूठा चूसना

ऐसी मान्यता है कि बच्चे अपनी सुरक्षा की अनुभूति के लिए ऐसा करते हैं। डॉक्टरों का भी मानना है, यदि बच्चे थोड़े समय ऐसा करें तो कोई हानिकारक बात नहीं है। ऐसा किया जाना उनकी भावनात्मक सुरक्षा के कारण हो सकता है। यदि बच्चे अधिक समय तक अँगूठा चूसने लगें तो उसे सुधारने के प्रयास किए जाने चाहिए।

202. कुछ लोग बाएँ हाथ से क्यों कार्य करते हैं?

सामान्यत: लोग सीधे यानी दाहिने हाथ से ही कार्य करते हैं। इनका औसत 85 प्रतिशत के लगभग है। दस प्रतिशत लोग बाएँ, अर्थात् उलटे हाथ से, जबकि पाँच प्रतिशत दोनों हाथ से काम कर सकते हैं। ऐसा क्यों होता है, इसके बारे में अलग-अलग मत हैं। कुछ लोगों का मानना है कि यह आदत आनुवंशिक है, जबकि अन्य लोग इसे बचपन में सीखी हुई आदत मानते हैं। कुछ अन्य मत के अनुसार आनुवंशिक न होते हुए भी यह आदत बच्चे माँ के पेट में ही जन्म ले लेती है। अन्य मतानुसार शरीर के सीधे ओर के अंगों का नियंत्रण उलटे ओर के मस्तिष्क द्वारा होता है और इसी तरह उलटी ओर का सीधी ओर के मस्तिष्क से होता है।

चित्र-196 : बाएँ हाथ से कार्य करना

अतः यही कहा जा सकता है कि उलटे हाथ से कार्य करनेवाले कार्य करते समय कुछ अटपटे भले ही लगें, लेकिन उनकी कार्यक्षमता में कोई विशेष अंतर नहीं होता है (चित्र-196)।

203. कीड़े प्रकाश की ओर क्यों खिंचे चले आते हैं?

सामान्यतः रात के अँधेरे में ठीक रास्ते पर चलने के लिए कीटों द्वारा चंद्रमा के प्रकाश का उपयोग किया जाता है, परंतु यह प्रकाश हर समय प्राप्त नहीं होता है, अतः एक मान्यता यह है कि कीटों द्वारा प्रकाश को चंद्रमा का प्रकाश समझ लिया जाता है और वे उसकी ओर खिंचे चले आते हैं। दूसरी मान्यता यह भी है कि बहुत से प्रकाश ऐसे हैं, जो विद्युत् चुंबकीय विकिरण छोड़ते हैं, जिनकी आवृत्ति कुछ फेरोमोनों की प्राकृतिक विसरण आवृत्ति के समान होती है। फेरोमान में लिंग आकर्षण का भी गुण होता है, जो मादा कीटों द्वारा नर कीटों को आकर्षित करने के लिए छोड़े जाते हैं। यही कारण है कि प्रकाश के द्वारा कीट फेरोमान के भ्रमजाल में फँसकर प्रकाश की ओर चले आते हैं और अपनी जान तक दे देते हैं (चित्र-197)।

चित्र-197 : कीड़ों का प्रकाश की ओर खींचना

204. कागज के पन्ने पलटने हेतु उँगली गीली क्यों करते हैं?

जब हम कागज के पन्ने पलट रहे होते हैं तो अपनी उँगली के सिरे से कागज के ऊपरी भाग के सिरे पर एक हलका-सा बल लगाते हैं। इससे कागज के सिरे पर नीचे से ऊपर की ओर एक तिरछा-सा बल लगता है, जो ऊपरी कागज को नीचे के कागज से ऊपर की ओर उठा देता है और हमें पन्ना पलटने में आसानी हो जाती है, लेकिन जब कागज की सतह चिकनी होती है तो उस पर से उँगली का सिरा फिसल सकता

है, जिससे कागज उँगली के साथ ऊपर उठ नहीं पाता और हमें पन्ना पलटने में कठिनाई आती है, इसीलिए उँगली का सिरा गीला करना पड़ता है, जिससे पन्ना उँगली से चिपक जाता है और उँगली के अतिरिक्त बल से वह आसानी से ऊपर उठने लगता है। इसके परिणामस्वरूप पन्ना पलटने में आसानी हो जाती है (चित्र-198)।

चित्र-198 : पन्ने उलटने हेतु उँगली गीली करना

कुछ लोगों की गलत आदत पड़ जाती है कि वे थूक लगाकर पन्ने पलटते हैं तथा नोट आदि गिनते हैं, जिससे संक्रमण होने की प्रबल संभावना रहती है, अत: ऐसे लोगों को भी अपनी आदत सुधारना नितांत आवश्यक है।

205. टहलते समय दोनों हाथ क्यों हिलाए जाते हैं?

मनुष्य का शरीर कुछ ऐसा है कि उसे खड़े होने या चलने-फिरने पर अपने शरीर का सारा भार अपने दो पैरों पर ही लेना पड़ता है। इस तरह वह धरती के साथ संतुलन बनाते हुए खड़ा रहता है। यदि वह संतुलन बिगड़ जाए तो फिर वह छोटे-छोटे बच्चों की तरह, जो उठते हैं और गिर पड़ते हैं या चलते हैं और गिर पड़ते हैं, क्योंकि वे अभी अपना संतुलन नहीं बना पाते, गिर सकता है।

चित्र-199 : टहलते समय दोनों हाथों का हिलना

जब मनुष्य कदम उठाकर आगे की ओर चलता है तो एक के बाद एक कदम उठाते हुए वह अपने शरीर के भार का संतुलन एक पैर से दूसरे पैर पर

सँभालते हुए चलता है। पैर उठाने पर क्षण-भर के लिए संतुलन डगमगाता है, जिसे संतुलित करने हेतु उसके पैर के विपरीत ओर का हाथ आगे-पीछे होकर संतुलन बनाता है, जैसे-जैसे मनुष्य चलता जाता है, कदम के विपरीत ओर के हाथ हिलकर संतुलन बनाते चलते हैं, अतः चलते या टहलते समय मनुष्य का हाथों को हिलाना स्वतः स्फूर्त क्रिया है, जो संतुलन बनाए रखने हेतु आवश्यक होती है, इस कारण लोग टहलते समय दोनों हाथों को हिलाते रहते हैं (चित्र-199)।

206. शंख को कान पर रखने पर गूँज की आवाज क्यों सुनाई देती है?

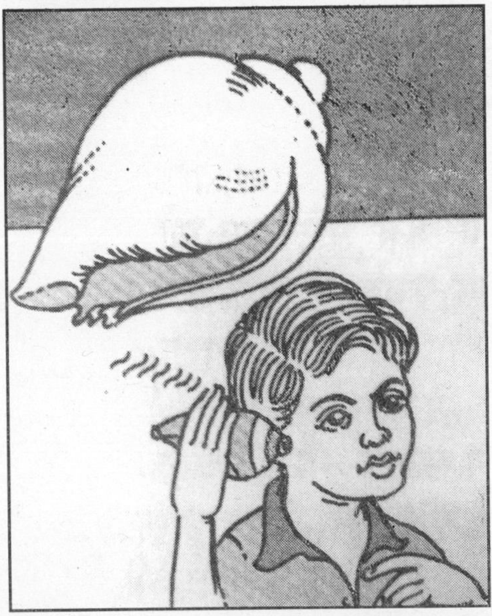

चित्र-200 : शंख को कान पर रखने पर गूँज की आवाज

शंख की बनावट कुछ प्रकार की होती है कि उसमें चक्करदार खोखलापन होता है, अतः शंख के आसपास की हवा और आवाजें उसके खुले भाग में एकत्र हो जाती हैं और कान की ओर इंगित होने लगती हैं। इस तरह शंख के आकार-प्रकार के कारण ध्वनिविज्ञान का गूँज तंत्र पनप जाता है, अतः शंख को कान पर रखने से उसमें गूँज की आवाज सुनाई देने लगती है (चित्र-200)।

207. कुछ पौधों की पत्तियाँ रंगीन क्यों होती हैं?

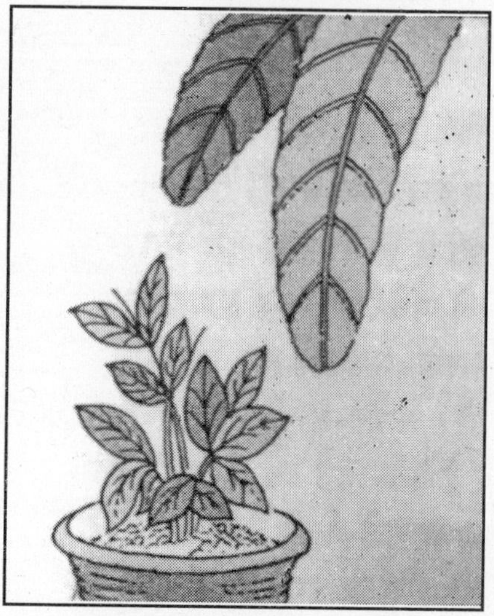

चित्र–201 : पौधों की पत्तियाँ रंगीन

प्रायः पौधों की पत्तियाँ हरे रंग की क्लोरोफिल के कारण होती हैं। क्लोरोफिल प्रायः प्रकाश के सभी रंगों को अवशोषित कर लेता है, लेकिन हरा रंग अवशोषित नहीं कर पाता है, अतः यह परावर्तित होकर पत्तियों को हरे रंग की आभा देता रहता है। इसके अतिरिक्त भी अन्य रंजक पदार्थ पत्तियों में पाए जाते हैं, जैसे—एंथोसाइनिंन नामक रंजक नीला या लाल रंग देता है। कैरोटीन से नारंगी रंग मिलता है, जबकि जैंथोफिल नामक रंजक पत्तियों को पीला रंग की आभा प्रदान करते हैं।

पत्तियों में इन रंजकों में से जिस भी रंजक की अधिक मात्रा अधिक हो जाती है, पत्तियाँ उसी रंग की दिखाई देने लगती हैं। ध्यान से देखने पर विदित होता है कि जब नई पत्तियाँ निकलती हैं तो उनका रंग हरा न होकर कुछ गुलाबी जैसी आभा लिये होता है और बाद में वे हरी हो जाती हैं। शोभाकारी पौधों में (क्रॉटन आदि) में अन्य रंजकों की मात्रा अधिक होती है, इसलिए कुछ पौधों की पत्तियाँ हरे रंग के बजाय अनेक मनमोहक रंगों की आभा लिये होती हैं (चित्र–201)।

208. गरम सब्जी क्यों स्वादिष्ट लगती है?

आप जानते ही है कि हमारी जीभ से हमें केवल खट्टा, मीठा, नमकीन और चरपरा स्वाद ही मालूम पड़ता है, परंतु किसी वस्तु के संपूर्ण स्वाद में इन स्वादों के अलावा कुछ अन्य स्वाद भी सम्मिलित होते हैं, जो हमें जीभ के बजाय अन्य साधनों से प्राप्त होते हैं, जैसे—गंध की अनुभूति नाक के द्वारा प्राप्त होती है। इसी तरह दर्द, दर्द की तंत्रिकाओं के द्वारा तथा भोजन की स्पर्श अनुभूति स्पर्श तंत्रिकाओं से मालूम पड़ती है। यह सभी सूचना जब मस्तिष्क को पहुँचती है, तभी मिला–जुला स्वाद मालूम पड़ता है और हम कहते हैं कि आज सब्जी बहुत स्वादिष्ट है। अब देखते हैं कि ठंडी और गरम सब्जी होने पर स्वाद में अंतर क्यों आता है।

चित्र-202 : गरम सब्जी स्वादिष्ट

इसका कारण यह है कि ठंडी सब्जी केवल खट्टा, मीठा, नमकीन और चरपरा स्वाद ही दे पाती है। उसमें गंध-भरी वाष्प भी नहीं निकलती और वह ठंडी होने से जीभ की दर्द तंत्रिकाओं को भी उत्तेजित नहीं करती है, जबकि सब्जी के गरम होने पर उसमें पड़े मसालों आदि की गंध वाष्पीकृत होकर नाक के द्वारा गंध स्वाद भी पहुँचाती है और सब्जी की गरमाहट से जीभ की स्वाद कलिकाओं के नीचे दर्द की तंत्रिकाएँ उत्तेजित होकर आनंदित चुभन उत्पन्न करती हैं। इस तरह गरम सब्जी होने पर खट्टा, मीठा, नमकीन और चरपरा स्वाद तो मिलता ही है, सब्जी की गंध और आनंद भी मिलता है। इन सभी मिले-जुले प्रभाव के कारण गरम सब्जी ठंडी सब्जी की तुलना में अधिक स्वादिष्ट और अच्छी लगती है (चित्र-202)।

209. दर्द निवारक बाम कैसे दर्द दूर करती है?

चित्र-203 : दर्द निवारक बाम

वस्तुतः हमारे शरीर में दर्द का संदेश देनेवाली तंत्रिकाएँ शरीर के भीतर ही फैली हुई होती हैं, जब दर्द के स्थान की तंत्रिकाओं द्वारा यह सूचना मस्तिष्क को पहुँच जाती है तो हमें दर्द मालूम पड़ने लगता है। प्रायः दर्द तंत्रिकाओं में संवेदना उस समय पनपती है, जब वे अपने सामान्य स्थान से तुड़-मुड़ या हट जाती हैं। मोच आने का दर्द भी इसी तरह का होता है। कभी-कभी लगातार संकुचन या दबाव के कारण वे तन जाती हैं और दर्द का कारण बनती हैं, जैसे कि सिर का दर्द आदि।

आप जानते ही हैं कि हमारी रीढ़ की हड्डी मस्तिष्क को जानेवाली सभी तंत्रिकाओं का जंक्शन मार्ग है, अत: दर्द के सभी संदेश इसी रीढ़रज्जु द्वारा मस्तिष्क को पहुँचते हैं।

दर्द निवारक बाम में तारपीन तथा सफेदा (यूकेलिप्टस) आदि के वाष्पशील तेल होते हैं। जब बाम दर्द के स्थान पर लगाई जाती है तो यह तेल दर्द के स्थान पर चुनचुनाहट उत्पन्न करते हैं, इससे त्वचा के पास की तंत्रिकाएँ प्रभावित होती हैं। यह संदेश भी रीढ़रज्जु के द्वारा मस्तिष्क को पहुँचता है। इस तरह पहले दर्द के संदेश और इस चुनचुनाहट के संदेश से मस्तिष्क को विरोधाभास का अनुभव होने लगता है। इस क्रिया से मस्तिष्क को कम दर्द की अनुभूति होना प्रारंभ हो जाती है और दर्द से पीड़ित व्यक्ति दर्द में राहत महसूस करने लगता है। इसके अतिरिक्त बाम से पेशियों को भी आराम मिलता है और रोगी कुल मिलाकर दर्द में कमी महसूस करता है। बाम द्वारा दर्द दूर करने की यही क्रिया दर्द को छुटकारा दिलाने में सहायक होती है (चित्र–203)।

210. कैसे-कैसे होते हैं नवीन टॉयलेट्स?

विगत पाँच वर्षों में हमारे देश में स्वच्छ भारत अभियान के अंतर्गत एक जानकारी के अनुसार अब तक नौ करोड़ से अधिक शौचालयों या टॉयलेट्स का निर्माण हो चुका है तथा अनेक नवाचार भी हुए हैं, वैसे ऐतिहासिक तौर पर विश्व का सबसे पहला फ्लश शौचालय अब से लगभग 2800 वर्ष पूर्व यूनान के क्रीत (Crete) राज्य के राजा मिनोस (Minos) के महल में लगा था। भारत में शौचालय का इतिहास सिंधु नदी सभ्यता (3300 ई.पू. से 1750 ई.पू.) से प्रारंभ होता है। मोहनजोदड़ो एवं हड़प्पा के पुरातात्त्विक अवशेषों के अध्ययन से प्राप्त जानकारी के अनुसार उस समय पानी बहाववाले शौचालय घरों में निर्मित होते थे।

समय–समय पर टॉयलेट्स सुधार के क्षेत्र में नवीन शोध होते गए, जिससे लोगों को सुविधाएँ प्राप्त होने लगी हैं तो आइए, जानें कुछ नवीन टॉयलेट्स के बारे में।

1. **स्मार्ट टॉयलेट्स :** वर्तमान में सब कुछ स्मार्ट हो रहा है, तब शौचालयों का भी स्मार्ट होना अपरिहार्य है। इस प्रकार के शौचालयों में सेंसर (Censor) विधि से टॉयलेट सीट का ढक्कन स्वत: खुलता व बंद होता है, इनमें स्वचलित तरीके से फ्लशिंग एवं सीट पर कीटाणुनाशक का छिड़काव होता है। इसके अतिरिक्त इनमें सीट के तापमान व पानी के दबाव को भी नियंत्रित किया जा सकता है। इस प्रकार के शौचालय की सीट में एल.ई.डी. प्रकाश की व्यवस्था भी रहती है, जिससे रात में इस तक आसानी से पहुँचा जा सके। इसमें मलद्वार

को साफ करनेवाले जेट में अल्ट्रा वायलेट किरणों से उपचारित (Treated) पानी का उपयोग होता है।

2. **इ-टॉयलेट :** यह आधुनिक दुनिया का मानवरहित सार्वजनिक शौचालय है। इसको कॉइन बॉक्स (Coin Box) टॉयलेट भी कहा जाता है। इसको प्रयोग करने हेतु प्रयोगकर्ता के द्वारा अमुक राशि का सिक्का निर्धारित स्थान पर डालने पर इसका दरवाजा स्वत: ही खुल जाता है, जिसके साथ ही शौचालय कक्ष प्रकाशमय व हवादार हो जाता है। इसमें सीट व फर्श की धुलाई की स्वचालित व्यवस्था होती है। पानी की टंकी में पानी की समाप्ति पर इसकी जानकारी कंट्रोल रूम पर हो जाती है, जहाँ से पानी की व्यवस्था कर दी जाती है। इस शौचालय में मलमूत्र के निष्पादन हेतु बायोगैस तकनीक का प्रयोग किया जाता है, जिससे कि मानव अपशिष्ट (Human Excreta) कुछ दिनों के अंदर ही बालनुमा व जीवाणुरहित पदार्थ में परिवर्तित हो जाता है। बालनुमा इस पदार्थ को तीन माह के अंतराल पर बाहर निकाल दिया जाता है। इसमें बायोटेक्नोलॉजी के माध्यम से तत्काल जलशोधन प्रक्रिया पूरी हो जाती है, जिससे कि पानी का पुन: प्रयोग संभव होता है।

3. **नैनो मेम्ब्रेन शौचालय :** इस प्रकार के शौचालय में पानी का प्रयोग न करते हुए स्क्रेपर विधि से मल को संग्रह टंकी (Collection Tank) में ढकेला जाता है, जहाँ पर कंपोस्ट प्रक्रिया से खाद बनाई जाती है।

4. **निर्वात (Vacuum) शौचालय :** इस प्रकार के शौचालय शोषण (Suction) विधि पर कार्य करते हैं, जिनमें नगण्य (0.5–1.5 लीटर) पानी की आवश्यकता होती है। अभी तक इस विधि का उपयोग हवाईजहाजों में ही होता था, परंतु अब रेलगाड़ियों में भी इस विधि के शौचालय बन रहे हैं।

5. **बायो (Bio) या जैविक टॉयलेट्स :** बायोटॉयलेट परंपरागत टॉयलेट से अलग एक ऐसा टॉयलेट होता है, जिसमें बैक्टीरिया की सहायता से मानव मल को पानी और गैस में बदल दिया जाता है। इस प्रकार के टॉयलेट की खोज रक्षा अनुसंधान और विकास संगठन (DRDO) तथा भारतीय रेलवे ने मिलकर किया है। इस टॉयलेट में शौचालय के नीचे बायोडाइजेस्टर कंटेनर लगा होता है, जिसमें अवायवीय (एनेरोबिक) बैक्टीरिया होते हैं। ये बैक्टीरिया मानव मल को पानी और गैसों में बदल देते हैं। इस प्रक्रिया के दौरान मल के सड़ने पर केवल मीथेन गैस और पानी ही शेष बचता है। इसके बाद पानी को पुन: चक्रित (री-साइकिल) करके शौचालयों में पहुँचा दिया जाता है। इससे बननेवाली गैसों को वातावरण में छोड़ दिया जाता है और दूषित जल को

क्लोरीनीकरण के पश्चात् पटरियों पर छोड़ दिया जाता है। अब इस प्रकार के शौचालयों का उपयोग रेलगाड़ियों के डिब्बों में किया जा रहा है, चूँकि केवल शोधित पानी ही रेल के शौचालय से नीचे गिरता है, अतः पटरियों का क्षरण (Corrosion) नियंत्रित रहता है।

211. क्या होती है 'फार्म केमर्जी'?

कृषि उत्पादों के सदुपयोग, कच्चे माल को नष्ट होने से बचाने तथा उनके अलाभकर होने पर भी उनके उपयोग को सार्थक बनाने हेतु रसायन विज्ञान के संप्रयोग द्वारा 'फार्म केमर्जी' (Farm Chemurgy) जैसे नए विज्ञान की नींव पड़ी। वस्तुतः यह फार्म (खेत) की समस्याओं को हल करनेवाला 'रसायन विज्ञान' है। हमारे देश में इसकी बहुत उपयोगिता है।

कृषि-प्रधान देश होने के कारण हमारे देश में जगह-जगह भारी मात्रा में ऐसे कार्बनिक पदार्थ बिखरे पाए जाते हैं, जो औद्योगिक उद्देश्यों के लिए वांछित प्राकृतिक पदार्थों के अभाव की पूर्ति हेतु अच्छे विकल्प सिद्ध हुए हैं। कृषि व्यर्थ पदार्थों में मुख्यतः सेल्यूलोस, लिग्निन, पेंटोसेन, प्रोटीन, वसा, रेजिन आदि कार्बनिक तत्त्व व्यर्थ विद्यमान होते हैं। इसी प्रकार कार्बोहाइड्रेटों पर आश्रित उद्योग भी बहुत हैं। इन कृषि व्यर्थ पदार्थों, जो प्रायः कार्बनिक होते हैं, को विभिन्न ग्रेडों के सक्रिय कार्बन बनाने के लिए हवा के अभाव में गरम किया जाता है तथा नए-नए कीमती उत्पाद बनाए जा सकते हैं। फलों, सब्जियों, दलहनों, तिलहनों के व्यर्थ पदार्थों से उपयोगी पशु चारा तैयार किया जाता है, अतः किसान भाई वैज्ञानिकों की सहायता से इस विज्ञान का उपयोग कर व्यर्थ कृषि कार्बनिक पदार्थों से नवीन उत्पाद तैयार करके धनार्जन कर सकते हैं।

212. प्रकाशीय प्रदूषण क्या होता है?

प्रकाशीय प्रदूषण को फोटो प्रदूषण या चमकीला प्रदूषण भी कहते हैं, जो मानव द्वारा उत्पन्न अत्यधिक चमकवाली लाइट या प्रकाश का परिणाम है। प्रदूषण के दूसरे प्रकारों की तरह यह भी पारितंत्र को प्रभावित करता है तथा अनेक प्रकार की स्वास्थ्य संबंधी समस्याएँ उत्पन्न करता है। वस्तुतः विद्युतीकरण के प्रसार से प्रकाशीय प्रदूषण की समस्या में वृद्धि हुई है।

उद्योगों में रोशनी के लिए उच्च शक्तिशाली हैलोजन लाइट लगाई गई, जिससे रोशनी की चमक बढ़ी व प्रकाशीय प्रदूषण की समस्या उजागर हुई। विदेशों की अपेक्षा

हमारे देश में यह समस्या इतनी तीव्र नहीं है।

इस प्रदूषण के कारण प्राकृतिक शक्ति स्रोतों का ह्रास, कीटों व पक्षियों तथा वन्य प्राणियों में कमी देखी गई है। इससे रात्रि में आकाश के प्राकृतिक नजारे देखने में दिक्कत होती है तथा अंतरिक्ष वैज्ञानिकों को शोधकार्य करने में बाधा उत्पन्न होती है।

अत: इस प्रदूषण को रोकने में जनमानस को चाहिए कि वे जब भी घर से बाहर जाएँ, सभी लाइट बंद करके जाएं, कम वाट की लाइट जलाएँ, सभी बल्बों की जगह सी.एफ.एल. के बल्बों का प्रयोग करें तथा रात्रिकालीन आकाश मित्र लाइट का प्रयोग करें।

213. क्या है कार्बन क्रेडिट व कार्बन फुटप्रिंट?

जलवायु परिवर्तन पर दिसंबर 1997 के संयुक्त राष्ट्र क्योटो प्रोटोकॉल में पहली बार ग्रीन हाउस गैस उत्सर्जन को कम करने के लिए विकसित, अर्थात् औद्योगीकृत राष्ट्रों के लिए सीमाएँ निर्धारित की गईं। विकसित राष्ट्रों को अपने ग्रीन हाउस गैसीय उत्सर्जन में 1990 की तुलना में व्यापक स्तर से लगभग सवा पाँच प्रतिशत की कटौती करनी थी।

क्योटो प्रोटोकॉल के तहत सहकारी क्रियान्वयन तंत्रों में अन्य विकसित देशों के साथ किसी परियोजना का संयुक्त क्रियान्वयन, एमिशन ट्रेडिंग तथा स्वच्छ विकास तंत्र शामिल थे। स्वच्छ विकास तंत्र विकसित देशों में सरकारों या कंपनियों को विकासशील देशों में किए गए स्वच्छ प्रौद्योगिकी निवेश पर ऋण अर्जित करने की अनुमति देता है तथा इस ऋण को ही 'कार्बन क्रेडिट' कहते हैं। अमरीका, कनाडा, ब्रिटेन आदि विकसित देश कार्बन क्रेडिट के हकदार तभी होते हैं, जबकि वे उन स्वच्छ विकास तंत्र उद्यम को कोष उपलब्ध कराते हैं। कार्बन क्रेडिट अर्जित करने की पात्र सौर, पवन या पनबिजली जैसी अक्षय ऊर्जा परियोजनाएँ आदि होती हैं।

ग्रीन हाउस गैसों के प्रति व्यक्ति या प्रति औद्योगिकी इकाई उत्सर्जन की मात्रा को उस व्यक्ति या औद्योगिक इकाई का 'कार्बन फुटप्रिंट' कहते हैं एवं इस मात्रा को कार्बन डाइऑक्साइड के ग्राम उत्सर्जन में प्राय: मापा जाता है। कार्बन फुटप्रिंट निकालने के लिए व्यक्ति या औद्योगिक इकाई द्वारा वातावरण में उत्सर्जित कार्बन डाइऑक्साइड एवं अन्य ग्रीन हाउस गैसें, जैसे—मीथेन, नाइट्रस ऑक्साइड, हाइड्रोफ्लोरोकार्बन, सल्फर हेक्साफ्लोराइड आदि की कुल मात्रा को जोड़ा जाता है। यद्यपि सामान्यत: कार्बन फुटप्रिंट को कार्बन डाइऑक्साइड के ग्राम उत्सर्जन में ही मापते हैं, क्योंकि अन्य ग्रीन हाउस गैसों का ग्लोबल वार्मिंग में योगदान वस्तुत: कार्बन डाइऑक्साइड जितना ही

होता है। अमरीका में कार्बन फुटप्रिंट का औसत प्रति व्यक्ति वार्षिक 20 टन है, जबकि समग्र यूरोप का 12 टन, चीन का 4 टन तथा भारत में प्रति व्यक्ति वार्षिक 1 ही टन का औसत है।

214. कृत्रिम बुद्धिमत्ता क्या होती है?

कृत्रिम बुद्धिमत्ता या आर्टिफिशियल इंटेलीजेंस (Artificial Intelligence) का अर्थ है—कृत्रिम तरीके से विकसित की गई बौद्धिक क्षमता। ये कंप्यूटर और कंप्यूटर प्रोग्रामों को उन्हीं तर्कों के आधार पर चलाने का प्रयास होता है, जिसके आधार पर मानव मस्तिष्क चलते हैं। आर्टिफिशियल इंटेलीजेंस का उद्देश्य होता है कि कंप्यूटर अपने आप तय कर पाए उसकी अगली गतिविधि क्या होगी। इसके लिए कंप्यूटर को अलग-अलग परिस्थितियों के अनुसार अपनी प्रतिक्रिया चुनने के लिए प्रोग्राम किया जाता है। इसके पीछे यही प्रयास होता है कि कंप्यूटर मानव की सोचने की प्रक्रिया की नकल कर पाए।

वस्तुत: आर्टिफिशियल इंटेलीजेंस उन विचारों का अध्ययन है, जो कंप्यूटर को बुद्धिमान बनने की क्षमता प्रदान करते हैं। सरल शब्दों में ए.आई., अर्थात् आर्टिफिशियल इंटेलीजेंस कंप्यूटर साइंस की एक शाखा है, जिसमें मशीन को कृत्रिम बुद्धि देने का काम किया जाता है। रोबोट सहित अन्य मशीनें इस श्रेणी में आती हैं। कृत्रिम बुद्धिमत्ता (ए.आई.) के अंतर्गत कार्य करने के लिए विशेषज्ञ कुछ बुनियादी विशेषताओं को बताते हैं। वे हैं—

- मनुष्य की तरह विचार/कार्य करनेवाला सिस्टम
- तार्किक रूप से विचार/कार्य करनेवाला सिस्टम

समय के साथ आर्टिफिशियल इंटेलीजेंस से बनी मशीनों में वृद्धि होती गई तथा इनको तीन श्रेणियों में विभक्त किया गया है, यथा—वीक ए.आई., स्ट्रांग ए आई, सिगुलैरिटी।

वस्तुत: कंप्यूटर और मनुष्य में अंतर यह है कि कंप्यूटर निर्दिष्ट प्रोग्रामों के अनुसार किसी सूचना को सिर्फ प्रोसेस कर सकता है, लेकिन वह स्वयं किसी जानकारी का कोई अर्थ नहीं निकाल सकता है। यह काम ए.आई. के माध्यम से ही संभव हो सकता है।

कृत्रिम बुद्धिमत्ता के क्षेत्र में क्रमिक विकास करते हुए लगभग 1000 मिलियन डॉलर का बाजार तय हो गया है। विशेषज्ञों का अनुमान है कि वर्ष 2025 तक यह 35,000 बिलियन डॉलर का बाजार हो सकता है। आज कई क्षेत्रों में इसके माध्यम से कार्य किए जा रहे हैं, जैसे—

वे लोग जो किसी दुर्घटना में अपने शरीर के अंगों को खो चुके हैं, उनके लिए कृत्रिम अंगों का निर्माण किया जा रहा है। ये कृत्रिम अंग दिमाग में लगे सेंसर से संचालित होते हैं।

वीडियो गेम्स का निर्माण विश्व भर में घरेलू या अन्य कार्यों को करने के लिए रोबोट तैयार किए जा रहे हैं। इन्हें इस तरह से प्रोग्राम किया जा रहा है कि ये निश्चित कार्यों को करते हुए परिस्थितिवश स्वयं निर्णय ले सकें।

वैज्ञानिकों द्वारा ऐसी मशीनें तैयार कर ली गई हैं, जो किसी लिखे हुए पाठ को मानव की तरह ही पहचानकर पढ़ सकती हैं।

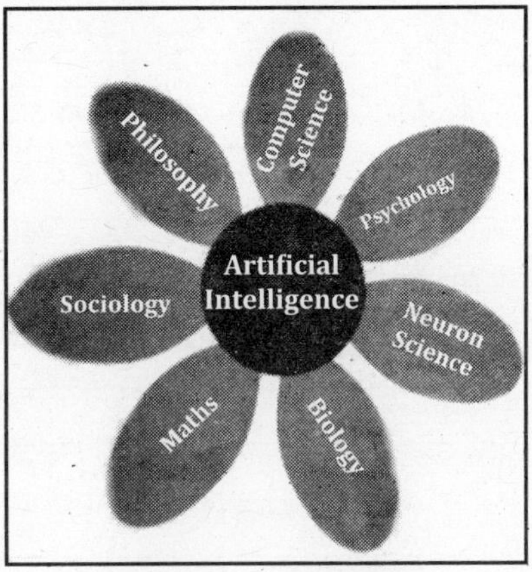

चित्र-204 : कृत्रिम बुद्धिमत्ता

अतः कालांतर में जैसे-जैसे आर्टिफिशियल इंटेलीजेंस के क्षेत्र में प्रगति होती जाएगी, मानवजाति के कार्य मशीनों से सुविधाजनक होते जाएँगे। ए.आई. के उपयोग को चित्र-204 में दरशाया गया है।

215. क्या होते हैं प्रोबायोटिक्स?

अच्छे बैक्टीरिया अथवा 'उपयोगी बैक्टीरिया' कहे जानेवाले 'प्रोबायोटिक्स' सूक्ष्मजीवी होते हैं, जो हमारे स्वास्थ्य के लिए लाभकारी होते हैं। मानव पाचन तंत्र में 400-500 प्रकार के अच्छे बैक्टीरिया होते हैं, जो हानिकारक बैक्टीरिया के विकास को कम करते हैं और एक स्वस्थ पाचन तंत्र को बढ़ावा देते हैं। लैक्टिक एसिड और बाइफिडो बैक्टीरिया मानव पाचन तंत्र में सबसे प्रचुर मात्रा में उपस्थित बैक्टीरिया हैं और सबसे अधिक प्रोबायोटिक्स के रूप में इस्तेमाल किए जाते हैं।

वस्तुतः 'प्रोबायोटिक' शब्द ग्रीक भाषा से लिया गया है, जिसका तात्पर्य—'जीवन के लिए' है। प्रोबायोटिक्स शब्द एंटीबायोटिक के विलोम के रूप में प्रयोग होता है। सर्वप्रथम इस शब्द का प्रयोग वैज्ञानिक लिली एवं स्टिलबेल ने एक प्रोटोजोआ द्वारा उत्पन्न उस पदार्थ के लिए किया था जो अन्य पदार्थों को उत्तेजित करता है। विश्व स्वास्थ्य संगठन के अनुसार प्रोबायोटिक जीवित सूक्ष्मजीवी होते हैं, जिसका सेवन करने पर मानव शरीर में जरूरी तत्त्व सुनिश्चित हो जाते हैं। ये शरीर में अच्छे जीवाणुओं की संख्या में वृद्धि कर पाचन क्रिया को बेहतर बनाते हैं। इस विधि के अनुसार शरीर में दो

प्रकार के जीवाणु होते हैं, एक मित्र और एक शत्रु। भोजन के द्वारा यदि मित्र जीवाणुओं को भीतर लें तो वे धीरे-धीरे शरीर में उपलब्ध शत्रु जीवाणुओं को नष्ट करने में कारगर सिद्ध होते हैं। मित्र जीवाणु प्राकृतिक स्रोतों और भोजन से प्राप्त होते हैं, जैसे—दूध, दही और कुछ पौधों से भी मिलते हैं। हमारी आँत में रहनेवाले मित्र बैक्टीरिया है और हमारे स्वास्थ्य के लिए बहुत फायेदमंद हैं। ये बैक्टीरिया भोजन को पचाने, कालेस्टेराल के स्तर को कम करने, पोषक तत्त्वों को सोखने तथा रोग प्रतिरोधक क्षमता को बढ़ाने में सहायक होते हैं। प्रोबायोटिक को अच्छा बैक्टीरिया माना जाता है, अगर गलत खाने या एंटीबायोटिक के इस्तेमाल के कारण शरीर में ज्यादा खराब बैक्टीरिया घुस जाते हैं तो संतुलन बिगड़ने से पूरा शरीर खराब हो जाता है।

ऐसी मान्यता है कि रोग प्रतिरोधक क्षमता आँतों में है, यदि आँत की हालत सही है तो हमारे शरीर को रोगों से लड़ने में आसानी होती है। यह सामान्य धारणा है कि बैक्टीरिया हानिकारक होते हैं। यह सही है परंतु अधिकतर बैक्टीरिया हानिकारक नहीं होते हैं तथा कुछ तो मानव व पशुओं के लिए लाभदायक होते हैं। मानव आहार नाल एक जटिल पारितंत्र है, जिसमें विभिन्न एवं जटिल प्रकार के जीवाणु रहते हैं। आहार नाल मुख से प्रारंभ होकर गुदा द्वार तक जाती है एवं हमारा शरीर इस आहार नाल का कवच मात्र है। एक स्वस्थ वयस्क मनुष्य की आहार नाल लगभग 30 फीट लंबी होती है और यह इतनी जटिल होती है कि इसमें लगभग 1012 जीवाणु होते हैं।

डेयरी उत्पाद, जैसे—दही, छाछ प्रोबायोटिक के अच्छे स्रोत हैं, इसके अलावा ये इडली, डोसा, ढोकला तथा उत्तपम में भी विद्यमान रहते हैं। प्रोबायोटिक्स के रूप में कई सूक्ष्मजीवों का प्रयोग किया जाता है। ये प्राय: छोटी आँत में कार्य करते हैं। आहार नाल संबंधी संक्रमण, जैसे—गहन डायरिया, पर्यटक डायरिया, एंटीबायोटिक संबंधी डायरिया, नवजातों को होनेवाला डायरिया, मूत्रीय नाल संक्रमण (यू.टी.आई.), जीवाणुजनित यौन संक्रमण, उच्च रक्तचाप तथा पेट में जलन की शिकायत होती है, उन्हें प्रोबायोटिक्स से इलाज का लाभ मिल सकता है। प्रोबायोटिक्स के स्वास्थ्य लाभ लैक्टोस असहिष्णुता को कम करते हैं और प्रतिरोधक क्षमता को बढ़ाते हैं।

216. क्या होते हैं मोनोक्लोनल एंटीबॉडीज?

मोनोक्लोनल एंटीबॉडीज या एकक्लोनी प्रतिरक्षी (Monoclonal Antibodies) अथवा MABs का रोग के निदानी लक्षण, रोगाणु वर्गीकरण, महामारी विश्लेषण तथा वैक्सीन के विकास में उपयोग किया जाता है।

प्रतिरक्षी (एंटीबॉडीज) एक विशेष प्रकार के प्रोटीन (साधारणतया ग्लायकोसिलित (glycosylated) होते हैं, जो जंतुओं द्वारा प्रतिजन (Antigen) अणुओं की अनुक्रिया में उत्पादित किए जाते हैं। इन प्रोटीनों को इम्यूनोग्लोबुलिन (Immunoglobulin, Ig) कहते हैं। प्रत्येक प्रतिरक्षी उस प्रतिजन विशेष से ही आबद्ध होता है, जिसकी अनुक्रिया में उसका उत्पादन होता है, इसे प्रतिजन प्रतिरक्षी परस्पर क्रिया (Antigen-antibodyinteraction) कहते हैं और यह अत्यंत विशिष्ट होती है।

नवीन शोध परिणामों के आधार पर सरल, किफायती, विशिष्ट व संवेदनशील एकक्लोनी प्रतिरक्षी आधारित विभिन्न सूक्ष्म रोगाणुओं के प्रतिरक्षी नैदानिक किट विकसित हो चुके हैं। एक लिंफोसाइट (Lymphocyte) एवं एक माएलोमा (myeloma) कोशिका के संगलन से प्राप्त संकर कोशिका को हाइब्रिडोमा (hybridoma) कहते हैं। एक हाइब्रिडोमा क्लोन केवल एक विशिष्टता वाले प्रतिरक्षी उत्पादित करता है, अतः इन्हें मोनोक्लोनल प्रतिरक्षी या Monoclonal antibodies कहते हैं।

उपयोग : मोनोक्लोनीय प्रतिरक्षी में सभी प्रतिरक्षी अणु एक ही विशिष्टता (Specificity) वाले होते हैं, अतः इनसे प्राप्त परिणाम सुस्पष्ट एवं विश्वसनीय होते हैं। इनके मुख्यतः तीन श्रेणियों में उपयोग होते हैं—

1. **निदानीय (Diagnostic) :** रक्त समूहों का संदेहरहित निर्धारण, रोगजनक (Pathogen) की उपस्थिति ज्ञात करना, किसी भी स्पेसीज के वांछित क्रोमोसोमों की स्पष्ट पहचान तथा कैंसर की प्रारंभिक अवस्था में पहचान।
2. **चिकित्सकीय (Therapeutic) :** इनका किसी भी रोग के उपचार अथवा रोकथाम हेतु उपयोग किया जा सकता है। किसी रोगजनक के लिए विशिष्ट मोनोक्लोनीय प्रतिरक्षी का इंजेक्शन देने पर उस रोगजनक से रोधिता (Resistance) उत्पन्न की जा सकती है।
3. **शोधन (Purification) :** इनके उपयोग से प्रतिजनों का दक्षतापूर्ण शोधन किया जाता है। रोगजनकों के शोधित प्रतिजनों का टीकों के रूप में उपयोग करते हैं।

इस वर्ष समूचे विश्व की कोविड-19 रूपी वैश्विक महामारी के निवारण में हमारे देश के दक्ष वैज्ञानिक मोनोक्लोनल प्रतिरक्षी का प्रयोग इस रोग के निदान हेतु टीका (वैक्सीन) तैयार करने में कर रहे हैं।

217. क्या है कोरोना वायरस की वैश्विक त्रासदी?

आज समूचा विश्व एक महत्त्वपूर्ण चुनौती, जो कोरोना वायरस के रूप में लाखों लोगों की जान ले चुकी है, से जूझ रहा है। वस्तुतः एकमात्र चीन देश के वुहान (Wohan) शहर से आए इस विषाणु (वायरस) ने इतना तांडव किया है, जिससे समूचे विश्व को जनहानि एवं आर्थिक हानि हो चुकी है और यह क्रम अभी भी जारी है। इस मानव प्राणघाती समस्या ने, जो 31 दिसंबर, 2019 को उजागर हुई, समूचे विश्व के वैज्ञानिकों, चिकित्सकों, स्वास्थ्यकर्मियों, प्रशासनिक अधिकारियों तथा राजनेताओं का जीना दूभर कर दिया है।

9 जनवरी, 2020 को विश्व स्वास्थ्य संगठन (वर्ल्ड हेल्थ ऑर्गेनाइजेशन, डब्ल्यू. एच.ओ.) ने घोषणा की कि चीन के वुहान शहर में फैली बीमारी का कारण एक नए प्रकार का 'कोरोना वायरस' है। इस नए कोरोना वायरस के जीनोम का बहुत सारा भाग इससे पहले महामारी फैला चुके प्रचंड श्वसन लक्षण समूह (सीविअर एक्यूट रेस्पिरेटरि सिंड्रोम कोरोना वायरस SARS - CoV) से मेल खाता था, इसलिए अंतरराष्ट्रीय वायरस नामकरण समिति ने इस नए कोरोनो वायरस को 'सिविअर एक्यूट रेस्पिरेटरि सिंड्रोम कोरोना वायरस 2 (सार्स-सी.ओ.वी.2) नाम दिया है। 11 फरवरी, 2020 को विश्व स्वास्थ्य संगठन ने कोरोनो वायरस से होनेवाली बीमारी को कोविड-19 (कोरोना वायरस डिजीज-19) नाम दिया है।

क्या है कोरोना वायरस?

वस्तुतः कोरोना शब्द लैटिन भाषा का है जिसका अर्थ प्रभामंडल या मुकुट है। कोरोना का वैज्ञानिक परिचय इस प्रकार है—

कुल (Family) - Coronaviridae

उपकुल (Sub family) - Orthocoronavirinae

ऑर्डर (Order) - nidovirales

फाइलम (Phylum) - incestrae sedis

कोरोना वायरस प्राणिरुजीय (Zoonotic) है। यह आर.एन.ए. प्रकार के वायरसों का एक बड़ा समूह है, जो सामान्य आरएनए वायरसों की तुलना में अपेक्षाकृत बड़े होते हैं। कोरोना वायरस के चारों ओर प्रोटीन के अणु उभरे रहते हैं, जिनहें पेप्लोमियर कहा जाता है। इलेक्ट्रॉन माइक्रोस्कोप द्वारा देखने पर पेप्लोमियर वायरस के प्रभामंडल की तरह दिखता है (चित्र-205)। इसी आधार पर इस वायरस का नाम 'कोरोना वायरस'

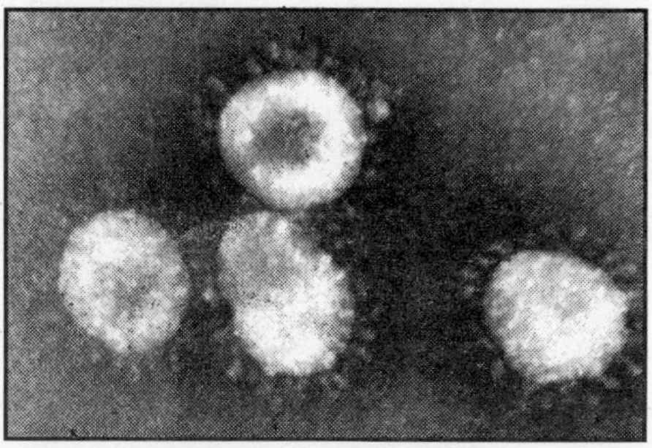

चित्र-205 : कोरोना वायरस

पड़ा है। इस वायरस को सबसे पहले सन् 1960 में जुकाम से पीड़ित रोगियों की नाक से पृथक् किया था।

वायरस अतिसूक्ष्म (बैक्टीरिया से भी छोटे) होते हैं, जो साधारण ऑप्टिकल माइक्रोस्कोप से नहीं देखे जा सकते हैं। इनमें कोई कोशिका भित्ति या कोशिका झिल्ली नहीं होती है। सिर्फ एक प्रोटीन के खोल में एक न्यूक्लिक अम्ल (वायरस जीनोम) बंद होता है, जिसके ऊपर कभी-कभी लिपिड की एक परत चढ़ी रहती है। वायरस किसी सजीव माध्यम के बिना पुनरुत्पादन (रेप्लीकेशन) नहीं कर सकता है। सजीव माध्यम के बाहर ये मृत समान होते हैं और इस तरह सैकड़ों वर्षों तक मृतप्राय या सुषुप्तावस्था में बने रह सकते हैं। इन्हें क्रिस्टलों के रूप में भी परिवर्तित किया जा सकता है, चूँकि इनमें न्यूक्लिक एसिड होता है और सजीव माध्यम में पुनरुत्पादन करने की क्षमता होती है, इसलिए इन्हें जीवित प्राणी माना जाता है। इनमें कुछ गुण जीवित प्राणियों के होते हैं और कुछ अकार्बनिक अणुओं के समान, इसलिए इन्हें जीवित प्राणी और पदार्थों के बीच की कड़ी माना जाता है। ये वायरस हर स्थान पर पाए जाते हैं और प्रत्येक जीवित प्राणी, यहाँ तक कि बैक्टीरिया तक को संक्रमित कर सकते हैं।

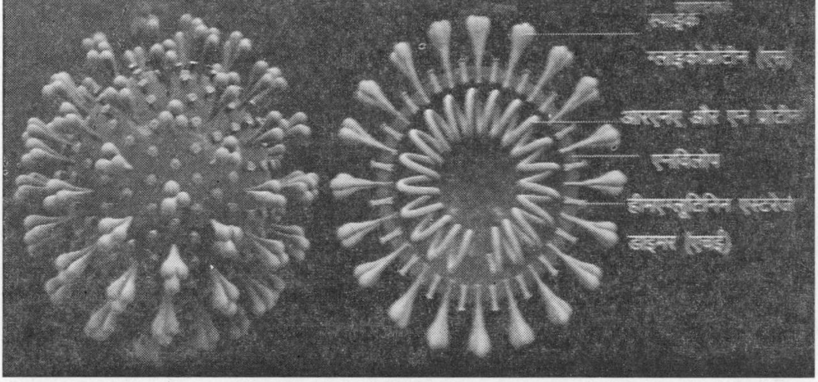

चित्र-206 : कोरोना वायरस की संरचना

रोग के लक्षण : कोरोना वायरस से संक्रमित व्यक्ति को पहले बुखार और सूखी खाँसी, जुकाम, बदन में दर्द और थकान होती है। इसके साथ ही रोगी अच्छी तरह से साँस नहीं ले पाता है, फिर निमोनिया के लक्षण प्रकट होते हैं और यह संक्रमण बढ़कर

किडनी को भी प्रभावित कर सकता है, जिसका अंतिम परिणाम रोगी की मौत होती है।

रोग कैसे फैलता है ? : सबसे पहले यह वायरस चमगादड़ों से मानवों में फैला था। अब तो यह एक स्वस्थ व्यक्ति के रोगी व्यक्ति के निकट संपर्क में आने से भी फैल रहा है। निकट संपर्क का अर्थ होता है कि स्वस्थ व्यक्ति रोगी व्यक्ति से 3 से 6 फीट की दूरी पर है। वुहान के इस सार्स—कोराना वायरस-2 संक्रमण में यह 1.4 से 3.8 तक है, अर्थात् यह मानव से मानव के बीच संचालित होते हुए भी बहुत बड़े समुदाय को ग्रसित कर सकता है और किया भी है।

जब कोई संक्रमित व्यक्ति खाँसता, छींकता या थूकता है तो इससे उसकी नाक या खाँसी से द्रव की बहुत छोटी-छोटी लगभग 40,000 बुँदकियाँ तक निकलती हैं। इसमें से अपेक्षाकृत बड़ी बुँदकियाँ तो नीचे गिर जाती हैं पर पाँच माइक्रॉन व्यास तक की छोटी-छोटी हजारों बुँदकियाँ हवा में तैरते-तैरते दूसरे स्वस्थ व्यक्ति की साँस के माध्यम से इसके श्वसन तंत्र में चली जाती हैं। इन बुँदकियों में जीवित सार्स-कोरोना वायरस-2 होते हैं, जो संक्रमित व्यक्ति के श्वसन तंत्र की एपिथीलियल कोशिकाओं से लगातार झरते रहते हैं। किसी व्यक्ति को संक्रमित करने के लिए एक ही बुँदकी काफी होती है। सर्दी में और अधिक नमी में ये वायरस लंबे समय तक सक्रिय बने रहते हैं। छींक, खाँसी और थूक की जो बुंदकियाँ किसी सतह पर जाकर चिपक जाती हैं उनमें यह वायरस कुछ मिनटों से लेकर दो दिन तक जीवित और सक्रिय रह सकता है। जहाँ पानी न सोखनेवाली सतहों, धातु, प्लास्टिक, पॉलिश की गई लकड़ी पर ये वायरस एक से दो दिन तक जीवित रह जाते हैं, वहीं कागज, मिट्टी के बरतन, कपड़ों आदि पर कुछ मिनट तक तथा त्वचा पर ठहरी ऐसी बूँदों में तो कारोना वायरस-2 पाँच मिनट भी जीवित नहीं रह सकता है।

श्वसन तंत्र में प्रवेश के बाद यह वायरस श्वसन तंत्र की एपिथीलियल कोशिकाओं में प्रवेश करता है। वहाँ ये अपने जैसे हजारों कोरोना वायरस-2 उत्पन्न कर देता है। इस प्रक्रिया में ये एपिथीलियल कोशिकाएँ फूलकर गलने लगती हैं। इन नए वायरस में से कुछ इन कोशिकाओं से निकलकर खाँसी, छींक, थूक आदि के साथ बाहर निकल जाते हैं और कुछ श्वसन तंत्र की नई स्वस्थ कोशिकाओं में प्रवेश कर जाते हैं। कई तरह के रासायनिक पदार्थ भी इन कोशिकाओं और रोगाणुओं से निकलते हैं, जो इस बीमारी के गंभीर दुष्प्रभावों को शरीर के अन्य अंगों, यथा— गुर्दों, हृदय आदि में उत्पन्न कर देते हैं।

कोरोना वायरस से सबसे अधिक खतरा किनको

विशेषज्ञों से प्राप्त जानकारी के अनुसार, इस बीमारी का सर्वाधिक खतरा छोटे बच्चों, गर्भवती महिलाओं, लंबे समय से बीमार लोगों, 65 वर्ष से अधिक आयु के वृद्धों, रोग-प्रतिरोध क्षमता (इम्यूनिटी) कम करने वाली दवाओं (कॉर्टिकोस्टीरॉइड्स,

कैंसररोधी औषधियाँ आदि) का सेवन करनेवालों को कोरोना वायरस के संक्रमण का अधिक खतरा रहता है। इस दिशा में अनुसंधान कार्य जारी है।

पहचान : निश्चित रूप से सार्स-कोरोना वायरस-2 की पहचान के लिए नाक व गले के शारीरिक द्रवों को लेकर उनकी वायरस आइसोलेशन या पी.सी.आर. जैसी जाँचें करनी पड़ती हैं। इसके अतिरिक्त कई देशी-विदेशी जाँच एजेंसियों ने भी इस वायरस की पहचान के लिए अलग-अलग किट विकसित किए हैं।

उपचार : वस्तुतः इस वैश्विक रोग के निदान से संबंधित कोई टीका (वैक्सीन) या सटीक औषधि व्यवहार में नहीं आई है, अतः बचाव ही इसका सबसे सर्वोत्तम इलाज है। इसके लिए सरकार एवं स्वास्थ्य संगठनों/संस्थानों द्वारा जारी निर्देशों की पूर्णतः अनुपालना करनी चाहिए, वे इस प्रकार हैं—

- दिन में नियमित ढंग से बार-बार साबुन से अच्छी तरह हाथ धोने चाहिए। अल्कोहल आधारित हैंडरब से भी हाथ विसंक्रमित करने चाहिए।
- खाँसते, छींकते समय मुँह एवं नाक पर रुमाल रखना चाहिए।
- किसी भी संक्रमित या संदिग्ध संक्रमणवाले व्यक्ति से बात करते समय कम से कम एक मीटर की दूरी बनाए रखें।
- बिना हाथ धोए अपने आँख, नाक एवं मुँह को नहीं छुएँ।
- सब्जियाँ आदि को खाने के सोडे अथवा सिरका से धोकर उपयोग करना चाहिए।
- बिना विशेष प्रयोजन के घर के बाहर नहीं जाना चाहिए।
- 10 वर्ष से कम आयु के बच्चों तथा वृद्धों को विशेष ध्यान रखना चाहिए, क्योंकि उनमें संक्रमण की अधिकता होती है।

डिस्पोजेबल एन-95 मास्क का उपयोग : ये मास्क (चित्र-206) बाजार में आसानी से उपलब्ध हैं। इनको लगाने से कुछ हद तक सार्स-कोरोना वायरस-2 से बचाव संभव है। अपने मास्क को किसी अन्य व्यक्ति के साथ साझा नहीं करना चाहिए। सर्जिकल मास्क से इस वायरस का बचाव संभव नहीं है।

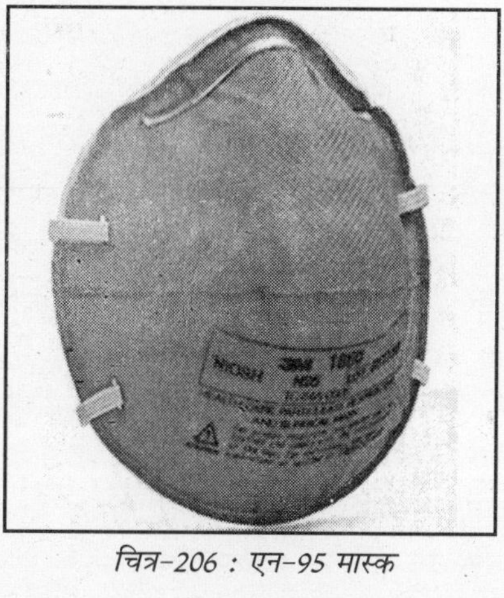

चित्र-206 : एन-95 मास्क

थर्मल स्क्रीनिंग : चीन से आए इस विकराल वायरस के कारण विश्व के अन्य देशों ने चीन से आनेवाले यात्रियों के लिए

अपने हवाई अड्डों पर थर्मल स्क्रीनिंग प्रारंभ की। थर्मल स्क्रीनिंग का अर्थ होता है कि आनेवाले हर व्यक्ति के शारीरिक तापमान को मापना। हवाई अड्डों पर आनेवाली भीड़ में हर व्यक्ति के शारीरिक तापमान को अलग-अलग लेना कष्टदायक हो जाता है, अतः इस कार्य के लिए 'थर्मल स्कैनर्स' एयरपोर्ट पर लगाए जाते हैं (चित्र-207), जो सारी भीड़ की थर्मल स्कैनिंग करते हैं। जिन लोगों का तापमान बढ़ा हुआ मिलता है, उनकी अलग जाँच की जाती है। ये कैमरे बहुत सुग्राही यानी संवेदी होते हैं तथा तापमान के अनुसार ही किसी वस्तु की छवि बनाते हैं। यद्यपि ये कैमरे व्यक्ति के शरीर के तापमान के बारे में जानकारी देते हैं, परंतु कोविड-19 या सार्स—कोरोना वायरस-2 के संक्रमण की नहीं देते हैं।

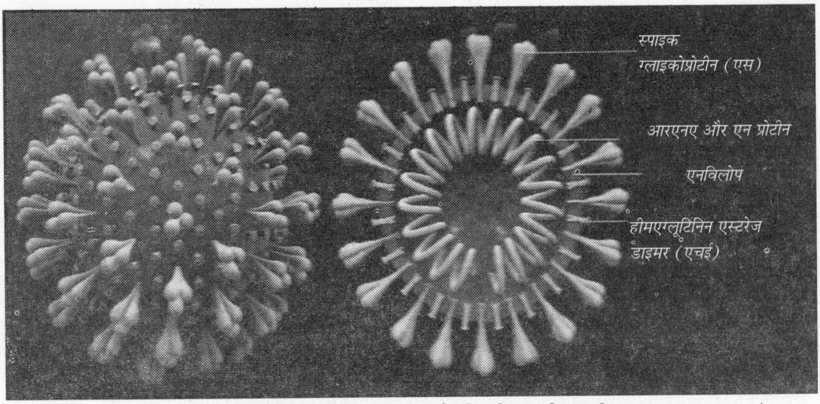

चित्र-206 (अ) : थर्मल कैमरे की कार्यप्रणाली

चित्र-207 : थर्मल स्क्रीनिंग

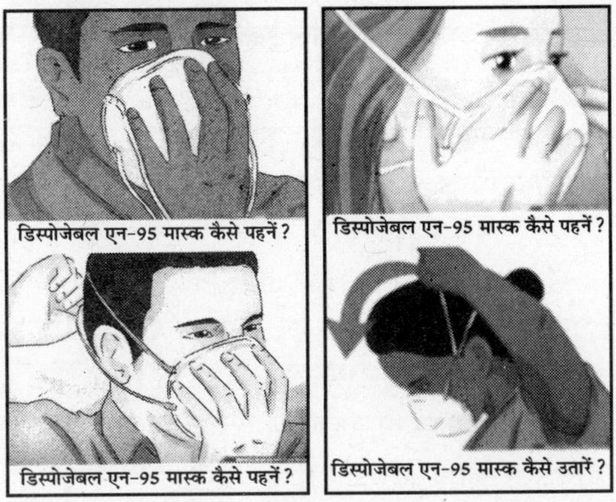

चित्र-207 : (अ) मास्क

हमारी भारत सरकार इस वैश्विक आपदा का मुकाबला बहुत ही दक्षता से कर रही है। देश के 15 भागों में इस वायरस के जाँच की व्यवस्था की गई है, देश के वैज्ञानिक, चिकित्सक अनवरत इसके निदान हेतु वैक्सीन/दवा के लिए निरंतर शोधकार्य कर रहे हैं, अतः हम देशवासियों का मौलिक दायित्व है कि हम इस रोग के प्रति सतर्क होकर उन सभी बताए गए उपायों को करें तथा दिशा-निर्देशों की अनुपालना अवश्य करें (चित्र-207(अ)।

218. विज्ञान और साइंस में क्या अंतर है?

वस्तुतः 'विज्ञान' शब्द भारतीय संस्कृति की देन है और साइंस शब्द पाश्चात्य संस्कृति में जनमा है। एक भाषा का शब्द जब किसी दूसरे की भाषा में अनुवाद किया जाता है, तब दोनों के अर्थों में कुछ न कुछ असमानता प्रायः बनी रहती है। यदि कोई शब्द गंभीर अर्थों वाला है तो यह असमानता बढ़ जाने की संभावना अधिक रहती है, क्योंकि दोनों शब्द जीवनशैली की अलग-अलग संस्कृतियों से आए हुए होते हैं। प्रायः लोग विज्ञान शब्द को साइंस शब्द का पूर्णरूप से समानार्थक समझते हैं।

साइंस शब्द का अधिक प्रचलन लगभग 900 से अधिक वर्ष पुराना माना जा सकता है, परंतु विज्ञान शब्द हम भारतीयों के लिए हजारों-लाखों वर्ष पुराना है, क्योंकि इस शब्द का प्रयोग वेद, उपनिषद् और अनेक आर्ष ग्रंथों में प्रचुरता से हुआ है।

विज्ञान की परिभाषा करते समय 'ज्ञान' शब्द आता है। ज्ञान का अर्थ है जानना, समझना, परिचित होना, शिक्षण, चेतना। जिसके द्वारा वस्तु को जाना जाता है वह ज्ञान है। किसी पदार्थ की प्राप्ति में साधन और साध्य दोनों ही ज्ञान है। विज्ञान शब्द में ज्ञान शब्द से पहले 'वि' उपसर्ग लगा है। 'वि' उपसर्ग का प्रयोग कई प्रकार से होता है, परंतु ज्ञान शब्द में उसका उपयोग विशेष ज्ञान के लिए हुआ है, इसलिए 'विज्ञान' का अर्थ हुआ 'विशेष ज्ञान', अर्थात् ज्ञान में किसी प्रकार की विशेषता आ जाने से वह 'विज्ञान' हो जाता है।

'किसी पदार्थ को साधारणतया जानना ज्ञान है, किंतु उसके कारणों सहित जानना विज्ञान है।' जैसे सोने को साधारण रूप से जानना कि वह धातु है, जो पीले रंग का ठोस पदार्थ है—यह ज्ञान है, परंतु साथ में यह भी जानना कि यह एक खनिज पदार्थ है, जो अन्य पदार्थों के साथ मिश्रित रहता है और विविध विधियों द्वारा शुद्ध करके निकाला जाता है, यह सोने का विज्ञान है।

'किसी पदार्थ या विषय को सुनकर या पुस्तक पढ़कर जानना ज्ञान है, किंतु उसका स्वयं को अनुभव होना विज्ञान है।' शास्त्र या वैदिक ग्रंथ जिसका निरूपण करते हैं, वह जानना ज्ञान है, किंतु उसका अनुभव होना विज्ञान है।

किसी कार्य या कला को तो साधारणतया लोग सीख लेते हैं, वह ज्ञान है। अभ्यास द्वारा उस कार्य या कला में कुशलता या प्रवीणता पा लेना 'विज्ञान' है। शब्दकोश के अनुसार विज्ञान का अर्थ—ज्ञान, बुद्धिमत्ता, प्रज्ञा, समझ, विशेषज्ञान, तत्त्वज्ञान, बोध, विवेचन, कुशलता, प्रवीणता, सांसारिक या लौकिक ज्ञान, अनुभव ज्ञान, नियोजन आदि है।

साइंस : दि कॉनसाइज ऑक्सफोर्ड डिक्शनरी (The Concise Oxford Dictionary) के मतानुसार साइंस—

A branch of knowledge conducted on objective principles involving the systematized observation of and experiment with phenomenon, especially concerned with the material and functions of the physical Universe.

अर्थात् ज्ञान की शाखा, जो क्रमबद्ध निरीक्षणों एवं प्रयोगों द्वारा निकाले गए सिद्धांतों पर आधारित है, विशेष रूप से द्रव्य पदार्थों एवं भौतिक संसार से संबंधित, को साइंस कहा जाता है।

साइंस का दृष्टिकोण भौतिक विज्ञान को निश्चयात्मक बनाना है। साइंस की परिभाषा से यह स्पष्ट है कि किसी विचार या सिद्धांत को साइंस तभी कहा जा सकता है, जब उसमें इन बातों का समावेश हो—विचार या सिद्धांत का निर्णय लोगों ने प्रयोगों या निरीक्षण द्वारा सिद्ध किया हो, कुशल तर्कों पर आधारित हो तथा क्रमबद्ध तरीके से व्यक्त किया गया हो। साइंस का क्षेत्र आधिभौतिक है, अर्थात् संसार के भौतिक पदार्थों या घटनाओं से संबंध रखता है तथा निर्णय निश्चयात्मक माने जाते हैं।

साइंस ज्ञान के तीन साधनों पर आश्रित है : प्रत्यक्ष, अनुमान (मानसिक अनुमान) तथा तर्क। साइंस द्वारा आज तक जितनी भी उन्नति हुई है, उन सभी का मौलिक आधार यही ज्ञान के साधन रहे हैं।

साइंस एवं विज्ञान में अंतर

विज्ञान अनुभव है और साइंस प्रत्यक्ष ज्ञान से जाना जाता है। विज्ञान में ज्ञान के

प्रमाण हैं, साइंस में साधन हैं। विज्ञान का 'केंद्र बिंदु' मनुष्य, साइंस का अन्य पदार्थ। विज्ञान का वास्तविक ध्येय मनुष्य को दिव्य बनाना है। साइंस मनुष्य के लिए किसी भौतिक पदार्थ के द्वारा ही उपयोगी होती है, क्योंकि साइंस का वास्तविक ध्येय संसार के विभिन्न पदार्थों को जानना है तथा पता लगाना है कि वे किस प्रकार मनुष्य और समाज के लिए उपयोगी हो सकते हैं।

विज्ञान का अर्थ 'प्रज्ञा या चेतना' भी होता है। शास्त्रों में चेतना को समस्त ज्ञानों का प्रकाशक कहा है, क्योंकि समस्त पदार्थों के ज्ञान इसी से प्रकाशित होते हैं। साइंस का संबंध भौतिक पदार्थों के ज्ञान से होने के कारण साइंस प्रकाशित है, अतः विज्ञान प्रकाशक है, किंतु साइंस विज्ञान के द्वारा प्रकाशित है।

219. क्या भारतीय परंपराएँ विज्ञान-सम्मत हैं?

हमारे भारतवर्ष की संस्कृति विश्व में सबसे प्राचीन है। पुरातनकाल से यह ज्ञान-विज्ञान के शिखर पर भी रही है। हमारी अनेक पुरातन परंपराएँ विज्ञान-सम्मत है। उदाहरण के तौर पर भारतीय महीनों के नाम, हाथ जोड़कर अभिवादन, शंख ध्वनि, बिंदी लगाना, ताली बजाना, कलाई पर रक्षा सूत्र बाँधना, स्नान करना, ॐ की महत्ता, आचमन-प्राणायाम करना, धरती पर नीचे बैठकर भोजन करना, शाकाहारी भोजन करना, तुलसी का पौधा रखना, यज्ञ करना, पशु-पक्षियों एवं वृक्षों को संरक्षण प्रदान करना, ताँबे के बरतन में पानी को रखना, रुद्राक्ष धारण, यज्ञ करना आदि ऐसी परंपराएँ हैं, जो वर्तमान परिप्रेक्ष्य में भी स्वस्थ जीवन एवं पर्यावरण संरक्षण के लिए नितांत आवश्यक हैं।

आज का भौतिकवादी अल्पज्ञ मानव इन जनोपयोगी परंपराओं को अंधविश्वास या रूढ़िवादिता की संज्ञा देकर उनके लाभ से विमुख हो रहा है। यदि भारतीय प्राचीन परंपराओं का वैज्ञानिक विश्लेषण किया जाए और इनका व्यापक जनभाषा में प्रचार-प्रसार किया जाए तो वे इस भौतिक युग में लोगों की मानसिकता में बदलाव करने में महत्त्वपूर्ण भूमिका निभा सकती हैं और एक रचनात्मक विश्वास में बदल सकती हैं। वस्तुतः आधुनिक पाश्चात्य संस्कृति एवं सभ्यता की कृत्रिम जगमगाहट से चकाचौंध होकर अपनी संस्कृति एवं परंपराओं की महत्ता को हम भारतीय भूलने लगे हैं।

अतः निश्चित तौर पर कहा जा सकता है कि भारतीय परंपराएँ और वेदों में निहित विज्ञान पूर्णतया विज्ञान-सम्मत हैं। इस पुस्तक में कुछ महत्त्वपूर्ण बिंदुओं पर जानकारी सुलभ करवाई गई है।

220. भारतीय महीनों तथा वारों के नामकरण का आधार क्या है?

भारतीय महीनों के नामकरण की पद्धति पूर्णतः वैज्ञानिक है तथा विश्व में अन्यत्र कहीं भी देखने को नहीं मिलती। हमारे यहाँ पूर्णिमा को चंद्रमा जिस नक्षत्र में होता है, उस नक्षत्र के नाम पर महीने का नामकरण किया गया है, जैसे चित्रा नक्षत्र में पूर्णिमा होने पर महीने का नाम—चैत्र, विशाखा में होने पर वैशाख, ज्येष्ठा में—ज्येष्ठ, उत्तराषाढ़ा में—आषाढ़, श्रवण नक्षत्र में श्रावण, उत्तराभाद्रपद नक्षत्र में भाद्रपद, अश्विनी नक्षत्र में आश्विन, कृतिका में कार्तिक, मृगशिरा में मार्घशीर्ष, पूषा में पौष, मघा नक्षत्र में माघ तथा उत्तरा फाल्गुनी में फाल्गुन मास आता है।

अंग्रेजी या यूरोपीय महीनों का कोई निश्चित आधार नहीं है। उदाहरण के तौर पर जनवरी का महीना—जनु आरियस जानुस देवता के नाम से, फरवरी का फबरू आरियस या एक त्योहार फेब्रुआ (Februa) से, मार्च-मार्टियस देवता के नाम से, अप्रैल-देवी अप्रैलिस के नाम से, मई माइउस देवी के नाम से, जून जूनो के नाम से, जुलाई जूलियस सीजर (राजा) के नाम पर, अगस्त जूलियस का पुत्र ऑगस्टस सीजर, सितंबर Septum सातवाँ, October—ऑक्ट्यू-8, नवंबर-नोवम-9वाँ महीना तथा दिसंबर (Decem) अर्थात् दसवाँ महीना, अर्थात् इस प्रकार की व्यवस्था में कोई क्रम या सिद्धांत प्रतिपादित नहीं होता है।

वारों का वैज्ञानिक क्रम

वस्तुतः अथर्ववेद के 'अथर्व ज्योतिष' में वारों के नाम का क्रम तथा वैज्ञानिक आधार मिलता है, जो कि हजारों वर्ष पुराना है। पश्चिमी देश वारों का प्रयोग मात्र दो हजार वर्षों से ही कर रहे हैं। भारतीय ऋषि-मुनियों ने ठोस वैज्ञानिक आधार पर सप्ताह के वारों का क्रम निर्धारित किया है। पृथ्वी और सूर्य से घनिष्ठ संबंध रखनेवाले सात ग्रहों की कक्षाओं के अनुसार सात वार निश्चित किए गए हैं, जो संपूर्ण विश्व में प्रचलित हैं। वस्तुतः वार शब्द (वासर) दिन का ही संक्षिप्त रूप है। आज भी कई समाचार-पत्र रविवारीय अंक के स्थान पर रविवासरीय अंक लिखते हैं। एक अहोरात्र (दिन-रात) एक वासर, अर्थात् एक दिन होता है। अहोरात्र से ही होरा शब्द लिया गया है, जो कालमान की एक छोटी इकाई है। होरा एक अहोरात्र का 24वाँ भाग होता है, जिसे अंग्रेजी में ऑवर्स कहते हैं।

दिन-रात्रि में 24 घंटे होते हैं, अतः एक होरा एक घंटे अथवा ढाई घटी के बराबर होती है। इसी होरा से वारों की गणना प्रारंभ हुई। अंतरिक्ष में ग्रहों की कक्षाओं की

वास्तविक स्थिति इस प्रकार है—'सूर्य, बुध, शुक्र, पृथ्वी, मंगल, गुरु, शनि'। वास्तव में यही कक्षा-क्रम सप्ताह के वारों के क्रम का आधार है।

सृष्टि के प्रारंभिक दिन चैत्र शुक्ल प्रतिपदा, रविवार को प्रातः समस्त ग्रह मेष राशि के प्रारंभिक भाग अश्विनी नक्षत्र पर थे, अतः उसी दिन से गणना कर भारतीय ज्योतिष विज्ञानियों ने सौर-मंडल का केंद्र होने के कारण सूर्य को प्रथम होरा का स्वामी माना। तत्पश्चात् ग्रहों के दृश्य कक्षानुसार द्वितीय एवं तृतीय होरा का स्वामी क्रमशः शुक्र और बुध को माना। चंद्रमा का मानव जीवन में महत्त्व होने के कारण उपग्रह होते हुए भी उसे चतुर्थ होरा का अधिपति माना।

चूँकि एक अहोरात्र में 24 घंटे होते हैं, अर्थात् 24 होरा होती है, अतः दूसरे दिन का नाम 25वीं होरा के अधिपति के नाम पर रख दिया गया तथा 25वीं होरा को उस दिन की प्रथम होरा मानकर अगली 25वीं होरा के स्वामी के नाम पर तृतीय वार का नाम रख दिया। इसी क्रम में सातों वारों का नामकरण एवं क्रम निर्धारण हुआ, अतः रविवार के बाद का दिन सोमवार, तत्पश्चात् मंगलवार, बुध, गुरु, शुक्र, शनिवारों का क्रम एवं नामकरण हुआ जो विज्ञान-सम्मत है।

221. हाथ जोड़कर अभिवादन की परंपरा क्यों श्रेष्ठ है?

भारतीय संस्कृति में हाथ की दोनों हथेलियों को जोड़कर स्वागत करने की या अभिवादन करने की परंपरा है, जिसे हम नमस्ते या नमस्कार कहते हैं। इसका अभिप्राय सामनेवाले का विनम्रता एवं आदरपूर्वक स्वागत करना या अभिवादन करना है।

वस्तुतः नमस्ते शब्द की रचना संस्कृत भाषा के 'नमः' और 'ते' शब्दों के मिलान से हुई है। नमः + ते = नमस्ते। नमः शब्द का अर्थ होता है—'झुकना' और 'ते' का अर्थ है—'तेरे लिए', अर्थात् नमः शब्द में 'ना मा' (मेरा नहीं) का योग देखें तो विदित होगा कि वैदिक अभिवादन का एक आध्यात्मिक आशय भी है, यानी अहं भाव को समाप्त कर आदरपूर्वक घनिष्ठ संपर्क की अनुभूति उत्पन्न करना।

जब हम दोनों हाथों को जोड़ते हैं, तब हमारे दोनों हाथों की हथेलियाँ तथा उँगलियाँ एक-दूसरे से पूरी तरह मिल जाती हैं। योग में इसे 'अंजलि मुद्रा' कहते हैं। हमें मालूम है कि अपनी उँगलियों के अग्रभाग (Tips of Fingers) महत्त्वपूर्ण ऊर्जा बिंदु (Major Energy points) होते हैं। जब हम अपनी हथेलियों को मिलाते हैं, तब स्वभाविक रूप से हमारी उँगलियों के अग्रभाग या टिप्स आपस में मिलते हैं और वे मस्तिष्क से जुड़ जाते हैं, जिससे हमें शांति और आनंद का अनुभव होता है। इस प्रकार उँगलियों पर हलका सा दबाव निर्माण होता है, ये हमारे आँख, कान तथा मस्तिष्क के प्रेशर पॉइंट्स

भी हैं, जो सकारात्मक प्रभाव डालते हैं।

दूसरी ओर पाश्चात्य सभ्यता के प्रेमी एक-दूसरे से मिलने पर हाथ मिलाते हैं, जो विज्ञान की दृष्टि से उपादेय नहीं है। हाथ मिलाया हुआ व्यक्ति किस रोग से ग्रसित है, किस चीज को छूकर आया है, शौच, लघुशंका, नाक, कान त्वचा रोग आदि से युक्त रोगाणुओं द्वारा संक्रमित है, इसका हमको पता नहीं चलता है, क्योंकि ये संसर्गजन्य रोग होते हैं और हम इनके संपर्क में आकर संक्रमित हो जाते हैं (चित्र-208), अतः हाथ मिलाना भी अगर हो तो उसके बाद अपने हाथ डिटॉल या साबुन से अवश्य धोने चाहिए।

चित्र-208 : हाथ जोड़कर अभिवादन

भारतीय वैदिक संस्कृति में गुरु के सम्मुख दंडवत् प्रणाम किया जाता है तथा वयोवृद्ध का पैर छूकर अभिवादन या सम्मान किया जाता है, परिणामस्वरूप आशीर्वाद के रूप में सिर पर हाथ रखा जाता है तो शरीर में सकारात्मक ऊर्जा की तरंगें प्रवाहित होती हैं, किंतु आज विडंबना है कि पाश्चात्य संस्कृति से प्रभावित होकर हमारी युवा पीढ़ी 'हाय' शब्द का प्रयोग करती है। यदि हाय शब्द को दो बार, अर्थात् 'हाय! हाय!' कह दिया जाए तो अर्थ कुछ और ही निकलता है।

आज संपूर्ण विश्व कोराना वायरस (कोविड-19) की वैश्विक महामारी से भयंकर त्रस्त हो रहा है, ऐसे में सामाजिक दूरी, यानी Social distancing को रखते हुए भारतीय अभिवादन करने की हाथ जोड़ने की परंपरा का समूचे विश्व में प्रशंसा हो रही है, अतः यह हमारी परंपरा पू तया वैज्ञानिक है।

222. शंख का उपयोग क्या है?

भारतीय संस्कृति की परंपरा में पूजा करते समय शंख रखा जाता है, इसकी भी देवपूजा से पूर्व पूजा की जाती है। हमारे यहाँ किसी भी धार्मिक कार्य के शुभारंभ तथा नीराजन (आरती) के समय शंख ध्वनि की जाती है। पुरातनकाल में युद्ध की शुरुआत में शंखनाद किया जाता था (चित्र-209)। महाभारत युद्ध में योगेश्वर श्रीकृष्ण ने पांचजन्य, अर्जुन ने देवदत्त, भीम ने पौंड्र, युधिष्ठर ने अनंतविजय, नकुल ने सुघोष, सहदेव

ने मणिपुष्पक आदि का शंखनाद किया। शंख का वैज्ञानिक नाम टर्बिनेल्ला पायरम (Turbinella Pyrum) है। आयुर्वेद में शंख के दवा के रूप में बहुत उपयोग बताए गए हैं, जिनका उदर रोग, चर्म रोग तथा नेत्र सुरक्षा में प्रयोग किया जाता है।

चित्र-209 : शंख का उपयोग

भारत के उच्च कोटि के वैज्ञानिक प्रो. जगदीश चंद्र बसु ने अपने प्रयोगों द्वारा यह सिद्ध कर दिया कि जहाँ तक शंख की ध्वनि (नाद) जाती है, वहाँ तक रोग के अनेक विषाक्त कीटाणु उस नाद को सुनने से नष्ट हो जाते हैं, फलस्वरूप वहाँ की वायु शुद्ध हो जाती है। सन् 1928 में बर्लिन विश्वविद्यालय, जर्मनी में विज्ञान के एक आचार्य ने शंख पर शोधकार्य करके सिद्ध किया कि शंख ध्वनि की तरंगें बैक्टीरिया को नष्ट करने के लिए उत्तम एवं सस्ती औषधि है। उन्होंने पाया कि प्रति सेकंड 27 घनफीट शक्ति से बजाया गया शंख 2200 फीट दूरी के जीवाणुओं को नष्ट कर देता है। उन्होंने पाया कि इससे हैजे तथा मोतीझिरा (टायफॉइड) के जीवाणु भी नष्ट हो जाते हैं।

इसी प्रकार शिकागो के डॉ. डी. ब्राइन ने अब तक 1,500 से अधिक बहरे रोगियों को शंख ध्वनि के माध्यम से ठीक किया है। वैज्ञानिकों ने पाया कि शंख गूँगे (Dumb) व्यक्तियों को वाक् शक्ति भी प्रदान करता है। इस कारण छोटे बच्चे, जो देर से बोलते हैं, उनके गले में छोटे-छोटे शंखों की माला भी पहनाने की परंपरा है। इस कारण भारतीय मंदिरों में आरती के पश्चात् शंख में रखे जल को भक्तों पर छिड़का जाता है। जो लोग शंख बजाते हैं उन्हें दमा, श्वास तथा फेफड़ों से संबंधित रोग नहीं होते हैं। शंख में कैल्सियम, फॉस्फोरस एवं गंधक की मात्रा होती है, जो स्वास्थ्य के लिए लाभप्रद होती है।

223. दक्षिण दिशा में पैर करके क्यों नहीं सोना चाहिए?

हमारे यहाँ मान्यता है कि दक्षिण दिशा में पैर करके नहीं सोना चाहिए। इसका वैज्ञानिक कारण भी है। हमारे शरीर में रक्त का प्रमुख घटक हीमोग्लोबिन है, जिसमें लौह तत्त्व होता है। पृथ्वी एक बहुत बड़ा चुंबक है। हमारे शरीर में भी चुंबकत्व है, जिसमें सिर की ओर उत्तरी ध्रुव (ऋण क्षेत्र) तथा पैर की ओर दक्षिण ध्रुव होता है। पृथ्वी में भी

उत्तर की ओर उत्तरी ध्रुव और दक्षिण की ओर दक्षिणी ध्रुव रहता है। चुंबकीय सिद्धांत के अनुसार समान ध्रुव एक-दूसरे को विकर्षित तथा असमान ध्रुव एक-दूसरे को आकर्षित करते हैं (Opposite poles attract each other and equal poles repel each other)।

यदि हम पैर दक्षिण दिशा की ओर करके सोते हैं तो शरीर का दक्षिणी ध्रुव तथा पृथ्वी का दक्षिण ध्रुव एक ही दिशा में आने से अपने शरीर पर विपरीत प्रभाव पड़ता है तथा कई रोग होने की संभावना बढ़ जाती है। इस बात का पता हमें कुछ अवधि के पश्चात् लगता है (चित्र-210)।

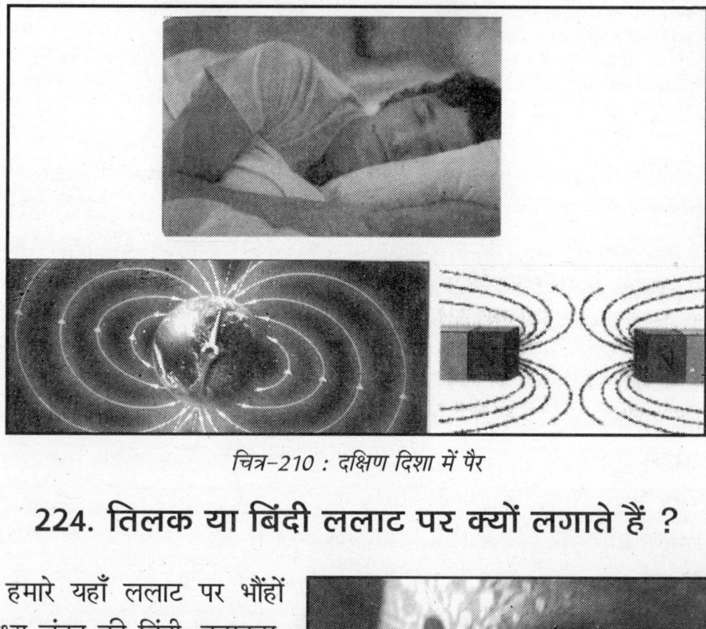

चित्र-210 : दक्षिण दिशा में पैर

224. तिलक या बिंदी ललाट पर क्यों लगाते हैं ?

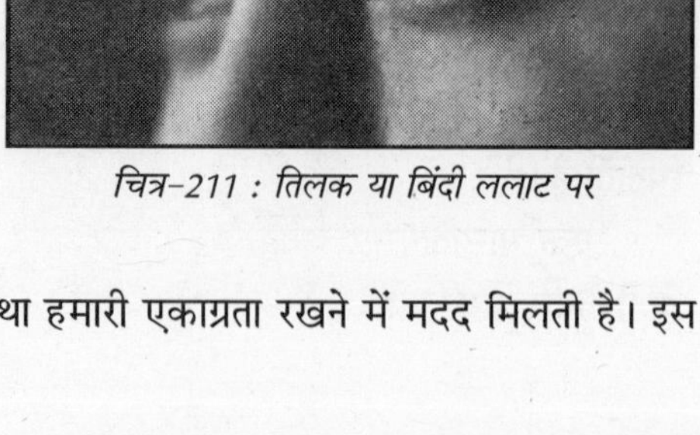

चित्र-211 : तिलक या बिंदी ललाट पर

हमारे यहाँ ललाट पर भौंहों के मध्य चंदन की बिंदी, कुमकुम, तिलक आदि लगाने की परंपरा है। विज्ञान की दृष्टि से हमारी दोनों भृकुटियों के मध्य में महत्त्वपूर्ण नर्व पॉइंट (Nerve Point) होते हैं, जिससे हमारी ऊर्जा का क्षय होता रहता है। इस स्थान पर बिंदी (चंदन, कुमकुम, भस्म आदि) लगाने से ऊर्जा के उत्सर्जन में कमी आती है तथा हमारी एकाग्रता रखने में मदद मिलती है। इस

स्थान पर लगाया गया चंदन मस्तिष्क को शीतलता प्रदान करता है (चित्र-211)।

हमारे हृदय की एक सौ एक नाड़ी हैं, उसमें से सुषुम्ना नाड़ी मस्तक प्रदेश के सामने से निकलती है। हम जब कभी विचार करते हैं या सोचते हैं तो सर्वप्रथम अपने मस्तिष्क की धमनियों में ही कंपन (Vibration) होता है। हमारे ज्ञान-तंतुओं (Nerves) का विचारक केंद्र यह भृकुटी तथा ललाट का मध्य भाग है। जब कभी भी हम चिंतित होते हैं अथवा चिंता से विचारमग्न होते हैं तो दर्द इसी केंद्र पर होता है। इस कारण हमारे मनीषियों ने इन ज्ञानतंतुओं के केंद्र स्थान (Nerve Centre) में ही तिलक धारण करने का प्रावधान किया है। लाल रंग की बिंदी लगाने से ऊर्जा का अधिकतम अवशोषण संभव होता है, क्योंकि वर्णपट्ट के लाल रंग की तरंगदैर्घ्य सबसे अधिक होती है।

225. जमीन पर बैठकर भोजन करना क्यों श्रेष्ठ है?

भारतीय परंपरा में भोजन करते समय सभी लोग जमीन पर पालथी मारकर बैठते हैं। आजकल टेबल-कुरसी अथवा डायनिंग टेबल पर भोजन करने की पद्धति बन गई है। धीरे-धीरे नीचे बैठने की आदत छूटने से कहीं पर भी बिना कुरसी के बैठना मुश्किल प्रतीत होता है, लेकिन जमीन पर बैठकर भोजन करने के अपने अलग ही लाभ हैं। हम जो पालथी मारकर भोजन करने बैठते हैं, उसे 'सुखासन' कहते हैं। इससे शरीर शिथिल पड़ जाता है और अपनी पाचन-क्रिया के लिए तैयार हो जाता है। भोजन करते समय स्वभावतः अपने शरीर को आगे और पीछे झुकाना पड़ता है, जिससे अपने जठर के पाचक रस का स्राव निकलने में सुविधा होती है और पाचन-क्रिया शीघ्र होने में मदद मिलती है। पाचन-क्रिया के अलावा नीचे बैठने और उठने की आदत की वजह से हमारे घुटनों के जोड़ लचीले बन जाते हैं, जिसमें उम्र के साथ आनेवाले जोड़ों में अकड़न (Stiffness in knee joints) से भी मुक्ति मिलती है।

चित्र-212 : जमीन पर बैठकर भोजन करना

एक मान्यतानुसार जमीन पर भोजन करने बैठते समय थाली के चारों ओर थोड़ा पानी लेकर फेरा जाता है, जिससे कीट आदि थाली में न आएं। वर्तमान काल में तो भोजन

करने की नई पद्धति 'बफे' हो चुकी है, जो पूर्णतया अवैज्ञानिक ही नहीं स्वच्छता रहित है, क्योंकि उसमें भोजन लेनेवाला व्यक्ति संक्रमित रोग, संसर्गित रोग से ग्रसित है या नहीं, साफ हाथ धोए या नहीं और अपने जूठे हाथों से ही लेकर खड़े होकर खाता रहता है। इसमें छोटे बच्चों और वृद्धों को बहुत परेशानी होती है, व्यक्ति पूरा भोजन भी नहीं कर पाता है, एक ही प्लेट में सभी खाद्य वस्तुएँ रखने पर स्वाद भी पूरा ढंग से नहीं ले पाता है तथा कपड़े भी गंदे हो जाने की आशंका रहती है।

अत: भोजन करने की पुरातन भारतीय पद्धति वैज्ञानिक एवं स्वास्थ्य की दृष्टि से श्रेष्ठ है (चित्र-212)।

226. ताँबे के बरतन में रखा पानी क्यों हितकर है?

हजारों वर्षों से ताँबे का उपयोग अलग-अलग उपकरणों में किया जाता है। वर्तमान में इसे अति उच्च विद्युत् वाहक तथा ऊष्मीय वाहक के रूप में उपयोग किया जाता है। ताँबा शरीर के लिए सूक्ष्म आवश्यक खनिज माना गया है। आयुर्वेद के अनुसार रात भर ताँबे के जग में रखा हुआ जल सवेरे पीने से स्वास्थ्य के लिए लाभप्रद होता है (चित्र-213)।

चित्र-213 : ताँबे के बरतन का पानी श्रेष्ठ

आयुर्वेद के अनुसार ताँबे के जग में रखा पानी पीने से वात, पित्त और कफ तीनों दोषों में संतुलन रहता है। 8 से 10 घंटे तक ताँबे के पात्र में रखे जल को 'ताम्रजल' कहते हैं। इस पात्र में अधिक समय तक जल भरकर रख सकते हैं, जो शुद्ध एवं दुर्गंध मुक्त रहता है। इस जल के निम्नांकित गुण होते हैं, यथा—

1. **पाचन तंत्र को ठीक करने में सहायक :** यह जल प्रति जीवाणुक प्रतिजीवी (Anti-bacterial, antiseptic) गुणों युक्त होता है। न केवल हमारे

देश, वरन् विदेशों में हुए शोध परिणामों से विदित हुआ है, स्टेनलेस स्टील, काँच तथा अन्य धातुओं के पात्रों में रखे जल में बैक्टीरिया शीघ्र पनपते हैं, जबकि ताँबे के पात्र में रखे जल में बैक्टीरिया कमरे के तापमान पर ही समाप्त हो जाते हैं।

2. **शक्तिवर्धक :** ताँबा हमारे लिए सूक्ष्ममात्री पोषक तत्त्व है, जो शरीर के कई अंगों में अत्यल्प मात्रा में पाया जाता है। ताँबा लौह को सोखने में सहायक होता है, कोलॉजन (Collagen) बनाने में और ऊर्जा निर्मिति (Formation of energy) में भी महत्त्वपूर्ण भूमिका निभाता है।
3. **मस्तिष्क स्फूर्तिदायक (Brain Stimulant) :** हमारा मस्तिष्क एक स्नायु से दूसरे स्नायु को एक प्रकार के आवेग को एक जगह से दूसरी जगह प्रवाहित करने का कार्य एक माध्यम से करता रहता है, जिसे 'अंतर्ग्रंथन' (Synapses) कहते हैं। ये न्यूरॉन्स एक प्रकार के आवरण से आच्छादित होते हैं, जिसे 'मायेलिन आवरण' (Myelin Sheath) कहते हैं, जो एक चालकीय कारक (Conductive agent) का कार्य करता है। ये मस्तिष्क के आवेग (Impulse) को एक जगह से दूसरी जगह भेजने में सहायता करते हैं। ताँबा फॉस्फोलिपिड्स के निर्माण में सहायक होता है तथा मस्तिष्क में पड़नेवाले दौरों को रोकने में सहायक होता है।
4. **बालों का काला रंग बनाए रखने में भी सहायक :** हमारे शरीर में 'मेलानीन' नाम का एक वर्णक (Pigment) होता है, जिसके कारण त्वचा, बाल एवं आँखों का रंग कालापन लिए होता है। शरीर में मेलानीन पिंगमेंट (वर्णक) का निर्माण 'मेलानोसाइट्स' (Melanocytes) से होता है, मेलानोसाइट्स का निर्माण एक प्रकार के 'क्युप्रोएंजाइम' (Cuproenzyme), जिसका नाम 'टायरोसीनेज' (Tyrosinase) है, से बनता है। यह 'टायरोसीनेज' ताँबे से उत्पन्न होता है। कई लोगों ने ताँबे के इस गुण के सकारात्मक प्रभाव देखे हैं।
5. चेहरे पर झुर्रियाँ रोकने में सहायक
6. जोड़ों के दर्द कम करने में,
7. अवटुग्रंथि (Thyroid Gland) की कार्यक्षमता बढ़ाने में सहायक
8. लाल रक्त कणिकाओं के निर्माण में सहायक
9. शरीर की प्रतिकार शक्ति बढ़ाने में सक्षम।

227. मंत्र शक्ति क्या होती है?

भारतीय वैदिक संस्कृति में अनादिकाल से शुभकार्य की शुरुआत या विधि का प्रारंभ मंत्रोच्चारण से होता है। वेदों में अलग-अलग समय किन मंत्रों का उपयोग होना चाहिए, उल्लेख किया गया है। आज विडंबना है कि पश्चिमी देशों में हमारी सदियों से सँजोकर रखी गई इस महान् वैदिक संपत्ति पर अनुसंधान कार्य हो रहे हैं, उनका महत्त्व समझा जा रहा है और हम इस संपदा को व्यर्थ में खो रहे हैं।

वस्तुत: मंत्र शब्द संस्कृत भाषा से आया है। यदि हम इसे दो अक्षरों में विभाजित करें तो 'मन्' का अर्थ होता है—मनन करना, चिंतन करना, सोचना, प्रतिबिंबित करना आदि तथा 'त्र' का अर्थ है—रक्षा, अर्थात् मंत्र शब्द का अर्थ हुआ, जिसके मनन से रक्षा होती है।

आधुनिक भौतिकी में ध्वानिकी के नाम से पृथक् विस्तृत विज्ञान है। उसकी भी यही मान्यता है कि हिलने-डुलने से और उसके वायु में फैलने से शब्द उत्पन्न होता है। उसके आयाम के परिमाण और आवृत्ति से विशिष्ठ शब्द शक्ति से विद्युत् चुंबकीय तरंगें उत्पन्न होती हैं, जो स्नायुतंत्र पर वांछित प्रभाव डालकर उनकी सक्रियता ही नहीं बढ़ातीं, वरन् विकृत चिंतन को रोककर मनोविकारों को मिटाती हैं। आधुनिक विज्ञान के प्रयोगों एवं अन्वेषण का भी यही निष्कर्ष है कि विद्युत्, चुंबक, प्रकाश आदि के समान ध्वनि भी एक ऊर्जा एवं विलक्षण शक्ति है। रेट्रीमीटर के आविष्कार से यह सिद्ध होता है कि शब्द की सामर्थ्य सभी भौतिक शक्तियों से बढ़कर सूक्ष्म और विभेदन क्षमतावाली है। इसकी विस्तृत जानकारी भारतीय वैदिक ऋषियों को थी। वस्तुत: वैदिक ध्वनि हमारे मानसिक कंपन को प्रभावित कर सकारात्मक सोच उत्पन्न करती है।

आज का आधुनिक विज्ञान कहता है कि पूरा अस्तित्व अलग-अलग स्तर पर होनेवाले स्पंदन ऊर्जा की प्रतिध्वनि यानी Reverberations of energy, different levels of vibrations है। जहाँ कहीं भी स्पंदन है, वहाँ निश्चित ही ध्वनि है। इसी का अर्थ है कि यह पूरा अस्तित्व एक प्रकार का नाद या ध्वनि है अथवा यह सम्मिश्र नाद का जटिल मिश्रण है (The whole existence is a kind of sound or a complex amalgamation of sounds)। दूसरे शब्दों में हम यह कह सकते हैं कि पूरा अस्तित्व अनेक मंत्रों का मिश्रण है। मंत्र भी अनेक प्रकार के होते हैं तथा हर मंत्र एक विशेष प्रकार की ऊर्जा (Energy) शरीर के विशेष भाग में सक्रिय करता है। आज का साइंस भी मानने लगा है कि मंत्रों से निकली ध्वनि शरीर की कोशिकाओं को पुनर्यौवन प्राप्ति में सहायता करती है।

विश्व में हर चीज अणु से बनी है। हर अणु में एक नाभिक या न्यूक्लियस होता है, जिसमें 'न्यूट्रॉन एवं प्रोटॉन' होते हैं, जिसमें इलेक्ट्रॉन होते हैं, जो तेजी से न्यूक्लियस के चारों ओर घूमते रहते हैं। वह वस्तु किस प्रकार की है, उस हिसाब से ये सभी कण बदलते रहते हैं। ये घूमनेवाले इलेक्ट्रॉन एक स्पंदन का निर्माण करते हैं और यह स्पंदन एक लहर बन जाती है। इसी लहर को हम अपनी भाषा में 'रूप' या पदार्थ की अवधारणा कहते हैं। जहाँ कभी स्पंदन, लहर और रूप होता है, वहाँ ध्वनि निर्मित होती है और इसी को 'लॉ ऑफ ट्रिनिटी' कहते हैं।

आधुनिक चिकित्सा विज्ञान यह मानता है कि आणविक या सूक्ष्मतम स्तर पर हमारा शरीर 'एटोमिक पार्टिकल्स' की स्पंदित होनेवाली प्रणाली (Our bodies are systems of vibrating atomic particles) है। हमारा शरीर ध्वनि के स्पंदनों का प्राप्तकर्ता और प्रेषण करनेवाली प्रणाली है। ये आवृत्तियाँ (फ्रीक्वेंसीज) हमारे शरीर के अलग-अलग भाग पर उपचारात्मक तथा पुनरुज्जीवन के कार्य में सहायता करती हैं। शब्द शक्ति के रूप में आयुर्वेद में मंत्रोपचार का पूरा अध्याय है।

मंत्रों का आधार संस्कृत भाषा ही है। इसका मूल कारण है कि संस्कृत भाषा 'ध्वनि संवेदनशील' अर्थात् Sound Sensitive है। सबसे महत्त्वपूर्ण बात यह है कि संस्कृत केवल आपसी संपर्क बनाने का साधन नहीं है, वरन् एक प्रकार का यंत्र या उपकरण भी है। अन्य भाषाएँ आपस में एक-दूसरे को समझने या समझाने के लिए बनी हैं। संस्कृत भाषा शोध करके बनी भाषा है (Sanskrit is a discovered language)।

मंत्रों में उसके अर्थ से ज्यादा महत्त्व उसकी ध्वनि या उच्चारण का होता है। वस्तुतः संस्कृत भाषा एवं वैदिक ध्वनि की यह विशेषता है कि इनका अर्थ एवं भाव नहीं जानने पर भी सुननेवाले को आनंद की अनुभूति होती है, जो विश्व की अन्य किसी भाषा में नहीं है, अर्थात् उच्चारित ध्वनि का सकारात्मक प्रभाव होता है।

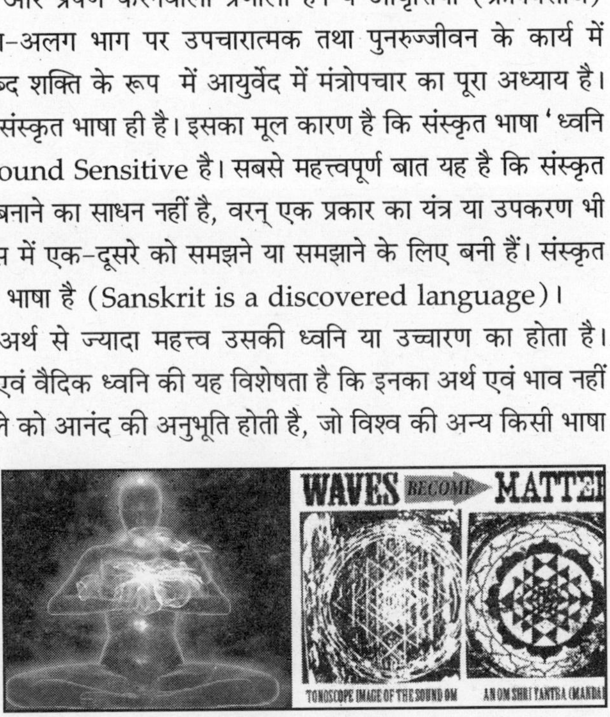

चित्र-214 : मंत्र शक्ति

मानव शरीर पर मंत्रों का असर कैसे होता है, इसके लिए मस्तिष्क में स्थित पिनिअल ग्रंथि (Pineal gland) का भी ज्ञान होना जरूरी होता है। वस्तुतः पिनिअल ग्रंथि या ग्लैंड मस्तिष्क का बहुत ही छोटा तथा रहस्यमय भाग है जिसे

आधुनिक साइंस में 'एंडोक्राइन ग्लैंड' (Endocrine gland) कहा जाता है। इसे तीसरी आँख भी कहते हैं, क्योंकि यह मस्तिष्क में अत्यंत गहरे मध्य भाग में ठीक हमारी दोनों आँखों के पिछले मध्य भाग में स्थित है और इसका संबंध प्रकाश से होता है (चित्र-214)।

पिनिअल ग्लैंड आध्यात्मिक चक्र, जो हमारी दो आँखों के बिल्कुल मध्य में स्थित है, वही है। हम हर रोज कैसे सोचते हैं और कैसे महसूस करते हैं, यह हमारी पिनिअल ग्लैंड पर निर्भर होता है। मेलॉटोनिन हारमोन, जो इस ग्रंथि में बनता है, वह हमारी नींद की उत्कृष्टता और कालावधि निर्भर करता है। यह छोटा-सा अंग हमारी हर रोज की तथा 'ऋतुनिष्ठ जैविक प्रक्रिया' और 'ताल या लयबद्धता' नियंत्रित करता है। मेलॉटोनिन हारमोन हमारी चिंता का स्तर (Stress level) तथा शारीरिक क्षमता पर प्रभाव डालता रहता है।

प्रभाव

- मंत्र अदिष्ट ऊर्जा (Scalar Energy) है, जो ध्वनि पर आधारित है।
- मंत्र हमारी पिनिअल ग्लैंड में गूँज निर्माण करती है। वैदिक काल में ऋषियों की पिनिअल ग्लैंड एक नीबू के आकार की हुआ करती थी, जबकि वर्तमान काल में हमारी पिनिअल ग्रंथि एक सूखे हुए चने के आकार की भी नहीं होती है।
- मंत्र से डी.एन.ए. की कार्य रचना में बदलाव आता है तथा यह प्रभावशाली सूचना की तरंगों को ले जानेवाला वाहक है।
- मंत्र से निर्मित होनेवाले स्पंदन मानव शरीर के चक्रों पर पिनिअल ग्लैंड तथा डी.एन.ए. को प्रभावित करके मस्तिष्क में से महत्त्वपूर्ण रसायनों का रिसाव करते हैं तथा हमारे मन पर होनेवाले कुविचारों के बुरे प्रभाव से बचाते हैं।
- मंत्र से वातावरण शुद्धि होती है और यदि मंत्रोच्चार योग्य व्यक्तियों द्वारा सही उच्चारण से किया जाता है तथा निरंतर क्रमबद्ध तरीके से किया जाता है तो इससे लोगों की आपराधिक प्रवृत्ति में कमी आती है। कई लोग इसे अनुभवातीत (Transcendental) मानते हैं।
- मंत्र से प्राणशक्ति बढ़ती है, बुद्धि तेज होती है तथा चपापचय क्रिया सुदृढ़ होती है।
- मंत्रोच्चार से श्वसन क्रिया धीमी होती है। इससे मस्तिष्क की एकाग्रता बढ़ती है, स्मरण शक्ति बढ़ती है तथा अंतःकरण की शुद्धि होती है।
- मंत्र के सही उच्चारण से हमारे शरीर में आंतरिक अव्यक्त शक्ति उत्पन्न होती है, जो आध्यात्मिक ऊर्जा से लिप्त ध्वनि के रूप में प्रवाहित होती है।

मंत्रों का असर हमारे अनुकंपी तंत्रिका तंत्र (Sympathetic Nervous System) तथा परानुकंपी तंत्रिका तंत्र (Parasympathetic nervous system) पर होता है और उसके कारण हमारे चारों ओर का प्रभामंडल (Aura) बढ़ता है, जो किरलिअन फोटोग्राफी में भी देखा जा सकता है।

228. ॐ के मंत्र उच्चारण के क्या लाभ हैं?

वस्तुत: विश्व में सर्वप्रथम ध्वनि के अतिरिक्त कुछ नहीं था। इस ओंकार की तरंग से प्रथम ध्वनि सिद्धांत की उत्पत्ति हुई तथा बाद में इस सिद्धांत से पदार्थ का निर्माण हुआ। भारतीय दर्शनशास्त्र के अनुसार ईश्वर (प्रकृति) ने पहले ॐ ध्वनि का प्रथम निर्माण किया और उस ध्वनि से विश्व का निर्माण हुआ, अर्थात् विश्व की पहली ध्वनि यह ॐ ही है। छांदोग्योपनिषद् के अनुसार—

ओमित्येतदक्षर मुद्गीथ मुपासित। ओमिति ह्युद्गायति तस्योपव्याख्यानम् ॥1 ॥
एषा भूतानां पृथिवी रस:.........................साम रस: साम्नउद्गीथो रस: ॥2 ॥

अर्थात् हर अस्तित्व का सार पृथ्वी है, पृथ्वी का सार जल है, जल का सार वनस्पति है, वनस्पति का सार मनुष्य है, मनुष्य का सार ध्वनि है, ध्वनि का सार ऋचा (ॠग्वेद) है, ऋग्वेद का सार सामवेद है और सामवेद का सार ॐ है।

ॐ शब्द की उत्पत्ति अ, उ, म् इन तीनों अक्षरों के संयोग से हुई है। 'अ' व्यष्टि तथा समष्टि की जाग्रत अवस्था के लिए, 'उ' व्यष्टि तथा समष्टि की स्वप्नावस्था के लिए तथा 'म्' व्यष्टि तथा समष्टि की सुषुप्तावस्था के लिए है और एकत्वेन ॐ जो इन तीनों अवस्थाओं से परे तुरीयावस्था है। ॐ वेदोच्चारण से पूर्व व अनंतर अवश्य वक्तव्य पद है।

ॐ पहली ब्रह्मांडीय ध्वनि (Cosmic sound) है, जो विश्व के निर्माण के आरंभ में (Big Band Theory) निकली थी। ॐ अक्षर के पीछे वैज्ञानिक तथा व्यावहारिक कारण हैं, जो भौतिक विज्ञान के ध्वनि (Sound) स्पंदन (Vibrations) और अनुनाद (Resonance) पर आधारित हैं (चित्र-215)।

चित्र-215 : ॐ सर्वश्रेष्ठ मंत्र

ॐ के अंदर 'अअअअ' का उच्चारण से पेट और छाती के तंत्रिका तंत्र में संवेदना

(Sensation) और स्पंदन का हमें एहसास होता है। उसी प्रकार 'उउउउउ' के उच्चारण से गले और छाती में स्पंदन तैयार होकर उसके स्पंदन महसूस होते हैं। उसी तरह 'मममम' के उच्चारण से हमारे नाक तथा मस्तिष्क में स्पंदन का अनुभव होता है।

यदि हम सभी अक्षरों का एक साथ उच्चारण करें तो ॐ मंत्र बन जाता है और सिक्वेंस में पेट, स्पाइनल कॉर्ड, गला, नाक तथा मस्तिष्क ऐक्टिवेट हो जाते हैं। इस प्रकार ऊर्जा पेट से होकर ऊपर की ओर मस्तिष्क तक बहती है तथा यह ऊर्जा रीढ़ की हड्डी और मस्तिष्क को सक्रिय बनाती है।

वैज्ञानिक प्रयोग

1. कुछ वर्षों पूर्व वैज्ञानिकों ने कुछ ऐसे व्यक्तियों का चयन किया, जिन्होंने पहले कभी ॐ का उच्चारण नहीं किया था। उन्हें कुछ मिनट ॐ मंत्र का जाप कराया गया और उनका ध्वनि मुद्रण (Wave form) रिकॉर्ड किया गया। उनका आवृत्ति विश्लेषण (चित्र-216) (Frequency Analysis) करने पर जो ध्वनि मुद्रण मिला, वह अनियमित था, जो दरशाता था कि वे मानसिक रूप से अस्थिर थे, किंतु कुछ दिनों तक यह ॐ मंत्र प्रतिदिन उच्चारण करने पर उनका जब ध्वनि मुद्रण रिकॉर्ड (Wave Form) लिया गया, वह पूरी तरह सममितीय (Perfect Symmetrical), पूर्ण नियमित अंतर (Regular space) तथा पूर्व तालमेल (Harmony) में पाया गया। जिन लोगों ने इसमें सहभागिता दरशाई, उनमें आश्चर्यजनक रूप से ध्यान केंद्रित करने की शक्ति, एकाग्रता, स्थिरता बढ़ी हुई दिखी। इसके अतिरिक्त उनमें मानसिक शांति और तनाव से मुक्ति का भी अनुभव देखा गया।

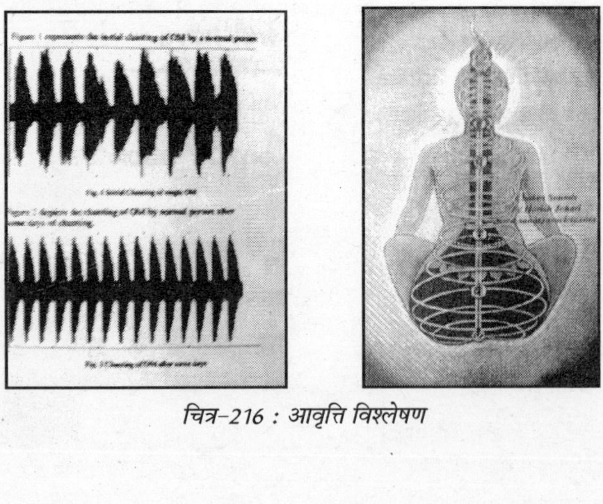

चित्र-216 : आवृत्ति विश्लेषण

2. दूसरे वैज्ञानिक प्रयोग में ॐ मंत्र के जाप का असर हमारे तंत्रिका तंत्र पर क्या होता है, इसका अभ्यास किया गया। अत्यंत आधुनिक तकनीकी तथा मशीनों के सॉफ्टवेयर इस्तेमाल करके गणित (Mathematical transforms) के माध्यम से वही परिणाम प्राप्त हुए, जो वैज्ञानिक प्रयोग (1) में देखे गए थे।

हाल ही में किए गए शोध परिणामों से ज्ञात हुआ है कि ॐ के जाप करने से बढ़े हुए रक्तचाप में कमी तथा हृदय रोग में भी आराम मिलता है।

अन्य लाभ : वैज्ञानिकों ने निरंतर शोध के पश्चात् पाया है कि ॐ का सही उच्चारण करने से अनेक लाभ प्राप्त होते हैं, यथा—

- ॐ के उच्चारण से गले की स्वररज्जु (Vocal Cords) उत्कृष्ट बनती है।
- इस शब्द के उच्चारण से शरीर का रक्त प्रवाह संतुलित रहता है।
- ॐ के उच्चारण से शरीर का जीवविष (Toxin) बाहर निकलता है।
- ॐ के मंत्र उच्चारण से वजन कम होने में सहायता मिलती है।
- ॐ के मंत्र उच्चारण से जीवन के दृष्टिकोण में निश्चयात्मकता (Positivity) आती है।
- इस मंत्र के उच्चारण से विचार और भावावेग पर संयम (Controlled feelings and emotions) आता है।
- ॐ के उच्चारण से पाचन शक्ति में सुधार आता है।
- ॐ के उच्चारण से हड्डियों की मजबूती बढ़ती है, थायरॉइड ग्रंथि में सुधार आता है, वातावरण शुद्ध होता है, तनाव मुक्ति मिलती है, एकाग्रता बढ़ती है, शिरानाल (Sinuses) खुलने से श्वासों का मार्ग साफ हो जाता है।
- ॐ के उच्चारण से मेरुदंड मजबूत होता है, क्योंकि 'अअअअअ' की ध्वनि हमारे पेट के भाग से निर्मित होती है, जिससे यह हमारे मेरुरज्जू को मजबूत करने में मदद करती है।
- ॐ के नियमित उच्चारण से शरीर में नई ऊर्जा का संचार होता है तथा आँखों व चेहरे पर चमक आती है।
- विश्व में ॐ ही ऐसा मंत्र है, जिसके उच्चारण में जीभ का उपयोग नहीं होता है और यह हमारे मस्तिष्क का व्यायाम है।

अत: ॐ के मंत्र की अनेक क्षेत्रों में उपादेयता आधुनिक साइंस के अनुसार भी सिद्ध हो चुकी है।

229. क्या है यज्ञ की वैज्ञानिक दृष्टि से उपादेयता?

यज्ञ शब्द की उत्पत्ति 'यज' धातु से 'यज-याच-यत-विच्छ-प्रच्छ-रक्षो नङ्' सूत्र से नङ् प्रत्यय करने कर यज्ञ शब्द निष्पन्न होता है, अर्थात् जहाँ पर देवता का उद्देश्य कर अग्नि में हवि (द्रव्य) का प्रक्षेप किया जाए, उसे यज्ञ कहते हैं तथा जो विश्व कल्याणार्थ पंच महायज्ञ आदि अनुष्ठित होते हैं, जो दीर्घावधि के होते हैं, उन्हें महायज्ञ कहते हैं। यज्ञ के बारे में उल्लेख किया गया है कि—

'यज्ञो विश्वस्य भुवनस्य नाभिः'

अर्थात् यज्ञ वह नाभि बिंदु है, जो पूरे विश्व को बाँधे और जोड़े रखता है। यज्ञ का लाभ व्यक्ति विशेष, समुदाय विशेष पर नहीं वरन् समूची समष्टि के लिए होता है। हमारी भौतिक दुनिया में दो प्रकार की ऊर्जा पाई जाती है। एक है ताप या उष्णता (Heat) और दूसरी है ध्वनि (Sound)। इन दो ऊर्जाओं का यज्ञ में उपयोग किया जाता है। इसमें से ताप ऊर्जा यज्ञ की अग्नि से मिलती है और ध्वनि की ऊर्जा वैदिक मंत्रोच्चार से निर्मित होती है। हमारे ऋषि-मुनियों द्वारा मंत्र साधना द्वारा इनका उपयोग किया गया है कि संस्कृत भाषा के हर शब्द और शब्द विशेष के उच्चारण से निर्मित होनेवाली ध्वनि लहरें ऊर्जा निर्माण करती हैं। आजकल के यंत्रों से उसकी ध्वनि की आवृत्ति (Frequency) की गिनती भी शक्य है, जो अपने आपमें एक प्रमाण बन सकता है, अतः वैदिक मंत्रोच्चार और अग्नि तथा अग्नि में डाली गई समिधा के प्रभाव से दोनों ऊर्जाओं के मिश्रण से निर्मित होनेवाली इस ऊर्जा से भौतिक, मनोवैज्ञानिक तथा आध्यात्मिक लाभ मिलते हैं।

यज्ञ में प्रयुक्त द्रव्यों के गुणधर्म एवं उनका वैज्ञानिक विवेचन

(1) **समिधा :** यज्ञ में प्रक्षिप्त किए जानेवाले द्रव्यों में समिधाओं का लगभग 75 प्रतिशत भाग होता है। इनके जलने से यज्ञाग्नि का तापमान लगभग 5000^0 सेल्सियस हो जाता है। एक महत्त्वपूर्ण तथ्य यह है कि यज्ञ में हर किसी लकड़ी की समिधा का उपयोग नहीं किया जाता, वरन् ऐसे वृक्षों, जैसे— पलाश (ढाक), गूलर, शमी, पीपल, बड़, बिल्व, आम आदि, जिनसे कार्बन डाइऑक्साइड अत्यल्प मात्रा में निकलती है, ये शीघ्र जल जाते हैं, इनका कोयला नहीं बनता अपितु राख ही बनती है, जो खाद के रूप में काम आती है, का उपयोग किया जाता है। यज्ञीय द्रव्य से पदार्थों के कण छोटे-छोटे कणों में विभक्त हो जाते हैं। यह भी देखा गया है कि यज्ञ में प्रज्वलन क्रिया के धीमे होने के कारण उत्पन्न धूम्र कार्बन मोनो तथा कार्बन डाइऑक्साइड से रहित होता

है। इसमें इथीलीन ऑक्साइड, प्रोपीलीन ऑक्साइड, फॉर्मेल्डीहाइड तथा बीटा प्रोपियोलेक्टेन का अनुपात अधिक होता है, जो कि वायुशोधक का कार्य करता है।

(2) **घृत** : यज्ञीय द्रव्य का यह प्रधान घटक है। यज्ञ में गाय के घृत (गौघृत) को सर्वोत्तम माना गया है। यह आयुर्वेदिक दृष्टि से तो महत्त्वपूर्ण है ही, परंतु वैज्ञानिक दृष्टि से भी इनका महत्त्व कम नहीं है। यह ग्लिसरॉल तथा कार्बोक्सिलिक अम्लों के संयोग से बना है तथा इसमें पामिटिक, ऑलिक, मिरिस्टिक, लिनोलीइक आदि अम्ल होते हैं। घृत में विद्यमान ग्लिसरॉल के जलने से तथा उसके परमाणुओं में से जल निकलने पर 'एक्रोलीन' बन जाती है, जो ऑक्सीकृत होकर फॉर्मेल्डिहाइड बनाती है। यह शक्तिशाली रोगाणुरोधक (Antiseptic) है। रूसी वैज्ञानिक डॉ. शिरोविच के अनुसार गोघृत में विकिरण से सुरक्षा की सर्वाधिक क्षमता होती है, अतः हमारे पुराने घर जो गोबर से लिपे होते थे, वे विकिरणरोधी होते थे।

(3) यज्ञ में कपूर, नागरमोथा, जटामांसी, चंदन का चूरा, नागकेशर, केसूला, रक्तचंदन, अगर-तगर, शहद, आदि पदार्थों का उपयोग होता है, जिनमें पाइनीन, डाइपैंटीन, सीनिओल, युनिजौल, सैफ्रोल, अर्पिनॉल, इलेइडिक तथा स्टिऐरिक अम्ल आदि होते हैं, जो जलने पर स्वास्थ्य एवं पर्यावरण के लिए लाभदायक सिद्ध हुए हैं।

यज्ञ की विविध क्षेत्रों में उपयोगिता

वस्तुतः यज्ञ या अग्निहोत्र (चित्र-217) वह वैज्ञानिक प्रक्रिया है, जिसके द्वारा वायुमंडल में ऑक्सीजन और कार्बन डाइऑक्साइड का संतुलन बना रहता है। इसी के आधार पर ऋतु चक्र, वर्ष चक्र, अहोरात्र चक्र, सौर चक्र एवं चांद्र चक्र आदि परिवर्तित होते हैं।

चित्र-217 : यज्ञ की वैज्ञानिक उपादेयता

1. यज्ञ एवं रोग निवारण : यज्ञ में गुग्गुल की हवि देकर उसकी गंध द्वारा चर्म रोगों के निदान में सफलता प्राप्त हुई है। यज्ञ चिकित्सा द्वारा संक्रमणजन्य रोगों, जैसे—क्षयरोग, चेचक, प्लेग, यौन संक्रमित रोगों का सरलतापूर्वक उपचार किया गया है।

जर्मनी के भेषजज्ञ डॉ. मोनिका जेहली ने खोज की है कि कई रोग अग्निहोत्र करने तथा उसकी राख से ठीक हो जाते हैं। उन्होंने इस चिकित्सा पद्धति का नाम 'होमाथैरैपी' (Homatherapy) दिया है। डॉ. मोनिका जेहली ने Frontal sinusitis, skinfungus, Non-healing wound, whit low, Gastritis तथा Tonsilitis आदि रोगों में यज्ञ चिकित्सा द्वारा रोगों का निदान किया है।

यज्ञ में दिव्य अलौकिक शक्ति होती है। इससे आरोग्य, बल, दीर्घायुष्य आदि प्राप्त होता है। इसी प्रकार कृमिजन्य रोगों, संधिवात, आनुवांशिक रोगों तथा मधुमेह आदि रोगों में भी राहत मिलती है।

चिकित्साविज्ञानियों का मत है कि यज्ञ के समय लयबद्ध सस्वर वेद मंत्रों का पाठ करने से ध्वनि प्रदूषण में कमी तथा मानसिक रोग से ग्रसित व्यक्तियों को स्वास्थ्य लाभ मिलता है।

2. कीटों का निष्कासन : हमारे आसपास कई प्रकार के जीव-जंतु होते हैं, जो हानिकारक भी होते हैं, जिन्हें यदि कीटनाशी का प्रयोग करके मारना चाहें तो उसका दुष्प्रभाव मानव शरीर पर भी होता है, किंतु यज्ञ में प्रयुक्त कपूर तथा अन्य ऐरोमैटिक पदार्थों द्वारा निर्मित वाष्प से या तो इन जीव-जंतुओं का नाश होता है अथवा वे दूर चले जाते हैं।

3. कृषि पर यज्ञ का प्रभाव : स्वस्थ शरीर एवं जीवन के लिए शुद्ध वायु, स्वच्छ पेयजल एवं पौष्टिक भोजन का बड़ा महत्त्व है। बढ़ती हुई जनसंख्या के भरण-पोषण हेतु 'अधिक अन्न उपजाओ' कार्यक्रम के तहत हमने अंधाधुंध रासायनिक उर्वरकों, कीटनाशियों का बेहताशा उपयोग कर हमारी शस्य-श्यामला धरती को प्रदूषित कर दिया है तथा इससे प्राप्त अन्नादि भी पौष्टिकता खो रहे हैं, अतः इस समस्या के निदान हेतु 'होमा फार्मिंग' तकनीक विकसित की गई है, जो पूर्ण रूप से विज्ञान-सम्मत है। वैज्ञानिकों ने यज्ञ की राख से बीजों को उपचारित करके कई फसलों की उपज में आशान्वित वृद्धि प्रेक्षित की है।

अंतरराष्ट्रीय ख्यातिप्राप्त मृदा वैज्ञानिक प्रो. एन.आर. धर के अनुसार, यज्ञ की राख का कृषि कार्यों में उपयोग करने से मृदा तंत्र में प्रकाश रासायनिक नाइट्रोजन स्थिरीकरण की प्रक्रिया होती है, फलतः मृदा की उर्वरता में सुधार होता है। वर्ष 1986 में अमरीका से प्रकाशित डॉ. वसंत परनजी (Dr. Vasant Paranjee) की पुस्तक—'Homatherapy—Our last Chance' में उल्लेख किया गया है कि भारतीय वैदिक ज्ञान पर आधारित इस पुस्तक में रसायन रहित कृषि का वर्णन है और इसे चिली, पोलैंड, जर्मनी एवं अमरीका में स्वीकारा गया है। यह विधि आर्थिक दृष्टि से भी उपादेय है तथा इसे फसलों की अधिक उपज प्राप्त की जा सकती है। अमरीकी वैज्ञानिक डॉ. तुंग मिग

(Dr. Tung Ming) ने अपने शोध के आधार पर ज्ञात किया है कि अग्निहोत्र की राख से मृदा में घुलनशील फॉस्फेट की वृद्धि होती है तथा इससे फॉस्फेटिक उर्वरकों में हो रहे खर्च से राहत मिल सकती है।

4. यज्ञ का पर्यावरणीय प्रभाव : वेदों में पर्यावरण की शुद्धि के लिए द्यावापृथिवी के संरक्षण पर विशेष बल दिया गया है। द्यावापृथिवी में सूर्य आदि लोक, अंतरिक्ष और पृथिवी तीनों का समावेश है। यज्ञ के द्वारा वायु तथा जल प्रदूषण में न्यूनता आती है। इस तथ्य को जानने हेतु वैज्ञानिकों ने ऐसे क्षेत्र को चुना, जहाँ की वायु प्रदूषित थी। उन्होंने उस क्षेत्र की वायु के भौतिक, रासायनिक तथा सूक्ष्म जैविक विश्लेषण किए। तदुपरांत हवन सामग्री 500 ग्राम तथा गाय के घी (200 ग्राम) एवं समिधाओं द्वारा यज्ञ किया गया। तत्पश्चात् यज्ञ के धूम का विश्लेषण करने पर पाया कि वायु के भौतिक, रासायनिक तथा सूक्ष्म जैविक घटकों में सकारात्मक परिवर्तन देखा गया जो स्वास्थ्य के अनुकूल था।

अमरीका के न्यू जर्सी शहर में अग्निहोत्र नामक संस्था है, जो वहाँ पर प्रदूषण निवारण के लिए बहुत कार्य कर रही है। उन्होंने यज्ञ से उत्पन्न फॉर्मेल्डिहाइड गैस में कीटाणुनाशी गुण प्रेक्षित किए। फ्रांस के वैज्ञानिक प्रो. टिलवर्ट ने अपने शोध द्वारा यह पाया कि शक्कर के दहन से उत्पन्न धुएँ में पर्यावरण शोधन की शक्ति होती है। इससे क्षयरोग, चेचक, हैजा एवं टायफॉइड के विषाणु मर जाते हैं।

हमारे देश में सन् 1994 में प्लेग जैसी महामारी गुजरात के सूरत क्षेत्र में फैलने पर वहाँ भी चिकित्सा विशेषज्ञों ने वायुमंडल को विषाणुरहित बनाने हेतु घी मिश्रित धूप, हल्दी तथा कपूर जलाने की सलाह दी तथा इसके अधिकतम मात्रा में पैकेट भी वितरित किए थे। यज्ञ से वायुमंडल सुगंधित हो जाता है, कीट-पतंगे, मक्खी-मच्छर आदि भी दूर चले जाते हैं।

5. यज्ञ से वर्षा : यह सर्वविदित है कि यज्ञकर्म से उठे हुए धूम से ही बादल बनते हैं, बादलों से ही वृष्टि होती है, वृष्टि से अन्न उत्पन्न होता है और अन्न से ही समग्र प्राणी उत्पन्न होते हैं, अर्थात् जीवन धारण करते हैं। इस तथ्य की पुष्टि गीता के श्लोक में की गई है—

अन्नादभवन्ति भूतानि पर्जन्यादन्नसम्भवः
यज्ञाद् भवति पर्जन्यो यज्ञः कर्मसमुद्रवः ॥

—(गीता 3.14)

अतः वृष्टि द्वारा यज्ञ पर्यावरण के विभिन्न अवयवों, यथा—पृथ्वी, जल, वनस्पति, वन एवं पर्वत आदि को पुष्ट करता है।

आधुनिक भौतिकी के अनेक ध्रुव सूत्र वैदिक सूक्तों के आधार पर निर्णीत किए

गए हैं। अग्निशिखाओं से जलकर द्रव्य गैस बनकर ऊपर उठने लगे तो उसके सूक्ष्म कण आवेशित हो जाते हैं। आकाश में धूल के कण मिले तो ये जाकर उनसे जुड़ जाते हैं। यज्ञ के गोघृत की आहुति देने पर द्रव्य अवश्य ही धुआँ बनकर ऊपर उठता है। हुत द्रव्य के कुछ अंश गैस बनकर अग्निशिखा से निकलते हैं। तीव्र तापमान और रासायनिक संयोग दोनों यज्ञस्थल पर होते हैं, फलतः हुत द्रव्य का गैस तड़ितशक्ति विशिष्ट आवेशित हो उठता है। विज्ञान की मान्यता है कि वे आवेशित कण ऊपर उठकर वायु के जलवाष्प को जमाकर मेघ बनाने में समर्थ होते हैं।

अतः यज्ञ एवं ब्रह्मांड विवेचना के आधार पर यह कहा जा सकता है कि यदि विश्व में यज्ञ की सत्य-सनातन एवं शाश्वत विचारधारा का प्रसार हो जाए और प्रत्येक व्यक्ति अग्निहोत्र को अपनी दिनचर्या में सम्मिलित करने के साथ-साथ यज्ञ की भावना को अपनी जीवनचर्या का अभिन्न अंग बना ले तो विश्व में भौतिक पर्यावरण की शुद्धि, शारीरिक और मानसिक पुष्टि के साथ-साथ आध्यात्मिक पर्यावरण में भी पवित्रता बनी रहेगी, जो मानवमात्र के लिए सुख-शांति तथा सौहार्द की स्थापना में सहायक होगी।

□

संदर्भित ग्रंथ

1. जैव प्रौद्योगिकी का संसार—डॉ. डी.डी. ओझा—विद्या विहार, नई दिल्ली, वर्ष 2011
2. जल की रोचक बातें—डॉ. डी.डी. ओझा एवं बी.जे. वसावड़ा, प्रतिभा प्रतिष्ठान, नई दिल्ली, वर्ष 2004
3. दैनिक जीवन में लेजर के चमत्कार—डॉ. डी.डी. ओझा, ग्रंथ अकादमी, नई दिल्ली, वर्ष 2012
4. जल चिकित्सा—डॉ. डी.डी. ओझा, ज्ञान विज्ञान एजुकेयर, नई दिल्ली, वर्ष 2014
5. हरित रसायन—डॉ. दुर्गादत्त ओझा, डॉ. अंशु डांडिया, गीजूभाई भराड़, साइंटिफिक पब्लिशर्स (इंडिया), जोधपुर, वर्ष 2017
6. मानव की रोचक बातें—डॉ. शिवगोपाल मिश्र एवं सुनीलदत्त तिवारी, प्रतिभा प्रतिष्ठान, नई दिल्ली, वर्ष 1998
7. भौतिकी की रोचक बातें—डॉ. शिवगोपाल मिश्र एवं आशुतोष मिश्र, प्रतिभा प्रतिष्ठान, नई दिल्ली, वर्ष 1996
8. अंतरिक्ष प्रश्नोत्तरी—कालीशंकर—सत्साहित्य प्रकाशन, नई दिल्ली, वर्ष 2007
9. जल एवं जल विज्ञान—डॉ. रमा मेहता एवं डॉ. विपिन कुमार, सी.एस. आई.आर., निस्केयर, नई दिल्ली, वर्ष 2016
10. विज्ञान पत्रिका—विज्ञान परिषद् प्रयाग, वर्ष 1998, 2002, 2004, 2005, 2012, 2014, 2016 एवं 2018
11. नैनो संसार—डॉ. सी.एन.आर. राव, प्रभात प्रकाशन, नई दिल्ली, वर्ष 2017
12. ऐसा क्यों होता है—तुरशनपाल पाठक, ज्ञान गंगा, नई दिल्ली, वर्ष 1995
13. नैनो टेक्नोलॉजी—डॉ. डी.डी. ओझा, ग्रंथ अकादमी, नई दिल्ली, वर्ष 2009
14. आविष्कार पत्रिका—एन.आर.डी.सी. पत्रिका, नई दिल्ली, वर्ष 1991, 2010, 2017 एवं 2020

15. विज्ञान प्रगति—सी.एस.आई.आर. पत्रिका, नई दिल्ली, वर्ष 1990, 1992, 1995, 1998, 2000, 2002, 2003, 2004 एवं 2005
16. उपयोगी रसायन और जीवन—डॉ. डी.डी. ओझा और श्रीमती दिना भट्ट, साइंटिफिक पब्लिशर्स (इंडिया), जोधपुर, वर्ष 2012
17. समुद्री जैव प्रौद्योगिकी—डॉ. डी.डी. ओझा एवं डॉ. आर. कृपाकरण, ज्ञान गंगा, नई दिल्ली, वर्ष 2019
18. विज्ञान और वेद—डॉ. दुर्गादत्त ओझा, साइंटिफिक पब्लिशर्स (इंडिया), जोधपुर, वर्ष 2005
19. धर्म और विज्ञान—डॉ. हरिप्रसाद सोमाणी, प्रभात पेपरबैक्स, नई दिल्ली, वर्ष 2019
20. 'वैज्ञानिक'—हिंदी विज्ञान साहित्य परिषद् पत्रिका, भा.प.अ.के. मुंबई, वर्ष 2009, 2018
21. लोकोपयोगी विज्ञान संग्रह—डॉ. डी.डी. ओझा और गीजूभाई भराड़, भराड़ फाउंडेशन, राजकोट, वर्ष 2014
22. धरा और उदधि—उपयोगी संसाधन—डॉ. दुर्गादत्त ओझा, साइंटिफिक पब्लिशर्स (इंडिया), जोधपुर, वर्ष 2015
23. विकिरण और सेलफोन—डॉ. दुर्गादत्त ओझा एवं प्रो. गिरीश कुमार, ज्ञान विज्ञान एजुकेयर, नई दिल्ली, वर्ष 2017
24. सामान्य विज्ञान विश्वकोश—डॉ. शिवगोपाल मिश्र, प्रभात प्रकाशन, नई दिल्ली, वर्ष 2002
25. बालवाणी पत्रिका उत्तर प्रदेश हिंदी संस्थान पत्रिका, लखनऊ, वर्ष 2016, 2017, 2018
26. बायोटेक्नोलॉजी—डॉ. बी.डी. सिंह, कल्याणी पब्लिशर्स, लुधियाना, वर्ष 1999
27. दैनिक नवज्योति, जोधपुर संस्करण, जनवरी 2017, अप्रैल 2017, जनवरी 2016, जून 2016
28. राजस्थान पत्रिका, जोधपुर संस्करण, जुलाई-सितंबर 2016, 2014

□□□